中央宣传部　新闻出版总署　农业部
推荐"三农"优秀图书

新编 21 世纪农民致富金钥匙丛书

仔猪饲料配方设计实用新技术

王继华　翟新国　马海江　曹胜炎　著

中国农业大学出版社
·北　京·

图书在版编目(CIP)数据

仔猪饲料配方设计实用技术/王继华等著.—北京:中国农业大学出版社,2012.2

ISBN 978-7-5655-0451-8

Ⅰ.①仔… Ⅱ.①王…②翟…③马…④曹… Ⅲ.①仔猪-饲料-配方 Ⅳ.①S828.05

中国版本图书馆 CIP 数据核字(2011)第 251932 号

书　　名　仔猪饲料配方设计实用新技术

作　　者　王继华　翟新国　马海江　曹胜炎　著

策划编辑　张秀环　　**责任编辑**　杨晓昱

封面设计　郑　川　　**责任校对**　王晓凤　陈　莹

出版发行　中国农业大学出版社

社　　址　北京市海淀区圆明园西路 2 号　　**邮政编码**　100193

电　　话　发行部 010-62818525,8625　　读者服务部 010-62732336

编辑部 010-62732617,2618　　出　版　部 010-62733440

网　　址　http://www.cau.edu.cn/caup　　**e-mail** cbsszs@cau.edu.cn

经　　销　新华书店

印　　刷　涿州市星河印刷有限公司

版　　次　2012 年 2 月第 1 版　　2012 年 2 月第 1 次印刷

规　　格　850×1168　32 开本　12.625 印张　310 千字

印　　数　1～4 000

定　　价　25.00 元

内容简介

仔猪饲料配方设计技术是目前饲料厂竞争的焦点和难点。本书是在总结前人研究成果的基础上，系统整理了自己的实战经验，全面探讨了国内外仔猪饲料配方设计的最新技术，编写成书。根据猪的生长发育规律讲解仔猪的消化生理、仔猪营养需要、饲料配方设计原理、用 Excel 优化饲料配方、仔猪饲料原料的选择、仔猪饲料添加剂的使用、仔猪饲料产品设计等内容，简单易懂，通俗实用，可操作性强。其中很多内容是第一次披露的，例如确定仔猪蛋白质需要量的方法和原理，仔猪饲料产品的设计策略、仔猪营养方案的制定等。适合饲料厂饲料配方师、养猪场技术人员和农业院校相关专业教师参阅。

前　言

近年来，仔猪营养与饲料研究飞速发展，诸如小肽营养、肠道营养、免疫营养、微生态平衡的调控、营养平衡的机制和内涵等各个方面都有新的发现；养猪界对于仔猪营养和饲料的认识和理解已经发生了深刻变化。仔猪料是猪料产品组合不可或缺的排头兵，不仅要求科技含量高，而且，市场作用巨大，是饲料企业进入规模猪场用户的敲门砖，已经成为饲料厂竞争的焦点。

本人一直从事猪饲料技术的研究，自 1993 年开始在饲料厂做技术服务，主要是做配方。这使笔者有机会大量地接触到养猪场的技术人员，了解到饲料厂和养猪场对仔猪饲料配方设计技术的需要。为迅速提升我国养殖业的技术水平和普及仔猪饲料技术，决定出版此书。希望能抛砖引玉，对我国养猪业和饲料业发展有所贡献。

本书系统总结了仔猪饲料配方设计的方法和技巧，这些方法技巧多数是笔者在科研或生产上使用过的。其中很多内容为笔者多年的研究成果和实践经验的总结，例如关于仔猪蛋白质营养需要量的设置、仔猪的理想蛋白质模型、仔猪饲料产品标准的设计、仔猪营养方案的运筹、线性规划方法的使用、用 EXCEL 设计饲料配方的技术、仔猪饲料原料的选择技巧、仔猪饲料添加剂的使用、仔猪饲料配方设计的策略等，都凝集着本人的全部心血。

不仅如此，在成书过程中，我们还尽力吸收别人的理论和技术，不管学者还是工人，不分国内还是国外，只要有益，一概收录。

由于许多参考文献已经无法找到出处；有些资料是上网搜索

得来的，得到时就没有作者署名，我们只有在此向原作者表示感谢和歉意；同时，对于多年来为本书的修改和充实提出意见和建议的养殖界、饲料界的同行表示衷心的感谢。本书出版过程得到中国农业大学出版社张秀环副编审的大力支持和帮助，在此一并致谢。

限于作者的学识和技术水平，书中难免不足甚至错误之处。恳望读者不吝赐教，多提宝贵意见，共同商讨，以便我们不断地修改和完善。我的电子信箱是：hdwangjihua@126.com

王继华

2011年10月10日星期一

于河北工程大学动物科学系

目　录

第 1 章　仔猪的消化生理

仔猪生长发育是整个生长期的基础，直接影响后续期的健康、生长发育、饲料报酬和胴体品质。仔猪生长强度大、代谢旺盛、可塑性大、饲料利用率高，而其消化系统、微生态系统和免疫系统本身尚未完善，所以死亡率最高、饲养管理最繁杂。自然状态下，仔猪可获得母乳和免疫球蛋白来满足生存和生长发育需求。但高度培育的现代仔猪，在 3 周龄左右，仔猪免疫力最低，此时断奶遭三重打击，易引发断奶综合症，所以要及早补料，锻炼仔猪适应断奶后的饲料。

设计仔猪饲料配方就是围绕三个重点：一是满足仔猪生长和发育的营养需要，尤其是肠道发育的需要；二是注意培育仔猪抗病力；三是按照仔猪生长发育规律，注意骨架的生长需要，为一生生长发育和生存奠定良好基础。目前缺乏关于乳猪日粮消化率的资料，营养成分表给出的可消化数据是生长猪的数据，少数给出母猪的消化率数据。越是难消化的饲料，生长猪与仔猪的消化率差距越大。

第 1 节　新生仔猪的生理特点

新生仔猪一般是指 7 日龄内的仔猪，死亡率为 10%～25%，占断奶前死亡的 90%，其中 60%发生在 3 日龄内。死亡原因有饲养管理、保健、营养、环境、设备等外因和生活力（例如体温调节）、抗病力与遗传因素（品种差异）等内因。母猪对新生仔猪影响最大。母猪发育与妊娠期营养影响仔猪成活率与断奶后生长。母猪生长发育正常，怀孕期饲养、管理得当，是生产健康仔猪的基础。即使在美国明尼苏达这样的优良饲养管理条件下，2003—2008 年期间平均窝活产仔 11.5 头，而 4～5 周龄断奶时存活仔猪每窝 8.9 头，断奶前死亡率高达 22.6%（Yuzhi Li 等，2010）。

影响仔猪生长发育的因素主要有出生体重和均匀度、初期管理（喂初乳）、寄养、补料、温度、保健管理。出生体重越大，存活率越高。均匀度比平均初生重对死亡率的影响更大。所以，要生产体重大、均匀度高的仔猪，必须从胚胎期抓起。

§1.1 母乳的影响

仔猪出生时消化功能已发育到一定程度，适合于母乳消化。

（1）母猪泌乳量对仔猪影响很大。理论上仔猪初生后就可断奶，但对仔猪来说母乳是最理想的营养源。母猪分娩后 4～5 周时泌乳量最高，8 周哺乳期日泌乳量为 5～8 kg 或以上。泌乳量和乳质量因母猪品种、体重、营养、泌乳阶段和管理情况而不同。环境温度、哺乳仔猪数、哺乳前体脂肪沉积量、哺乳期能量采食量对母乳生产效率有很大影响。母猪日泌乳量还与哺乳仔猪数直接相关，每天 24 h 内哺乳间隔时间相差不大。分娩后 8～10 日龄起，仔猪营养需求量大于母乳供给量（Harrell 等，1993）。

（2）母乳易消化，含有众多生长因子、激素和其他生物活性物质，它们在哺乳期及断奶后仔猪胃肠道中比较稳定，不易被消化，甚至部分能被完整吸收进入血液循环而作用于外周器官。给仔猪口服外源性生长因子能刺激仔猪胃肠道成熟，包括上皮生长因子（EGF）、胰岛素与类胰岛素生长因子（IGFs）、多胺（腐胺、亚精胺和精胺）及控制多胺合成的关键酶（是小肠黏膜生长、发育、成熟、受创伤恢复所必需的物质）、谷氨酰胺（Gln，小肠黏膜主要是利用氨基酸而不是葡萄糖来供能，而 Gln 极其重要）等。

（3）怀孕期。胚胎从 28～36 d 至出生（114±3 d），胃、小肠和胰脏生长速度与胚胎重呈正相关生长，生后 1 周内仍保持这种增长模式。仔猪初生重影响仔猪成活率、断乳重和后期日增重。出生体重大，断乳重也大，20～100 kg 期间的日增重也大。妊娠母猪饲养不仅影响仔猪初生重和生命力，而且影响仔猪一生生长。提高妊娠最后四周饲喂水平 30%，可显著提高仔猪出生重。

为怀孕母猪提供合理饲粮，是确保胚胎正常生长发育的前提。饲粮中代谢能含量应适当，脂肪和淀粉过量将降低促黄体素(LH)分泌，使胚胎成活率减少。妊娠期能量过高还会造成妊娠母猪体重增加、脂肪沉积增多，一旦超过体重的 33%，泌乳期采食量就下降、失重大、激素分泌和物质代谢失衡，影响下一个繁殖周期。猪胎儿的蛋白质沉积量从怀孕第 70 d 开始急速增加。怀孕 70 d 内，胎儿平均每天沉积蛋白质 3 g，70 d 后，胎儿每天沉积蛋白质平均 56 g。怀孕后期，胎儿能量需要大幅增加，妊娠 84 d 后，每天饲喂 3.1 kg 饲粮(41.16 MJ DE)，母体依然是能量负平衡(背膘厚减少 0.6 mm)。因此，必须提高怀孕后期母猪的营养。否则，可导致母猪妊娠期营养储备不足、出生乳猪弱小。

(4)泌乳期。通常根据母乳中化学成分组成的变化，把产后 3～4 d 的母乳称为初乳，随后的母乳称为常乳。母乳特别是初乳对新生仔猪有如下功能：一是提供能量物质和生物合成前体物的营养性功能；二是提供特异的和非特异的免疫保护机能；三是传达母源的神经和内分泌调节信号。后两个功能在哺乳仔猪生长发育与早期成活方面具有重要意义，所以有必要研究母乳内免疫活性物质的组成及其功能。

(5)初乳中乳蛋白含量高达 7%，占干物质的 34%，主要是免疫球蛋白。新生仔猪肠壁通透性好，可完整地吸收初乳中的免疫球蛋白，获得被动免疫。分娩时 γ-球蛋白含量占初乳中蛋白质含量的一半，第一天急剧下降变成富乳。免疫球蛋白是通过仔猪肠壁直接吸收进入血液，24 h 后还能少量吸收，36 h 后就不能直接吸收了。最好在生后 3 h 内吃到初乳，这是仔猪获得抗体的主要途径。常乳中免疫球蛋白因肠壁封闭不能直接吸收，可附在肠壁表面上阻止细菌的繁殖、发育。

母猪初乳中的淋巴细胞可被消化道吸收，从而增强仔猪免疫力。初乳中还有较高生物活性的几种非抗体性保护蛋白和酶，它们在抗乳腺炎和维持新生仔畜胃肠道健康方面起着重要作用。

母猪在较冷环境中产仔时，仔猪血清免疫球蛋白的浓度及断奶成活率都会下降，而母猪日粮中添加苏氨酸可改善冷环境对血清 IgG 浓度及仔猪存活率的不利影响，并增强仔猪免疫力。

初乳中的免疫活性物质包括免疫球蛋白(IgS)、免疫活性细胞和非抗体保护蛋白。IgS 由 IgG、IgA 和 IgM 等组成，这些物质能被仔猪消化道直接吸收，正好弥补新生仔猪的免疫力缺失。因为"胎盘屏障"使母体血液中的 IgS 不能直接进入胎儿，而仔猪自身的主动免疫抗体要到生后 10 d 才会产生。

初乳的 3 种免疫球蛋白中 IgG 数量最多，通过血液提高全身抗病力，有保护乳腺组织和向仔猪提供被动免疫力的双重作用；IgA 对保护消化道管壁有特殊功能，因为 IgA 对酸碱和酶的水解作用抵抗力较强，能在仔猪消化道中保持其抗体活性，进入仔猪消化道后可附着在消化道黏膜表面，防止病原体吸附到肠壁上；IgM 可抵抗病毒侵入体内，对所有有害微生物起免疫反应。当细菌侵袭乳腺组织时，乳腺中的 IgG、IgM 对吞噬细胞首先起调理作用，IgA 则凝结细菌，从而保护乳腺。

断奶前仔猪死亡中约 90% 死于最初 3～7 d，主要原因是免疫能力低。新生仔猪必须迅速有效获得对环境病原的免疫力，而获得初乳是唯一获得免疫球蛋白的途径，其他物种可在妊娠期直接把免疫球蛋白传递给胎儿，不迫切依赖初乳传递(见表 1.1)。

表 1.1　不同物种的被动免疫

物种	出生前传递	出生后传递
马	0	＋＋＋24 h
牛、山羊、绵羊	0	＋＋＋24 h
猪	0	＋＋＋24～36 h
狗	＋	＋＋1～2 d
豪猪	＋	＋＋40 d
老鼠	＋	＋＋16 d
小鼠	＋	＋＋21 d
兔	＋＋＋	0
人	＋＋＋	0
猴子	＋＋＋	0

注：①＋号的多少代表抗体的传递强度，0 表示不传递；②引自 Ballabriga 等，1976。

(6)初乳的营养特点(见表 1.2)。初乳的干物质、蛋白质含量高于常乳，但初乳灰分，脂肪和乳糖含量低于常乳。仔猪生后 3 h 内吃到初乳并能吃到 40～60 g 的话，大部分仔猪都能获得抵抗病原微生物的免疫球蛋白量。未能吃到充分初乳的应喂已挤出的初乳或其他母猪的初乳，也可直接投入免疫球蛋白 AP 301 或 AP 950。

表 1.2　母猪初乳及常乳成分及其能量构成

营养成分	初乳	常乳	初乳 DM100%	总能/(kcal/kg)	占总能的比例/%
干物质/%	25.76～30	19.89			
脂肪/%	4.43～7	7.5～10.1	15.48	700～956	56.1～65
蛋白质/%	17.77～20	5.5～6.0	62.08	317～344	21.5～27.6
乳糖/%	2.5～3.46	4.81～5.0	12.09	199～203	13.5～16.3
灰分/%	0.5～0.63	0.5～0.94	2.20		
钙/%	0.053	0.25	0.185		
磷/%	0.082	0.166	0.286		
铁/(μg/100 mL)	265	179	925		
铜/(μg/100 mL)		20～134			

(7)哺乳仔猪生长潜力受多种因素限制。首先是母猪乳产量，在8～10 d后母乳产量开始不能满足仔猪生长需要；其次是母乳成分影响仔猪体成分的沉积，猪乳含较高脂肪和较低蛋白质，有助于仔猪较多地沉积体脂而不是蛋白质，增加仔猪成活率。为充分发挥仔猪生长潜力，设法增加母乳产量和补充仔猪教槽料，二者不可偏废，双管齐下才是明智策略。

母猪膘情影响泌乳初期的乳产量，过瘦的母猪乳脂率低，妊娠末期和哺乳初期的母猪饲料中应增加脂肪含量，以提高仔猪存活率。妊娠母猪对苏氨酸的需要量较高，苏氨酸对母猪免疫球蛋白的合成有重要影响。虽然对氮平衡来说，赖氨酸是第一限制性氨基酸，但对妊娠母猪来说，要维持血浆IgG浓度，苏氨酸是第一限制性氨基酸，苏氨酸对妊娠母猪的体液免疫起主导作用。Hsu等(2001)研究表明低蛋白日粮添加苏氨酸能显著提高母猪初乳和常乳中IgG含量。

(8)猪乳干物质中脂肪占40%～45%。哺乳仔猪从母乳中获得的能量约56%为乳脂，甚至达65%。乳脂成分主要为甘油三酯，也含甘油二酯、甘油一酯、游离脂肪酸、胆固醇和磷脂。乳脂中中短链脂肪酸含量丰富，并含1%～2%的磷脂。中短链脂肪酸易吸收，磷脂有乳化脂肪的作用，这些因素决定了乳猪对乳脂的利用率高于其他食用油。仔猪能有效利用乳脂主要是因为乳脂微细，表面积大，消化率高达95%～98%。而断奶仔猪的饲料脂肪消化率仅65%～85%，取决于饲料脂肪的类型和品质。

仔猪初生期不能充分利用饲料脂肪的主要原因是饲料脂肪颗粒大，胆汁分泌少，胰脂酶活性低，小肠上的脂肪酸结合蛋白的活性弱。中短链脂肪对仔猪有特殊营养价值，因为它们能被仔猪迅速消化和吸收，有助于维持仔猪血糖水平。有报道认为中短链脂肪还能促进仔猪免疫活性，改善抗病力，减少仔猪腹泻。母猪饲喂中短链脂肪也能增加仔猪初生时的成活率，尤其对初生重不足 900 g 的仔猪。

§1.2　新生仔猪的营养

新生仔猪的肠壁可以通过吞饮作用从初乳中吸收大量的完整蛋白，这种吸收大分子物质的过程是非特异性的（不加选择）。初乳中的多种组分，包括免疫球蛋白和多种营养因子，可通过肠道上皮细胞迅速吸收并进入仔猪体内血液循环系统。新生仔猪就是通过肠壁完整吸收初乳中的免疫球蛋白而获得被动免疫。仔猪血液中免疫球蛋白含量是吃初乳所致，出生 8～12 h 达高峰，出生后 24～36 h（也有报道 48 h）免疫球蛋白就不能从肠壁直接吸收了（见图 1.1）。目前还不完全清楚肠道上皮细胞吞饮机制终止的细胞学基础，据报道，调控肠道关闭的相关因子可能存在于初乳的乳清中（Sangild，1999）。

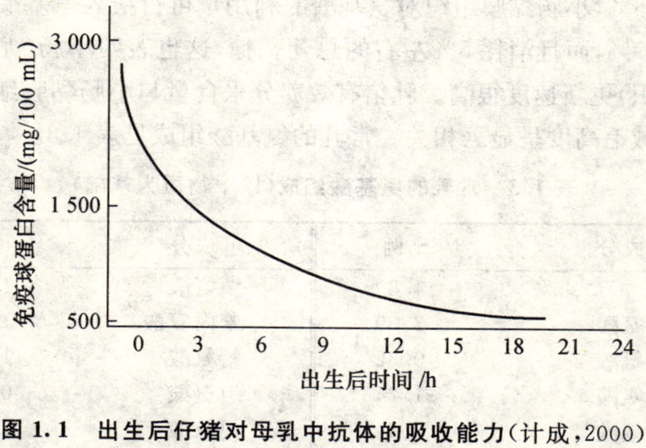

图 1.1　出生后仔猪对母乳中抗体的吸收能力（计成，2000）

仔猪自身免疫力在出生后逐渐增加以代替初乳的免疫力，但在未充分形成自动免疫前从母体获得的免疫功能逐渐减退，3 周龄左右形成“免疫空白期”，与早期断奶仔猪的免疫空白期重叠。

新生仔猪肠壁上皮细胞对大分子物质的吞饮作用关闭之后，有些大分子物质还可直接吸收，Xu 和 Wang(1996)认为，肠壁关闭后的这种大分子吸收过程是通过受体应答机制完成的。例如 3 日龄仔猪可主动吸收血清类胰岛素生长因子(IGF-I)，Schober 等(1990)表明新生仔猪小肠确实存在特定受体。仔猪 2 周龄时，更多的成熟细胞代替了胚胎样的肠细胞，更替后的肠细胞胞吞吸收能力相当低。细胞更替过程是沿肠道自前向后进行的，仔猪 6 日龄时完成前段肠道的细胞更替过程(Ekstrom 和 Westrom，1991)，此时后段肠道仍然可吸收大分子物质，到 4～8 周龄时肠道胚胎样细胞被完全更替，整个肠道的大分子吸收功能就完全终止。

小肠是所有营养物质消化和吸收的主要场所，小肠自身营养对其功能发挥有重要意义。仔猪生后 3～4 d，小肠重量增加 1 倍，而仔猪体重到 1 周才增加 1 倍。虽然胃肠道组织重量一般不到体重的 5%，但生后 10 d 内小肠吸收面积增加 1 倍，其耗氧量可达全身耗氧量的 15%～35%，小肠黏膜组织对氨基酸的利用量可占摄入氨基酸总量的 40%～60%，而且消耗 5%左右的总葡萄糖，这也表明小肠(尤其是其黏膜组织)更新速度很高。乳猪有效养分采食量与小肠黏膜细胞分裂能力和绒毛高度呈显著相关。常乳的氨基酸组成见表 1.3。

表 1.3　常乳的氨基酸组成(以干物质为基础)　　%

成分	比例	成分	比例
氮	4.8	缬氨酸	1.62
赖氨酸	2.09	苯丙氨酸	1.11
色氨酸	0.32	精氨酸	1.37
苏氨酸	1.24	组氨酸	0.72
蛋氨酸	0.64	丙氨酸	1.12
胱氨酸	0.53	甘氨酸	0.97
亮氨酸	2.55	丝氨酸	1.57
异亮氨酸	1.15	谷氨酸	5.95

注：I. Mavromichalis，et al. 2001。

饲料中消化吸收的氨基酸并不全进入门静脉，而有相当部分在肠道及其他内脏组织中代谢。新生仔猪蛋白质营养不良对整体生长的影响主要是降低胴体生长而不影响胃肠道生长，这证明此时肠道发育是优先的。在蛋白摄入长期偏低时，肠道对赖氨酸的需要量相对较高，并优先利用日粮来源的赖氨酸。组织器官的蛋白质合成速度，肝脏和胰脏最快，小肠次之，大肠和肾脏较慢，肌肉和心脏最慢。新生仔猪肠道需耗用 30%～40% 的营养，所以营养不足会影响新生仔猪生长和肠道发育，但短期(2～3 d)能量供给不足时可在正常采食后得到恢复。所以乳猪的营养应更侧重于消化道发育的营养需要，而不同于生长猪的肌肉发育需要。

新生仔猪氨基酸需要量见表 1.4。苏氨酸主要用于肠道营养。

表 1.4　仔猪的氨基酸需要量与母乳供给量

	需要量/[g/(kg·d)]	7 日龄供给量/[g/(kg·d)]	供给量/需要量/%	14 日龄供给量/[g/(kg·d)]	供给量/需要量/%
Lys	0.98	1.14	116	0.91	93
Met	0.25	0.21	84	0.17	67
Thr	0.55	0.54	99	0.44	80
Trp	0.175	0.20	114	0.16	92
支链	2.64	2.66	100	2.14	81
Phe	0.66	0.54	81	0.43	65

注：林映才，2011。以 7 日龄母猪母乳 6.5 kg/头，仔猪 10 头，每头 2.4 kg；14 日龄母猪母乳 8.5 kg/头，仔猪 10 头，每头 3.9 kg 计。

出生后及时供给充足营养才能保证新生仔猪生长尤其肠道快速发育。有报道，出生后 8～10 d 母乳开始不满足其最大生长的营养需要，通过补料供给仔猪充足营养，其生长可比单纯哺乳改善 60%～70%。设计教槽料要注意仔猪消化系统和免疫系统发育特点和生长强度大的需要，所以，补料要求营养浓度高、适口性好、易消化、能提高仔猪抗病力。

§1.3 仔猪免疫功能的发育

仔猪自身免疫系统出生后逐渐发育形成主动免疫功能。抗病力是仔猪生存的基础，而出生后 1 周是仔猪的死亡高峰。由于饲养密度增加，遗传改良，生存环境变劣，活猪流通频繁，大量添加抗生素和药物，这一方面导致病原毒力和变异增加，另一方面导致猪免疫力下降，尤其是影响后来的生长性能。

疾病发生时，采食量下降，日粮中的营养由瘦肉组织沉积转向支持免疫系统的代谢反应（即牺牲生长来抵抗病原）；急性应答蛋白合成也是炎性反应的重要部分（比如，补体激活溶解细菌），但这造成机体蛋白质合成的额外需求。由此看出，研究免疫营养学非常重要。

(1)母猪抗体（免疫球蛋白，Ig）不能进入胎儿体内，因此初生仔猪没有获得性免疫保护；仔猪出生后免疫系统结构和功能不成熟，必须依靠母猪初乳和常乳中的抗体获得被动免疫。仔猪对免疫球蛋白的最大吸收在出生后 4～12 h，随后很快下降，生后 48 h 肠道完全关闭，这对阻止自然界病原大分子进入仔猪体循环有重要意义。初乳中的淋巴细胞能经肠道转入仔猪体内，再经淋巴管转运到肠系膜淋巴结中并增强仔猪免疫力。

(2)仔猪非特异性免疫系统的发育。仔猪的非特异性免疫反应是先天性的。仔猪出生时已有免疫细胞，但开始不具有杀灭细菌的能力，需要分化成熟。仔猪非特异免疫系统的发育成熟和建立，至少应在 7～14 日龄后才能完成。

(3)仔猪的特异性免疫系统的建立。许多细胞和介质参与特异免疫反应，然而 B 淋巴细胞和 T 淋巴细胞是参与这一过程的主要细胞介质。仔猪主动免疫包括黏膜免疫和血液免疫两方面。黏膜免疫系统产生白细胞介素和对分裂原反应的功能在3周龄才逐渐成熟,8周龄开始所有免疫指标均达成年值。仔猪肠道免疫系统要到4～7周龄时才基本发育成熟。断奶应激可降低仔猪体循环抗体水平,抑制细胞免疫能力。与自然吮乳仔猪相比,2～3周龄以前断奶才表现显著的免疫抑制,而5周龄断奶的仔猪与吸吮母乳的仔猪比较,免疫力没有差异。

被动免疫与主动免疫的关系。仔猪生后12 h内摄入的初乳免疫球蛋白(IgG)数量与仔猪8周龄时合成免疫球蛋白的水平呈反比,这一主动免疫抗体的产生受到被动免疫抗体所抑制的现象在免疫学上非常重要。

(4)3周龄仔猪抗病力最差。仔猪自吃初乳被动免疫过渡到自身产生抗体的主动免疫力,21日龄是免疫球蛋白青黄不接的阶段,同时胃液内又缺乏游离盐酸,对随饲料、饮水等进入胃内的病原微生物没有消灭和抑制作用,因而此时仔猪易患消化道疾病。

(5)营养与疾病间存在密切联系,动物营养状况影响机体免疫功能和抗病力,机体健康状况又影响动物营养需要模式,“营养免疫学”的诞生与发展为解决动物生产中的疾病问题提供了新的思路。配方师需要掌握营养对免疫的作用,营养才是猪免疫力的物质基础。

日粮配方和成分对保育仔猪非常重要。设计断奶仔猪日粮时需考虑胃肠道的发育以及日粮和肠道正常菌群之间的相互作用,因为消化、吸收过程和微生物对饲料成分的处理在满足断奶仔猪维持需要、生长发育和胃肠道健康方面有重要作用。可以降低病原微生物在肠道上皮黏附,增加仔猪免疫力的饲料原料主要有:喷雾干燥血浆蛋白粉,预防和治疗性卵黄抗体,$n-3$多不饱和脂肪酸,抗菌素,益生素原(寡糖),维生素A,维生素D,维生素E以及硒等。

仔猪肠道黏膜免疫与营养调控仍有许多问题没解决，如肠道如何识别病原菌和正常菌群？在健康和患病动物个体，肠道正常菌群如何影响先天和适应性免疫系统的功能？肠道受病原菌感染并发生炎症后，肠道营养物质的利用途径如何改变？在肠道功能发挥以及肠道损伤修复中，哪些营养物质起主要作用？对断奶仔猪的营养调控需要明确肠道黏膜免疫机理。

(6)在获得母源抗体的被动免疫保护下，肠道及其相关的免疫系统，可以通过准确和高水平调节接触细菌抗原，使肠道免疫系统得到最佳发育，这对仔猪生存和生长极为重要。

第2节　仔猪消化功能的发育

在仔猪哺乳阶段，生存与生长发育是最基本的两个问题。一是快速完善免疫系统，提高抗病力，保住生存问题；二是尽快适应自己摄取食物，尤其是要为断奶后自己采食饲料奠定基础，这就需要加快消化系统生长发育。

§2.1　仔猪胃酸分泌功能的发育

哺乳仔猪通过乳酸杆菌将母乳中的乳糖转化为乳酸以维持胃肠道酸性环境，高浓度乳酸抑制盐酸分泌。新生仔猪胃液缺乏盐酸，胃对食物的消化作用很小，食物主要在小肠内靠胰液和肠液消化。

(1)仔猪胃酸分泌功能的发育。初生仔猪消化器官发育不完善，胃液中缺乏游离盐酸。胃腺分泌的少量盐酸很快与胃黏液结合，所以用滴定方法不能测出游离盐酸。一般出生 20 d 后才开始有少量游离盐酸出现，以后随年龄增长而逐渐增加。哺乳仔猪胃液酸度为 0.05%～0.15%，胃液的杀菌性主要取决于其中游离盐酸的浓度，仔猪 12 周龄前消化道发育不完善，断奶时仔猪胃分泌盐酸的能力较差，28 日龄断奶仔猪每天仅分泌等量于 20 mL 的盐酸。断奶后采食量增加，胃内 pH 值不断升高，5 d 内升至 5.5～6.0，以后逐步下降，60 日龄后才达到正常水平（pH 值＝3.0），采食的影响才会很小。空肠内容物 pH 值，哺乳仔猪为 5.8～6.0，断奶后 9 d 内 pH 值最高（可升至 8.03），以后逐渐下降至正常水平（pH 值 5.5～6.0）。

（2）胃酸主要作用是维持胃肠道酸性环境和消化酶正常活性及抑制有害菌增殖。胃蛋白酶消化的最佳 pH 值为 2.0～3.5，大约在 pH 值＝4 时就抑制胃蛋白酶的活性。其实胃内 pH 值过高会导致胃中多种酶原（胃蛋白酶、凝乳酶及乳糖酶等）致活能力减弱，使仔猪对日粮蛋白质等各养分的消化利用能力降低。胃酸分泌不足还可引起胃排空加快，大量未经消化的饲料涌入小肠，导致仔猪消化吸收不良、炎症和拉稀。

仔猪出生后 6 周龄前胃酸分泌不足；胃中 pH 值偏高，对胃中酶原的激活效果差，影响养分消化。至 12 周龄其胃酸分泌仍难抵消饲料中酸中和力较强物质的影响；哺乳仔猪胃内酸性环境主要靠母乳中乳糖发酵产生的乳酸来维持，挥发性脂肪酸（乙酸、丙酸和丁酸）。而盐酸分泌很少，直至断奶后 3～4 周，盐酸才占胃内总酸度的 50%，60 日龄后才能接近成年猪水平（胃液酸度达到 0.27%～0.4%）。早期断奶和采食可有效刺激胃的发育，促进盐酸分泌。

母乳含大量乳糖，正常情况下，哺乳仔猪主要是靠母乳中乳糖发酵产生的乳酸和少量挥发性脂肪酸维持消化道内酸度，保证乳酸杆菌在肠道微生物中居优势地位。这种以乳酸杆菌占优势的肠道微生物区系即为仔猪正常的胃肠道微生物区系。哺乳仔猪胃中的 pH 值在 4～5，这一 pH 值最适合消化乳汁。乳中丰富的乳糖极易被胃肠道中的乳酸菌转化成乳酸，通过乳酸来降低胃肠道 pH 值，从而激活消化酶原，促进消化。所以，单纯吮乳的仔猪胃酸分泌能力尽管很弱，但仍消化良好。

断奶后乳糖来源中止，导致乳酸生产下降，使胃内总酸度降低。这时仔猪消化腺分泌功能尚未健全，胃底腺不发达，盐酸分泌量仍很少，加之各种断奶应激，尤其是饲粮中某些组分如鱼粉、豆饼、矿物质等酸结合力（即系酸力）高，采食后胃内 pH 值很快升高，这在断奶第二天表现尤为明显。早期断奶仔猪胃肠道 pH 值升高与乳酸杆菌减少互为因果，相互促进，导致恶性循环，大肠杆菌增殖进一步抑制乳酸杆菌。生产中，仔猪断奶 5～7 d 为腹泻高峰期，这与其胃肠道菌群和 pH 值变化规律一致（见表 1.5）。

表 1.5　断奶仔猪胃肠道 pH 值的变化

胃肠道	断奶后天数			
	0	3	6	10
胃	3.8	6.4	6.1	6.6
十二指肠	5.8	6.5	6.2	6.4
空肠	6.8	7.3	7.3	7.0
回肠	7.5	7.8	7.8	8.1

注：Makkink et al. 1994。

通常仔猪料的 pH 值在 5.8～6.5，这不利于饲料中蛋白质的消化，而有利于病原微生物滋生，各种病原菌如大肠杆菌、沙门氏杆菌、梭菌等适宜的生存环境为 pH＝6.0～8.0（见图 1.2）。尤其是对刚断奶的仔猪，采取适当措施保证胃内一定酸度而抑制非乳酸杆菌繁殖，对维持胃肠道正常的微生物区系极为重要。所以，日粮中应选用酸结合力低的原料，特别要控制碱性饲料的用量，并在日粮中添加外源有机酸制剂；仔猪断奶后日粮中添加含乳糖成分物质如乳清粉等乳制品也是公认的有效手段之一。碳酸钙（石粉）具有极强的酸结合能力，如果日粮中钙含量高，会明显降低仔猪胃肠道抵抗力及生长性能。研究表明，用于骨骼沉积的钙在 0.87％即达最佳，因此日粮中钙含量应限制在 0.87％。

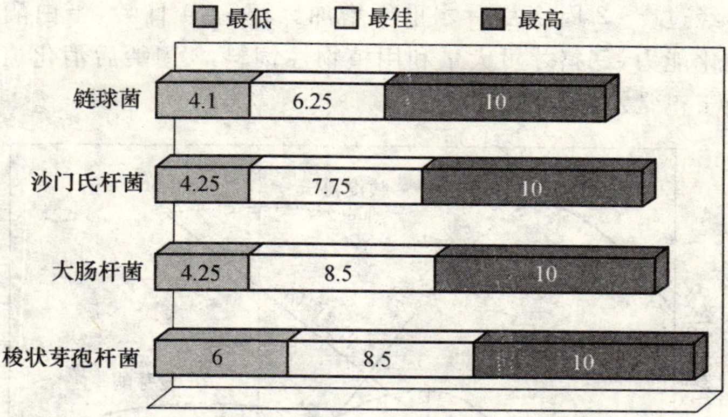

图 1.2　微生物生长所需要的 pH 值

肠道酸度足够即可，过多加酸无效，而且影响饲料适口性。

§2.2　仔猪消化酶系统的发育

(1)仔猪消化酶系统的发育。消化酶酶系(种类和数量)和肠道形态在很大程度上反映了仔猪对各种养分的消化能力，研究仔猪消化道中酶活性的变化，是设计仔猪日粮的理论依据。

仔猪生后第 1 周，乳糖酶活性最高，其次是脂肪酶(母乳中含脂肪约占干物质的 40%)，而胃蛋白酶、胰蛋白酶和胰淀粉酶的活性较低，适合对母乳所含养分主要是乳糖、脂肪和蛋白质进行消化，对各种养分的真消化率接近 100%，母乳主要在小肠内消化吸收。断奶前乳糖酶是肠道中的优势酶，所以哺乳仔猪可以很好地利用乳汁中的乳糖来提供能量(见图 1.3)。

乳糖酶活性在 8 周龄前逐渐减弱；胃蛋白酶、胰酶(胰蛋白、胰脂肪、胰淀粉酶)的分泌量和活性逐渐增加，在 3～4 周龄达高峰后很快下降。仔猪 3 周龄时消化酶含量通常只有成年猪的 30%，4 周龄断奶时胰蛋白酶和淀粉酶的含量也只占成年猪的 55% 和 35%。4 周龄仔猪断奶后一周内各种消化酶活性降低至断奶前的

1/3，经过 1～2 周恢复后才重新增加。35～40 日龄，蛋白酶表现出消化能力，仔猪才可大量利用植物性饲料，8 周龄后消化道酶系统趋于正常水平。

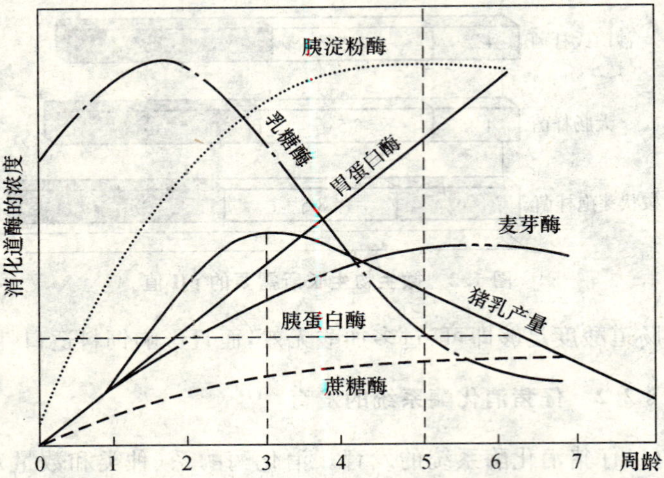

图 1.3　仔猪出生后体内消化酶的变化

（来源：张宏富，顾宪红等，2001）

从消化碳水化合物的酶来看，初生仔猪消化道内乳糖酶的活性就很高，仔猪出生后乳糖酶分泌量逐渐上升，3～4 周龄达到最高峰，此后迅速下降。一般在 3～4 周龄时断奶，消化酶还没达到充分活性。1～8 周龄的吮乳仔猪乳糖酶总活性仍保持稳定。胰腺和小肠中淀粉酶的活性在 0～4 周龄增加。

小肠中麦芽糖酶和蔗糖酶活性在出生时很低或几乎没有，而在 1～3 周龄时增加，3～4 周龄后小肠中麦芽糖酶和蔗糖酶活性保持较高，持续增加到 8 周龄。这种变化趋势表明，仔猪碳水化合物酶的种类和数量从以消化高乳糖的母乳为主，逐步向以消化淀粉类日粮为主的方向转化。

仔猪胰腺分泌脂肪酶及磷脂酶和胆固醇酶。在仔猪哺乳前，胰脂肪酶的活性很低，哺乳后活性迅速增加，此后，不论在仔猪的哪一个发育阶段脂肪酶活性都很高，所以，仔猪对脂肪的消化吸收一直比较高，哺乳期仔猪对乳脂肪的吸收率达 80%以上。胰脂肪酶和肠脂肪酶的活性随年龄增加而增加，在 4 周龄达到高峰。

(2)断奶应激。断奶应激是所有外界因子在短期内发生的综合反应。仔猪断奶后，一方面受到环境、心理和营养的应激，胰腺分泌各种消化酶的能力受到抑制；另一方面，由于仔猪断奶后胃肠道内 pH 值升高，蛋白酶原等难被激活或活性降低，影响饲料消化，从而肠道内酶的数量和活力都下降。尤其是，仔猪断奶后食物由含乳蛋白、乳糖和乳脂为主的母乳转变为淀粉和植物蛋白为主的固体料，其成分差异很大，结果导致仔猪消化生理发生重大变化，仔猪消化系统所分泌的酶一时不能适应消化固体饲料的需要。断奶日龄越早，胰腺分泌各种消化酶的能力越差，断奶对仔猪消化系统造成的应激越大，仔猪恢复时间越长。一般，早期断奶仔猪在断奶后两周内对可溶性淀粉的消化利用有限，对不溶性淀粉则很难消化，导致仔猪常不能适应以植物为主的饲料，这也是仔猪断奶后 1～2 周期间消化不良，生长受抑的重要原因。

仔猪断奶时由于日粮变化和应激反应，胃蛋白酶、胰蛋白酶、胰淀粉酶和糜蛋白酶等酶的活性显著下降。而肠脂肪酶、磷脂酶和胆固醇脂酶的活性一直保持很高。4 周龄断奶仔猪断奶后一周内，胰脂肪酶、胰蛋白酶、胰淀粉酶和胰凝乳酶等活性下降到断奶前水平的 1/3，除胰脂肪酶外其他酶经 2 周后恢复甚至超过断奶前水平。

计成等(1997)研究表明，28 日龄断奶仔猪的胰腺、小肠内容物中淀粉酶、胰蛋白酶和胰凝乳蛋白酶的活性从 21～35 日龄均呈逐渐上升趋势(见图 1.4)。35 日龄后下降，但随着进食刺激，酶活性会很快恢复并呈上升趋势。结果是消化吸收能力下降(见图 1.4)。

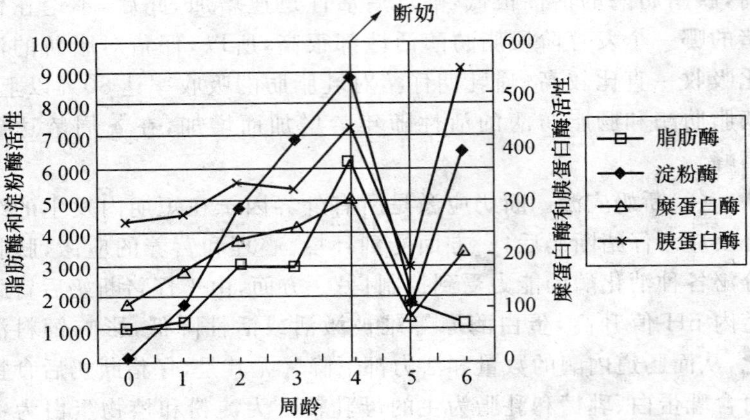

图 1.4　断奶对仔猪消化酶的影响

(据 Lindemann et al. 1986)

早期断奶会造成仔猪小肠形态结构和功能损伤，断奶后第 1 周肠黏膜损伤最严重，第 2 周开始恢复。这些变化导致肠道消化吸收不良，使未吸收的营养物质到达直肠时被微生物利用，产生甲烷、硫化氢等有害的物质，刺激肠蠕动加快，肠道渗透压升高，最后导致腹泻。

再就是分泌胃酸不足。胃酸在消化过程中的生理功能是激活胃蛋白酶所需要的酸性环境，促进蛋白质膨胀变性，加速胃蛋白酶对蛋白质的水解，杀灭或抑制细菌生长等。初生仔猪胃酸分泌量少，且游离酸缺乏，一般从 20 日龄开始才有大量游离盐酸出现，以后随年龄增加，至少在 2～3 月龄时分泌才能接近成年猪水平。

21 日龄前胰淀粉酶分泌很少，麦芽糖和蔗糖酶活性很低。仔猪由母乳转变为含淀粉的日粮后，淀粉酶活性提高，生长至 8 周龄淀粉酶的分泌量一直增加。第三、四周时乳糖酶的活性降低一半，而淀粉酶和蛋白酶的活性上升。3～8周龄是仔猪胃肠道和酶系统发育高峰期，仔猪在断奶(4周龄)前，随着周龄增加，胃、肠、胰腺中消化酶活性成倍增长，但早期断奶对大多数消化酶活性的增长有抑制作用。断奶应激可引起仔消化道中各种酶活性在断奶后1～2周内下降，除胃蛋白酶外，其他几种酶(例如胰脂酶、胰蛋白酶、胰淀粉酶和糜蛋白酶)活性均有所下降，有的还低于断奶前水平。断奶造成肠道损伤，小肠刷状缘细胞分泌消化酶的量也下降。经2周恢复后，除胰脂酶外大多数消化酶活性均可恢复甚至超过断奶前水平，以后逐渐上升。

仔猪断奶后不同消化器官的同一消化酶活性(尤其是淀粉酶)恢复速度不同，肠道组织消化酶活性恢复速度快于胰腺组织。有报道，21日龄断奶仔猪在断奶后1周内，胰腺组织脂肪酶活性下降，而小肠内容物脂肪酶活性则升高，推测与采食有关。胃蛋白酶不受断奶应激影响，出生后随日龄及采食量增加而增加。消化酶分泌不足与消化酶水平下降，再有断奶前后食物巨变，需要的消化酶谱差异较大，降低了仔猪对饲料中营养物质的吸收利用。

断奶会对仔猪胃酸分泌和各种酶活发育过程产生阻碍作用，影响程度与断奶日龄密切相关。断奶后12 h内食糜中胃蛋白酶明显蓄积，随后降低，至50日龄前明显回升，但胃黏膜中胃蛋白酶活性降低幅度较小(或不降低)。胃脂肪酶活性在断奶时增加。断奶时大多数胰酶活性会降低，至少2～4周后才恢复或超过断奶前水平，胰酶活性降低的幅度及恢复所需的时间与断奶日龄有关。

仔猪各种消化酶活性的变化表明，3周龄前仔猪消化能力有限，由于酶分泌不足和消化道发育不成熟，不能充分利用植物性饲料，日粮中必须含大量动物性的乳制品和优质鱼粉等。

(3)仔猪胃肠道消化酶系统的营养调控。目前植酸酶是单一酶产品，其他饲用酶制剂多是含多种酶的复合制剂，用于弥补仔猪胃蛋白酶、胰脂肪酶、淀粉酶、蛋白酶等消化酶的不足，保持正常消化吸收功能，促进仔猪生长。复合酶制剂用于仔猪日粮的主要功能有四个方面：①促进饲粮消化吸收，并且有特殊诱食作用，明显促进仔猪食欲和生长；②有一定的消炎、防止腹泻和改善消化系统功能的作用；③防止和减缓仔猪的断奶应激及环境应激反应；④改善仔猪日增重和饲料利用率。

消化道 pH 值影响酶的活性。饲用酶的作用条件必须与消化道生理条件相适应，酶活性具有其最适 pH 值范围。猪消化道的正常温度为40℃左右，猪胃 pH 1.5～3.5，小肠 pH 5～7，大肠 pH 值近中性。通常最佳作用条件真菌或霉菌酶是 pH 3～6，细菌酶 pH 5～8，霉菌植酸酶 pH 2.5～5.5。在消化道中一切大的营养分子都要水解成小分子才被吸收。外源酶进行催化作用也有一作用范围，比如胃蛋白酶在 pH 6～7 时很快失活，而在 pH 值为 1 时却十分稳定。一种酶不可能同时适应跨度较大范围的 pH 值变化，要使添加外源酶在湿喂过程中全部发挥作用，则要采取保护措施，使复合酶体系中某一类或某一种酶耐受酸性环境而达到期望作用点，以保证酶在消化道的各个部位发生作用。

酶对底物发挥最大活力的浓度与底物的浓度有关，所以必须通过实验和借鉴国内外先进方法选择最佳添加量，以充分发挥其效率。酶过量或不足非但无益，还会引起副作用。

饲料组成影响酶制剂的添加效果。饲料中存在一些饲用酶制剂的抑制剂，它们阻碍酶制剂作用，这些物质有无机的和有机的两大类，有机物如植物凝集素、NSP 等大分子有机物，它们通过与酶制剂结合等方式使其活性降低；无机金属离子如 Cu^{2+}、Hg^{2+}、Ag^{+}、Fe^{2+}、Al^{3+} 等对一些酶制剂的作用有不同程度的抑制，从而干扰其应用效果。但一些组分如 Zn^{2+}、Ca^{2+}、Mg^{2+} 对酶制剂有激活作用，从而增强酶制剂的应用效果；饲用酶制剂的应用效果还与底物浓度有关。

§2.3　仔猪的胃肠道微生态系统

初生仔猪胃肠道无菌，出生后几个小时，一个庞大的微生物群落迅速在胃肠道中形成。出生后 24 h 内，在空肠、回肠、盲肠和直肠就定植了双歧杆菌、大肠杆菌、乳酸杆菌、消化球菌、类杆菌、小梭菌、真杆菌和酵母菌等，以前 5 种占优势。乳酸杆菌在出生 48 h 构成优势菌丛。到 8～22 日龄，肠道微生物区系逐渐形成相对动态平衡、稳定的微生态系统。

肠道固有菌群对仔猪生长、发育、营养、免疫和抗感染等非常重要。总的来讲，对仔猪生长有抑制作用，对外来细菌有颉颃作用。可通过调控胃肠道微生物区系，减轻对生长抑制作用的内部屏障。哺乳期仔猪胃内微生物以乳酸杆菌为主，肠道乳酸杆菌占一定优势，有助于肠道健康。可通过增加胃肠道酸度、减少细菌摄入量和维持饲料稳定，以增强乳酸杆菌的生长繁殖，强化其主导地位。

(1)仔猪肠道微生态系统有重要生理意义。动物是由动物真核细胞和细菌原核细胞构成的综合体，微生态系统是除骨骼、肌肉、神经、附属（皮、毛、指或趾甲）、淋巴（免疫）、呼吸、消化、内分泌、心血管、泌尿、雄性和雌性生殖系统（Morieb，1995）之外的第十三个生理系统。

肠道微生态系统的作用主要有以下五个方面。

营养作用：盲肠中的微生物菌群包括双歧杆菌、乳杆菌、真杆菌和大肠杆菌等，能产生消化酶，分解纤维素，合成多种蛋白质、氨基酸与维生素供宿主利用；肠道微生物还可明显促进亚油酸吸收，促进胆固醇向类固醇转变及胆汁酸脱饱和、脱羟基等正常生理代谢过程，同时还参与一些药物或毒物在体内的代谢；代谢产酸，酸化肠道环境、活化酶系统和抑制偏碱性有害微生物。

抗病作用：胃肠道正常微生物的抗病作用主要包括：①竞争性

排斥，作用机理是，胃肠道已存在的微生物和侵入的病原菌竞争肠黏膜上的黏附位点。②产生抗菌物质如细菌素、有机酸及过氧化氢等。有些胃肠道正常微生物能分泌一类选择性作用于细菌靶细胞的抗菌物质——细菌素，多属于多肽类且有水溶性，并在较低浓度时就有活性，在肠道中抑制有害菌生长繁殖。

抗肠毒素作用：某些病原菌分泌的肠毒素会与肠黏膜上的受体结合，不仅妨碍正常微生物与受体结合，还导致体液丢失，但这种肠毒素可被胃肠道正常微生物所中和。其次，抑制有害菌生长，例如胃肠道内的双歧杆菌能使过度增殖的革兰氏阴性菌，特别是肠杆菌科和梭形芽孢杆菌数目降低到正常水平，从而减少内毒素释放量，降低引发败血症的风险。

免疫作用：益生菌能促进机体免疫器官生长发育、成熟，包括B细胞、T细胞、M细胞及吞噬细胞、体液免疫、细胞免疫、产溶菌酶细胞等，提高抗感染能力。胃肠道中的双歧杆菌对巨噬细胞有明显激活作用，它在肠道的定植，一定程度上相当于自然自动免疫，可诱发机体特异反应。乳酸菌可能有利于仔猪免疫能力发育，有利于断奶仔猪抵御外来抗原引起的炎症反应。

影响黏膜免疫：胃肠菌群能促进胃肠黏膜细胞发育和成熟（解剖修饰作用）；乳酸菌还能够加速胃底腺盐酸细胞增殖，促进增殖的胃腺发育、促进十二指肠肠绒毛高度增加（朱伟云，2010）。肠黏膜菌群还有屏障作用，抵御病原体侵袭。胃肠道内的某些微生物，主要是革兰氏阳性杆菌和球菌，能与肠黏膜密切结合，在肠黏膜的某些部位形成一层菌膜，构成一个生物学屏障，有效阻止致病菌的定植和入侵（即抗细菌移位）。

（2）影响微生物群落稳定性的因素主要有疾病、应激和日粮。健康猪整个胃肠道内，乳酸菌、乳杆菌、双歧杆菌等是主要微生物，而链球菌、肠杆菌、消化链球菌和韦荣氏菌数量极少或不存在，拟杆球菌属细菌只在大肠中极少量存在，梭菌、葡萄球菌、酵母菌和霉菌基本上不存在(高巍,2001)。

早期断奶仔猪因胃肠道发育不健全,难以适应断奶后包括环境、饲料和心理等方面的巨变,导致胃肠道原来稳定的微生物区系间的平衡被打破,引起仔猪严重腹泻。

胃肠道微生物群落的稳定除受胃肠道内生态环境(包括氧化还原能力、养分可利用性、pH 值以及微生物种群之间相互影响等)和外界环境(如温度和湿度,可通过影响过路菌和固有菌的滋生而扰乱胃肠道固有的微生物群落)影响外,日粮成分如纤维含量也不可忽视。改变日粮中的纤维数量可以调控胃肠道微生物群落结构,如高纤维日粮显著增加动物胃肠道中的纤维分解菌数目。日粮中的可溶性纤维主要存在于谷类包括小麦、大麦和黑麦中,能抵抗肠道中的微生物酵解,可像海绵一样吸纳水分,有助于增加粪便体积和预防便秘。日粮中的不可溶性纤维会被结肠菌群酵解,因而不能吸收水分和增加粪便重量,但结肠能与可溶性纤维酵解产物特别是短链脂肪酸互作,所以添加不同种类及比例的纤维可改善机体健康。

(3)哺乳仔猪的10种重要疾病分别是:大肠杆菌病占45.2%,链球菌病占29.8%,渗出性皮炎占25.9%,PRRS 占10.7%,仔猪红痢占9%,球虫占8.6%,轮状病毒病占5.7%,传染性胃肠炎占3.2%。据调查,仔猪因腹泻死亡占仔猪死亡总数的39.8%。近年来,我国仔猪腹泻十分普遍,据报道,30 kg 以下的仔猪,全年平均发病率46.5%,死亡率10.3%。在养猪业较发达的国家如美国,仔猪断奶前死亡率约15.5%,荷兰11.5%~14.2%。

尽管仔猪腹泻种类繁多,但是细菌性腹泻仍然是主角,尤其是大肠杆菌病,几乎占整个腹泻类疾病的50%,因此只要预防控制大肠杆菌的感染就可以成功一半;而多数病毒性腹泻只要加强免疫和环境管理就会大大减少;因而解决仔猪腹泻的核心是控制细菌性感染。

第3节 补料对哺乳仔猪消化系统的影响

§3.1 仔猪的消化生理

了解仔猪的消化生理，对配方师做仔猪料配方具有指导意义。例如仔猪消化道承载量、饲料改善措施、仔猪胃肠道消化生理特点、应激行为对肠道生理的意义等。

(1)概述。饲料中的水、无机盐和维生素的结构比较简单，可直接被动物吸收利用；而蛋白质、脂肪和碳水化合物一般都是大分子物质，结构复杂，必须消化分解为简单的小分子才能被吸收利用。饲料在消化道内的这种分解过程就叫消化。饲料消化后，通过消化道壁的黏膜进入血液循环的过程叫吸收。消化和吸收是两个密切联系的过程，完整的消化概念包括这两个过程。

消化和吸收主要在胃、小肠、胰及肝脏中进行。仔猪的消化和吸收能力依赖于肠道生理功能，包括消化系统的结构与容量，分泌消化液（酸、酶、HCO_3^- 和胆汁等）的能力和调控分泌机制的发育，以及小肠黏膜表面的消化和吸收能力。饲料在消化道内有三种消化方式，即物理性消化、化学性消化和微生物消化。三种消化作用是互相联系，同时进行的。

胃肠道消化环境是指胃肠道消化饲料的内部生物和非生物环境，包括胃肠道微生物区系、寄生虫等生物环境因子和温度、pH值、酶活性等非生物环境。仔猪出生 24 h 后其肠道就形成了一个微生态系统，其中的乳酸杆菌通过竞争性分解营养物质而抑制有害菌增殖，可是乳酸菌适宜于在酸性环境中繁殖，仔猪胃酸分泌不足，既不利于植物蛋白消化，又不利于有益菌群增殖。

调控仔猪胃肠道消化环境的途径，主要是通过日粮营养和非营养调控措施，改善胃肠道微生态、有效降低 pH 值激活消化酶、补充添加剂，以促进饲料营养物质的消化吸收，提高仔猪生长性能和抗病力。

(2)胃。不同日龄仔猪胃的运动与排空方式明显不同。新生仔猪就有连续而微弱的胃运动，没静止期，以后运动强度增加，约 10 日龄出现 2～4 min 的静止期。随日龄增长，运动期逐渐缩短，静止期逐渐延长，2 月龄左右接近成年猪。初生仔猪胃排空速度快，但随日龄增长逐渐变慢。据报道，仔猪胃完全排空的时间在 3～15日龄约为 1.5 h，1 月龄为 3～5 h，2 月龄为 16～19 h。排空时间与饲料种类有很大关系，从哺乳期至断奶后，排空时间显著增加。如 30 日龄大豆蛋白排空时间为 24 h，而 70 日龄则需 35 h。哺乳期如补料，排空时间明显延长。

(3)小肠。猪一生小肠发生两次形态学和组织学变化，首次在初生时，另一次在断奶时。初生至断奶前仔猪主要从母乳中吸收各种营养物质及免疫蛋白等，空肠及回肠部的绒毛长度随日龄增加而变短、变粗。断奶后小肠的相对生长率明显提高，断奶仔猪单位体重小肠的长度随日龄持续降低，而小肠直径和容积分别增加 3.5 倍和 43 倍。断奶后，仔猪食物由流质母乳转变为固体饲料，这对仔猪来讲是个很大应激，使肠绒毛长度变短(由哺乳期的 0.55 mm 降低为 0.356 mm)且隐窝变深(由哺乳期的 0.118 mm 增加到 0.2 mm)，断奶前细而薄的指状肠绒毛，因断奶而变短且密集柔软。仔猪小肠的形态变化还与断奶日龄有关，断奶日龄越小，细胞再生率越低，断奶时绒毛长度越短且隐窝越深。断奶使肠绒毛受损或长度变短，隐窝细胞数增加，导致微绒毛酶活性降低。

在胃液缺乏盐酸的年龄性机能不全期时，仔猪胃内消化作用很小，食物主要在小肠靠胰液和肠液消化；随年龄增长，胃消化机能逐渐完善，对饲料的消化作用才较为重要。仔猪消化道中的凝乳酶可凝结酪蛋白，延长其消化道停留时间，同时凝乳酶还可连同胰蛋白酶水解乳蛋白。随仔猪日龄增长，采食固体食物，消化道中凝乳酶活性下降，胃蛋白酶活性增强。新生仔猪可从初乳获得一种抗胰蛋白酶因子，它保护免疫球蛋白不被分解，以大分子形式被仔猪吸收。

正常猪小肠的主要功能有二，一是营养物质的消化吸收，二是防御由胃肠道途径的感染。这两个任务是矛盾的，任何消化吸收面积的增大，都给防御带来更大的负担。

(4)胰腺。出生时仔猪胰腺已发育完全，并能分泌一定数量的碱性胰液，其中的淀粉酶和乳糖酶活性较高。

(5)初生仔猪虽有胆汁分泌，但分泌量很少，出生后3周内胆汁分泌量缓慢增加。胆汁中的胆酸盐是胰脂肪酶的激活剂，并能乳化脂肪、促进食物中脂肪的分解和吸收，因此幼龄仔猪的胆汁分泌量少可能是胰脂肪酶不能充分发挥作用的主要原因，使脂肪的消化和吸收受到一定限制。随年龄增长，胆汁分泌量增加，脂肪消化率提高。

§3.2 补料对哺乳仔猪消化系统的影响

哺乳期补料可刺激仔猪肠道酶分泌，促进肠上皮细胞发育和增殖，锻炼消化道适应饲料，减少仔猪断奶应激，提高仔猪和母猪生产性能。

(1)一般母猪每天泌乳8.5 kg，仔猪日增重200 g。所以28日龄仔猪体重7.0 kg，这时仔猪日增重潜力是400 g，需要母猪泌乳19.4 kg，这实际不可能。据报道仔猪7～10日龄时母乳就开始不足了(Harrell等，1993)。再者，母乳的养分含量也不能满足仔猪最快生长的需要，例如蛋白能量比，母乳为8～10 g蛋白质/MJ DE，而人工饲养的仔猪获得最大生长速度时的蛋白能量比在12.4～15.6之间。类似地，3周龄内母乳的赖氨酸含量为0.67～0.85 g lys/MJ GE，而人工饲养的最佳生长时的仔猪日粮赖氨酸为0.9～0.95 g lys/MJ GE(见表1.6)。Lys/ME每增加

0.1 g/MJ,仔猪体蛋白质沉积增加 4.3 g/d(Auldist 等,1997),然而想通过母猪日粮组成来改变母猪乳的蛋白质和氨基酸组成,或改变母乳的蛋白能量比,目前还不大可能。哺乳仔猪早期补料不仅提高断奶体重(见表 1.7),而且断奶后很快适应固体饲料,可预防断奶应激,使断奶后几周内日增重明显提高。另外,仔猪增加采食量会减少母乳依赖,减少母猪体重损失,使母猪发情期来得早。

表 1.6 仔猪的氨基酸需要量与母乳供给量

	Lys	Met	Thr	Trp	支链 AA	Phe
需要量/[g/(kg·d)]	0.98	0.25	0.55	0.175	2.64	0.66
7日龄供给量/[g/(kg·d)]	1.14	0.21	0.54	0.20	2.66	0.54
供给量/需要量/%	116	84	99	114	100	81
14日龄供给量/[g/(kg·d)]	0.91	0.17	0.44	0.16	2.14	0.43
供给量/需要量/%	93	67	80	92	81	65

注:①林映才,2011;②以仔猪7日龄时母猪母乳 6.5 kg/头,仔猪10头,每头 2.4 kg;14日龄母猪母乳 8.5 kg/头,仔猪10头,每头 3.9 kg 计。

表 1.7 补饲奶粉可以提高日增重 g

	仔猪	育肥猪	全期
母乳	280	296	288
母乳+人工乳	455	487	471

注:Zijlstra 等,1996。

仔猪吮乳量,第1周约 7.69 kg/d,第2周 8.31 kg/d,第3周 8.65 kg/d。为使乳猪生长最快,应在1周龄开始补料,有助于母猪分娩3周后产奶量下降时,乳猪仍能保持其生长速度。母猪泌乳能力随乳猪年龄增长而下降。良好的乳猪补饲计划必须确保生长快的乳猪能充分发挥遗传潜力。但是有报道说,28日龄断奶前采食量，窝间和窝内个体间变异都很大。

教槽料会为仔猪带来的利益：①21 d 断奶前每头累计有 150～300 g 采食量；②生后 15～21 d 采食量占开始教槽到 21 d 总量的 85％以上；③断奶前采食足够的教槽料，对缓解断奶应激有益。但是，生后 2 周内仔猪教槽料累计采食量一般猪场仅 20～30 g。因此，2 周内的仔猪几乎是 100％靠母乳。

(2)哺乳期饲料采食量与仔猪断奶体重和断奶后短期内的日增重的相关，报道结果不一致。比较公认的是让哺乳仔猪采食更多饲料，一般认为吃到 525 g 以上，主要作用是最大限度减少断奶后生长停止(见表 1.8)。断奶后生长停滞期间为 3～4 d 时出栏日龄延迟 5～7 d，但生长停滞期间为 14 d 时则出栏日龄延迟 3 周。据报道，补饲教槽料采食量小于 300 g/头时，几乎 100％出现腹泻；采食量小于 500 g/头，存在腹泻危险；采食量超过 700 g/头，断乳腹泻的很少。问题是，断奶之前仔猪对教槽料的采食量很低。如果从 7 日龄开始诱食，截至 28 日龄断奶，每头仔猪的采食量多数在 400 g 内，最多不超过 700 g。如果是 25 日龄断奶，则采食量在 200 g 左右，最多不超过 350 g。如果断奶日龄为 21 日龄，则采食量更低，正常情况下应该在 50～150 g 以内，最多不会超过 200 g(见表 1.9)。有报道说 21 日龄断奶前总采食量可达 1 kg 以上，这和多数研究报道出入很大。

表 1.8　28 日龄断奶前补料摄入量决定断奶后采食和生长　g/d

断奶前补料情况	基本没补料	补少量料	补较多料
断奶后前 4 d 采食量	105(100)	132(126)	154(147)
断奶后前 4 d 的日增重	−34	2	20

断奶体重大的仔猪一生抗病力强。当母源抗体的保护消失后，体重大的猪更容易适应。出生重与断奶重间存在很强相关。

表 1.9　平均补饲采食量

周龄	3	4	5	6	7
仔猪体重/kg	4.6	6.8	9.1	11.4	13.6
补饲/仔猪/周/g	146	296	768	1 655	2 590

(3)优良品种仔猪需要充足营养。采食量不足是限制仔猪生产性能的主要因素。采食量受日粮消化率影响,日粮消化率轻微下降导致生产性能大幅度下降。所以开食料的适口性、无过敏源和消化率比营养含量还重要,开食料不好会导致腹泻,造成生长停滞,因此选择开食料原料要慎重。

教槽料的使用方法根据猪场的技术、环境情况不同而有所不同。①在 7 日龄开始教槽,至断奶后 7 d;②在断奶前 7 天开始教槽,至断奶后 10 d;③在断奶前 3 天开始教槽,至断奶后 10 d。方法一是传统的使用方法。方法二是当前部分大猪场中试行的一种做法。方法三的做法较为超前,一般难能达到理想效果。

有无教槽料断奶后首次采食时间,见图 1.5。

教槽料的饲喂频率及用量:7～14 日龄,每天教槽 6～7 次,每次每头 2～7 g;15 日龄至断奶,每天教槽 5～6 次,每天每头 20～40 g。每次喂料时都应清掉上次的剩料,使小猪有新鲜感。应在仔猪最活跃的时间教槽,仔猪最活跃的时间是上午 9:00～11:00,下午 13:00～16:00。冬季小猪最活跃的时间是白天温度最高的时候。

人工喂料:如果 14 日龄仔猪尚未自己采食教槽料,则应以人工方法将饲料塞入小猪嘴内,或将教槽料调成糊状,用木片将饲料喂入小猪口中,每天 2～3 次,有条件的情况下可将母猪与仔猪分离,强制它吃料,每天 1～2 次。1～2 d 即可自己采食。

(4)仔猪开食料对小肠结构和功能有明显影响。哺乳仔猪充

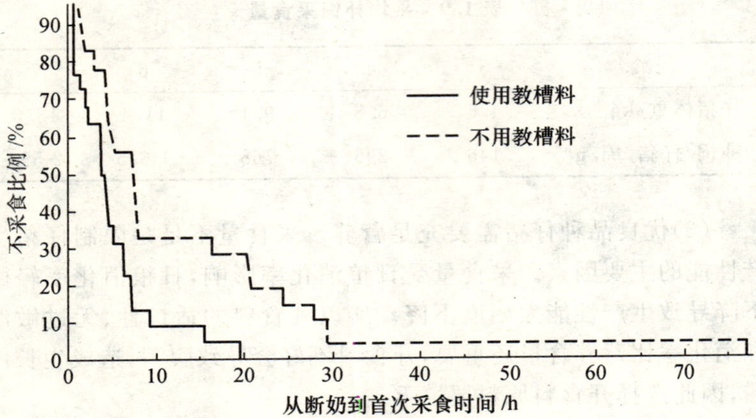

图 1.5　有无教槽料断奶后首次采食时间——适应性差异

分采食,可促进仔猪消化功能发育,使仔猪对饲粮抗原获得免疫耐受,减轻断奶后仔猪的过敏反应造成肠道组织损伤,减少断奶仔猪腹泻。如果哺乳期补饲不充分,仔猪免疫系统处于待发而非耐受状态,断奶后再次接触饲粮抗原时过敏反应会加剧。因此,使仔猪在断奶前至少采食 600 g 含豆粕 25%的玉米-豆粕型日粮(折合 150 g 豆粕),才可能使仔猪建立免疫耐受,保证断奶后适当的采食量,减少因断奶后采食量降低造成小肠绒毛萎缩,减轻小肠绒毛刷状缘分泌的消化酶活性降低以及对营养的吸收能力下降,减少仔猪营养性腹泻。

(5)乳猪营养供应绝大部分来源于母乳,母乳营养并不完全平衡,全靠母乳不能完全发挥乳猪生长潜力。最突出的是母猪乳含精氨酸(Arg)量极低(Arg∶Lys=0.35),而乳猪最理想的 Arg∶Lys 为 0.55。Arg 是必需氨基酸,也是限制性氨基酸。Pro、Gln、Glu 可在体内合成精氨酸,但 21 日龄乳猪合成能力最低。

(6)乳猪的补料应弥补母乳氨基酸不足,提高精氨酸含量。合成精氨酸有市售，含精氨酸高的原料有花生饼、大米、鱼粉。

(7)研究证实，7 日龄仔猪采食的日粮，可以改变或者影响酶的分泌。因此缓慢给仔猪饲喂复杂碳水化合物和蛋白质，其消化系统将能适应新的日粮，使断奶应激降到最低，见表 1.10。

表 1.10　补料的作用

	吃乳	吃乳＋补料(10～21 日)	补料效果
胃的重量 Weight/(g/kg)	4.6	4.9	＋7%
胃酸分泌(mmol/h)	3.4	5.9	＋79%
蛋白分解酶	4.4	12.4	＋182%

注：袁中彪，PPT 2010。

补饲可提高断奶时胰脏各种酶的活力，增加断奶仔猪体重和断奶时仔猪整齐度。研究证明，2 周龄补饲固体饲料的仔猪在断奶时，其胰脏淀粉酶的活力明显比未补饲组要高。让哺乳仔猪从第 5 d 开始补料至断奶(27.3 d)，每头仔猪平均采食 422 g，试验组仔猪断奶体重比对照组增加 6%。

(8)哺乳仔猪和新断奶仔猪都是以流食补饲效果较好，但也有报道说与固体补料没差异的。尤其是补饲设备和管理要求较高，猪舍温度可使流食很快变质。无论补饲固体饲料还是流食，哺乳期和断奶后 2 周小母猪采食量都大于小公猪，所以小母猪长得快，哺乳期补料的在断奶后 1～2 周内的差异更明显。

总之，及早补料有以下几个作用：①足够的补料可刺激消化酶分泌，促进肠上皮细胞发育和增殖，促进乳猪消化道适应，断奶后可立即采食饲料，减少断奶应激的不良后果。②减少母猪失重。③断奶前补料量影响断奶后的采食和生长，对仔猪影响巨大。④提高断奶体重：乳猪多吃 100 g 补料差不多增加 100 g 断奶重。⑤饲料中的酸能帮助磷的获取，同时刺激酸的产生；减少腹泻。⑥仔猪生长曲线是由遗传与环境共同决定的，所以从理论上说，早期补饲应该是有效的，尤其是对于母猪泌乳不足的哺乳仔猪。

§3.3 教槽料的市场价值

教槽料是猪料产品组合不可或缺的排头兵。教槽料不仅科技含量要求高，而且，市场作用巨大，已成为饲料企业进入规模猪场用户的敲门砖，成为不同饲料厂之间竞争的主题。

第4节 仔猪早期断奶

仔猪早期断奶是提高母猪生产力的关键技术之一，现代规模养猪业已把乳猪断奶日龄提至 21～28 d，超早断奶的日龄已到 14 d 以下。从胚胎到出生再到断奶的整个过程，仔猪经历营养、心理和环境三方面应激。出生时从恒温环境到变温环境，从无菌水生的子宫内到有菌陆生的猪舍，对养分的吸收也从靠脐带被动吸收到靠消化道主动吸收；断奶时又要经历离开母亲，从吸吮母乳转为采食配合饲料，这是断奶仔猪的最大应激。

胚胎期仔猪消化器官已形成，但结构和机能不完善，消化机能是随仔猪日龄逐渐成熟的。出生仔猪体内消化酶只适应母乳，断奶后日粮成分突变，仔猪消化系统的结构和功能不能适应，易至采食量下降，能量和蛋白质摄入远不能满足需要。

§4.1 为什么要早期断奶

(1)仔猪出生后生长强度很大，而母猪泌乳量在 7～10 日龄后就不能满足仔猪需要了，仔猪生长曲线与母猪泌乳曲线间形成剪刀差，因此要早断奶。国内一般 3～4 周龄断奶，国外研究和推行的隔离早期断奶(SEW)已提早到 7～14 日龄。见表 1.11。

表 1.11 SEW 仔猪分阶段饲养方案

日粮类型	猪体重/kg	断奶日龄及用量/kg			
		7	14	21	24
SEW 饲料	2.5～5.0	2.3	0.9	—	—
过渡饲料	5.0～7.0	2.3	2.3	—	—
阶段 1 饲料	5.0～7.0	—	—	1.8	0.7
阶段 2 饲料	7.0～11.0	6.8	6.8	6.8	6.8
阶段 3 饲料	11.0～23.0	22.7	22.7	22.7	22.7

注：Harmon，1998。

(2)早期断奶的优点。缩短母猪哺乳期，提高母猪繁殖率；母仔早分离还可防止母猪压死仔猪并减少仔猪感染传染病和寄生虫病的机会，有利于提高仔猪成活率，同时可提高栏舍利用率，并能提高生长期性能。

(3)早期断奶的缺点。主要是仔猪生长抑制。引起生长抑制的因素中营养因素最主要，具体表现为暂时性营养不足和食物改变引起的胃肠损害，以消化机能障碍和腹泻为其重要特征。

断奶是仔猪生出后遭受的第二次大应激。母乳含生长因子，可影响仔猪消化道发育，进而影响仔猪对养分的吸收利用；上皮生长因子可帮助胃肠道恢复损伤。断奶仔猪采食香味差、坚硬、营养成分不同的干饲料，且饲料中出现了母乳中没有的淀粉和纤维，很难立即适应。一般在断奶后 1 周，仔猪仅采食 1.5 kg 左右，体重增加很少或不增加。

有人用不喂料控制腹泻，得不偿失。饥饿会降低仔猪抗病力。断奶后要尽快采食，不能中断营养供给。断奶前补料要足，断奶后继续给断奶前的补料，最好是调制成稠料饲喂。

§4.2 断奶应激

仔猪断奶前后代谢旺盛，相对生长强度大，单位代谢体重消耗的各类营养物质量大，而饲料采食量小和消化率低；这时免疫系统发育尚未完善，抗病力差。这是早期断奶仔猪暂时性营养不足的主要原因。

早期断奶不可避免地给仔猪带来一系列心理、环境和营养等方面的应激。心理应激包括移走母猪，并窝或新环境；环境因素主要是保育舍温度；营养应激就是食物变化。从日粮物理形态看，同一种日粮以糊状或液体形式提供时对绒毛的损伤程度小于颗粒料，28 日龄断奶后的仔猪如以全牛奶为日粮，则 5 d 后绒毛高度和隐窝深度不表现断奶的不利影响。仔猪早期断奶后常出现食欲降低、消化不良、饲料利用率低、免疫力下降、腹泻等现象，最终表现为生长抑制，即所谓的“仔猪早期断奶综合症”。

断奶后仔猪小肠绒毛顶部细胞脱落加快而细胞生长减慢，引起绒毛萎缩；同时随采食刺激，腺窝生长加快，饲料蛋白抗原性过敏、微生物等因素都可导致腺窝加深。研究发现 21 日龄断奶后 24 h 内绒毛高度降至断奶前的 75%，随后缓慢下降直至断奶后 15 d(见图 1.6)。小

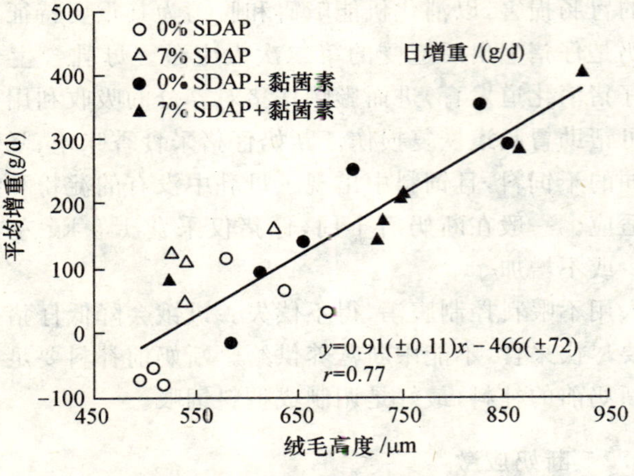

图 1.6 断奶仔猪日增重与小肠绒毛高度的相关关系

(Torrallardona 等. 2003)

肠绒毛表面由高密度指状变为平滑舌状或叶状(见图 1.7),使绒毛刷状缘酶(如乳糖酶、蔗糖酶、异麦芽糖酶和 α - 葡萄糖苷酶)活性降低,对 *D* - 木糖、丙氨酸、葡萄糖和电解质溶液吸收能力降低。

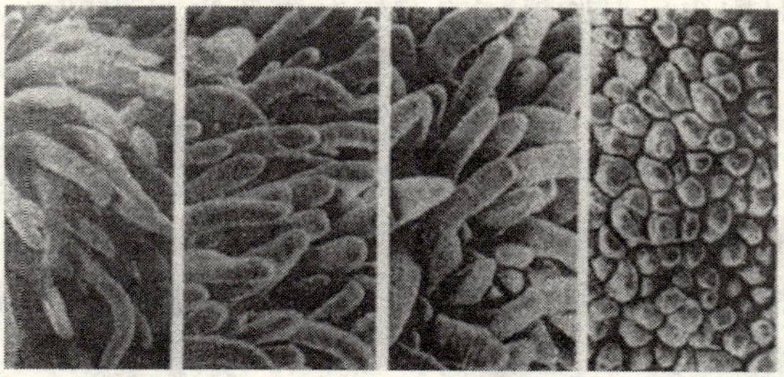

图 1.7　断奶后小肠绒毛的损伤

小肠绒毛损伤和隐窝加深与断奶后的开食料有关,仔猪离开母猪和分栏也是主要原因。断奶越早影响越大,恢复越慢。根据 J. Mitchaothai(2010)报道,高钙并添加卵磷脂的日粮可能提高绒毛长度与隐窝深度之比。绒毛萎缩主要发生在小肠,大肠和胃完好无损。

§4.3　断奶仔猪的营养性腹泻

由于断奶应激和饲料应激,仔猪肠绒毛形态急性损伤,胃肠道的屏障作用受损,导致营养性腹泻,腹泻常发生于断奶后一周左右,死亡率达 10%～20%,若发生水泻,死亡率在 40%以上。发生"断奶综合症"的主要原因有:应激(包括心理应激、环境应激和营养应激),过敏反应,免疫抑制,消化酶活性不足,胃酸不足,小肠吸收障碍等。

肠道不仅是消化器官,也是体内最大免疫和内分泌器官,肠道形态结构的完整性是其功能正常的基础。据报道,10 日龄体重

3 kg仔猪的小肠，绒毛上皮的面积达 114 m^2，且胃肠道上皮细胞更新很快，1 日龄仔猪小肠绒毛上皮细胞到 7～10 日龄时全部更新，3 周龄仔猪更新一次只需要 2～4 d。

仔猪日粮组成对肠道病的发生有重要影响，因为它影响小肠形态和结构，消化与吸收，小肠运动与蠕动，微生态平衡模式。例如非淀粉多糖(NSP)对于防止断奶后拉稀有一定作用。高蛋白日粮因在胃中有较高酸结合力，使得有害的大肠杆菌有机会逃避胃酸的杀灭而进入大肠定居。当然，过量的日粮蛋白质即使不考虑有害大肠杆菌也可以导致拉稀。关于营养性腹泻机理，目前有以下几种观点。

(1)断奶应激。包括心理应激(母与仔分离)、营养应激(仔猪从母乳转向干饲料)和环境应激(仔猪从分娩栏到保育栏)。

在断奶应激中以营养应激最强烈，影响也最大。显微镜观察发现，仔猪断奶后，肠绒毛高度下降，隐窝深度加大，绒毛形状由手指形变为舌状。消化和吸收受损，导致小肠下段养分过剩，致使栖居肠道的有害微生物菌群大量滋生繁殖，为腹泻等消化紊乱症状的出现创造了条件。

饲粮抗原性引起的过敏反应是营养性应激的根本原因。过敏反应使小肠损伤，腺窝增生，导致细胞成熟率下降，泌水功能增加。类似于新生仔猪胞饮吸收蛋白质分子，饲料抗原性蛋白也可被 3 周龄仔猪肠道直接吸收，而 6～8 周龄后则不能。所以植物性饲料中抗原蛋白可暂时性提高腺窝细胞生长速度、引起肠黏膜受损、绒毛萎缩，导致肠道对营养物质吸收不良，即抗原性过敏反应。影响断奶应激的因素主要有微生物、营养、环境、管理、个体差异。

肠道过敏——→肠道损伤——→养分消化率下降——→微生态平衡破坏——→腹泻

日粮蛋白质过敏性与饲料蛋白质种类有关。一般认为豆粕中的大豆球蛋白和 β-聚球蛋白是引起仔猪肠道发生局部过敏性免疫反应的主要抗原物质。对原料进行加工，如膨化可降低大豆产品的抗原性，降低仔猪过敏反应。断奶仔猪饲料蛋白质水平与进入大肠的蛋白质量和结肠蛋白质腐败产物产量之间显著相关。日粮中少加大豆饼粕即可避免仔猪胃肠道结构和功能损伤，但8周龄前添加仍会引起抗原性过敏反应。

换料对腹泻的影响与断奶前补料蛋白质种类和断奶后开食料蛋白质种类有关：当补料抗原性低，而开食料抗原性高时，断奶换料会导致腹泻；反之，用高抗原性饲料补饲，断奶后换成低抗原性饲料时，换料不会导致严重腹泻。因为仔猪断奶前补饲的作用取决于是否能够使仔猪获得达到免疫耐受水平的饲料采食量。达不到足够采食量时，不补饲比补饲好；达到足够采食量时，补饲比不补饲好；断奶越晚，补饲对腹泻的影响越小。不补饲时，断奶后宜用抗原性低的开食料。

所以我们认为，应该在教槽料中添加适量豆粕，既不要引起仔猪肠道严重损伤，又要使仔猪尽早对抗原蛋白产生免疫适应，为断奶后尽早采食低成本的常规饲料奠定免疫学基础。

(2)胃肠道内酸度(pH值)下降。由于母乳含有大量乳糖，代谢产生乳酸，可以弥补仔猪胃酸分泌不足，肠道内酸度高时可以抑制病原菌生长(见表1.12)。早期断奶使仔猪过早采食固体饲料，由于常规饲料一般不含乳酸且碱性也高，这使得胃内pH值上升，造成两个后果，一是仔猪断奶后肠道内有机酸分泌量低，pH值升高会抑制乳酸杆菌增殖，激活大肠杆菌增殖，给病原菌繁殖提供合适条件；二是pH值高导致胃蛋白酶活性和消化道中其他消化酶活性显著下降，使蛋白质消化率显著下降(图1.8)，造成小肠下段养分相对过剩，涌入大肠，大肠内蛋白质在细菌作用下发生腐败，生成氨、胺类、酚类、吲哚、硫化氢等腐败产物，这些物质大多是毒素，对仔猪有危害作用。这种危害之一就是肠道菌群平衡变化，反馈性地促进有害微生物大量繁殖、附着并产生毒素，毒素被积累和吸收后，进一步加重肠道损伤，引起消化功能紊乱：抑制吸收、刺激分泌，肠黏膜大量分泌体液和电解质，结果导致腹泻。

表 1.12 pH 值对细菌生长的影响

	pH 值		
	最低值	最佳值	最大值
肠炎杆菌		6.0～7.6	8.5
大肠杆菌	4.3～4.4	6.0～8.0	9.0～10.0
沙门氏杆菌	4.4～5.6	6.6～7.0	8.0～9.0
葡萄球菌	4.2	6.8～7.5	9.3

注：Johston，1991。

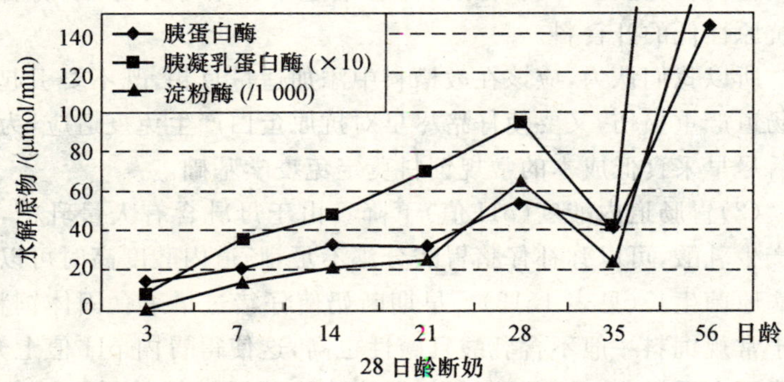

图 1.8 断奶应激对种质消化酶活性的影响

（Jensen 等，1997）

(3)采食量降低，消化吸收受阻，肠绒毛上皮细胞的更新和屏障作用所依赖的营养不足，会损伤肠绒毛。断奶应激加速肠黏膜细胞凋亡，造成肠绒毛大量脱落，这就要求肠黏膜组织加速代谢合成新组织来维持正常消化和吸收功能，而这时仔猪采食量不足，不能满足肠黏膜上皮细胞更新的营养需要。肠道是体内最大免疫和内分泌器官，肠道营养不良或损伤都会抑制仔猪免疫功能发育。

在经历厌食后，仔猪常会暴食，增加肠道负担，也导致拉稀。

(4)养分消化率下降是腹泻的直接原因，肠道免疫性损伤是腹泻的根本原因，微生物感染是腹泻的继发原因，使腹泻加剧。

(5)胃肠道菌群的变化：由于乳糖消失，乳酸来源中止，胃 pH 值升高，使蛋白质不能被有效地消化吸收，消化过程生理失调。大肠中存在大量未被消化的蛋白质，导致肠道菌群区系失衡，从而为某些致病性大肠杆菌的增殖、附着和产生毒素创造了条件。

(6)腹泻与体内电解质平衡有关。日粮电解质平衡可直接影响仔猪体内和消化道内电解质平衡。饲料平衡值在 250～400 mEq/kg 之间最好。结肠是吸收肠道中水和电解质的重要器官，尤其小肠发生疾病时。结肠受损将降低水的吸收功能。另外，结肠蛋白质腐败作用增加可使腐败产物增加，进而对结肠产生损伤和刺激，肠壁通透性增大，食糜渗透压升高，肠黏膜发炎，导致体内水流向肠腔，结肠吸收机能降低，液体分泌增加，粪中水分含量上升，导致腹泻。

(7)因断奶造成采食量下降，或消化吸收能力降低，或饲料中缺乏矿物元素铁，或其他元素对铁吸收的颉颃作用，可造成缺铁性下痢。

(8)断奶时仔猪的体温调节能力还没发育完全，常导致冷应激，改变小肠运动，这是导致仔猪断奶后拉稀的又一重要因素。

一般在断奶后第二周仔猪开始适应，采食量开始回升。

设计乳猪饲料配方时，应选择易消化并对小肠绒毛损害较轻的原料。乳蛋白引起的肠道损伤最轻，豆饼最重，玉米-豆饼-动物蛋白复合饲粮则取决于补饲蛋白种类。需要指出，在大豆类饲料原料中，大豆蛋白浓缩物、分离大豆蛋白、膨化大豆等仅含很少的活性抗原性球蛋白，很少引起仔猪出现此种异常免疫反应。

仔猪断奶应急的机理可以总结见图 1.9。

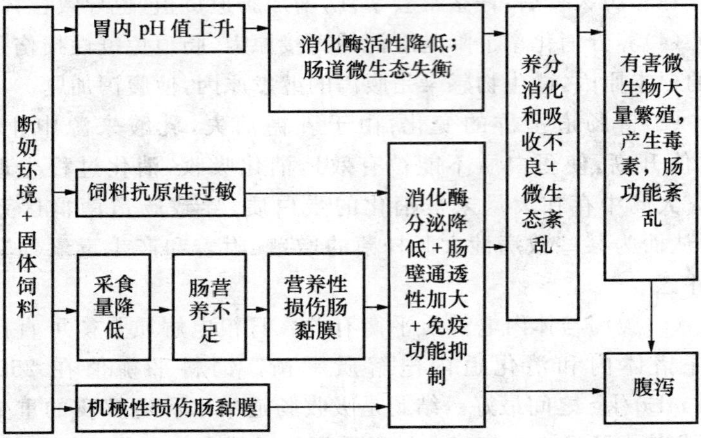

图 1.9　仔猪断奶应激性腹泻机理

所以，早期断奶仔猪料应营养平衡，合理使用植物性蛋白原料；选用能促进肠道消化酶分泌、保持肠道上皮完整性的各种活性物质原料；仔猪断奶后 2 周内使用酸制剂符合仔猪断奶后胃中酸度的变化规律；添加有利于肠道形态和功能发育的物质如谷氨酰胺、类胰岛素生长因子（IGF 类）；采用酸制剂和酶制剂提高消化道中酶的总活性；添加蛋白酶；合理使用免疫增进剂和抗生素；添加来自猪血的提取 IgG；乳糖能发酵产酸维持仔猪肠道健康，是断奶（21 日龄）后 14 d 内的首选原料；非淀粉多糖（NSP）虽不易直接被仔猪消化，但可作为肠道益生菌的能源，利于维持肠道微生物区系平衡；日粮来源的核苷酸，对胃肠道生长发育、免疫系统、肝功能及脂肪代谢有重要作用，仔猪断奶应激，体内合成的核苷酸可能低于需要，外源核苷酸可弥补，减轻断奶应激；断奶仔猪日粮中添加一定量谷氨酰胺、牛磺酸等，对维持仔猪肠道正常形态结构和机体免疫机能都有重要作用;日粮脂肪对小肠绒毛的再生长有抑制作用。

控制营养性腹泻的关键营养措施有三个(“三性”原则)。一是饲料的消化性,要选用消化率高的饲料原料,添加饲用酶制剂,采取合适的饲料加工及饲喂方式;二是注意饲料的抗原性,降低日粮抗原物质含量,保持合适的蛋白水平,通过饲料加工破坏日粮抗原性,并且充分补饲,或不补饲,减轻免疫损伤;三是注意日粮的酸碱性,选用酸合力低的饲料,添加酸化剂。要使优质饲料得到表现,不仅需要优质配方和合理加工方式,而且还要养猪场科学使用。

生长速度,除遗传外,不同断奶日龄及断奶前后的饲养方案是断奶仔猪是否腹泻的重要决定因素。在三阶段饲养方案中,第1阶段断奶料中须含一定量豆粕,以使仔猪产生适应。断奶前补饲“少量”抗原可刺激机体发生免疫反应,但再次接触该抗原时动物经历二次免疫,导致更严重腹泻和吸收障碍;而仔猪断奶前补饲“足量”含大豆蛋白的饲料时,断奶后消化道肠绒毛几乎不受断奶影响,断奶后没腹泻发生,这符合免疫耐受理论。同一日粮以糊状或液体形式提供时对仔猪肠道绒毛的损伤程度要小于颗粒料。所以,早期断奶仔猪补饲的价值取决于是否能够使仔猪获得达到免疫耐受水平的饲料采食量。仔猪断奶换料是否腹泻以及腹泻程度与补料和开食料蛋白质抗原性有关。

有试验证实,断奶前喂3 d补料的仔猪,3周龄断奶后0~14 d的腹泻率为100%;断奶前喂2周教槽料时,与未断奶组一样,没有腹泻:不补饲而突然断奶的腹泻率居两组之间(33%)。这可能是因为只有足够的采食量才能使肠道免疫系统产生耐受力,减轻或消除过敏反应,而低采食量只能使肠道免疫系统处于待发而非耐受状态,一旦肠道受到损伤就很容易继发病原微生物的感染和增殖,加剧腹泻程度。对大豆产品进行深加工也能减轻肠道的迟发性过敏反应。如用浓缩大豆蛋白或提纯大豆蛋白替代豆粕。膨化处理还可进一步提高浓缩蛋白的使用价值。

§4.4　断奶对仔猪免疫力的影响

(1)乳猪10～18日龄免疫能力最差。一般来讲,仔猪自身免疫系统在3周龄后才逐步开始建立,且速度较慢,仔猪主动免疫要在4～5周龄才开始产生大量免疫球蛋白(IgG),约在2月龄才真正发挥主动免疫(见图1.10)。

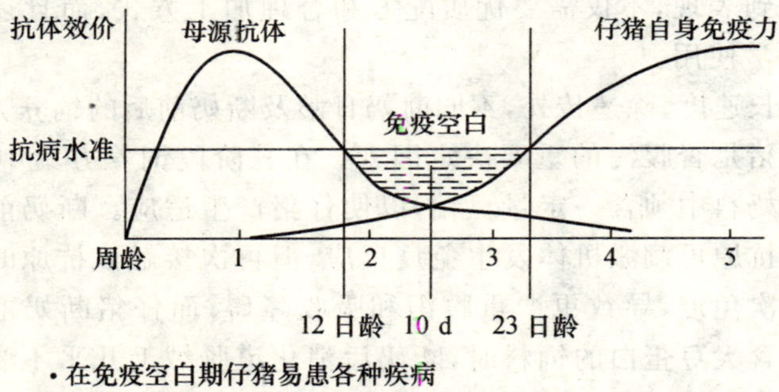

图1.10　仔猪免疫能力的发育

(2)断奶应激降低循环抗体水平,抑制细胞免疫能力。断奶应激对仔猪血清蛋白成分和血液生理指数均有不良影响。在白细胞分类计数中,嗜酸性白细胞和淋巴细胞的减少及嗜中性细胞增加,既可作为机体抵抗力下降的标志,又是应激反应的典型变化,是早期断奶应激诊断的依据。

(3)过量维生素E能增强动物免疫能力。仔猪断奶后对固体饲料采食量较低,从而血浆α-生育酚也显著降低。添加维生素E能增强仔猪免疫力,预防腹泻和其他感染。可用NRC推荐需要量6～20倍水平的维生素E。采用牛初乳及其中的免疫球蛋白饲养仔猪,也可提高免疫力和成活率。

(4)环境不良或寒冷(8～12℃)条件下仔猪免疫力受抑制,对传染性胃肠炎的敏感性升高。

(5)采食量低会严重影响早期断奶仔猪免疫能力。

(6)肠道不仅是消化器官,也是体内最大的免疫和内分泌器官。早期断奶应激导致仔猪肠道损伤,特别是小肠,这使得肠道黏膜屏障受损严重,使仔猪的免疫力下降。

(7)抗分泌蛋白(Anti secretory protein,ASP)是一种能够抑制小肠液病理性分泌的蛋白质,对控制仔猪腹泻有重要作用。ASP 于中枢神经系统合成后蓄积于垂体,再经血液与胆汁进入肠道,在小肠内吸收。由于母乳中富含 ASP,因而哺乳仔猪血液中 ASP 活性较高,但断奶后饲喂普通补料后其活性即下降。饲喂能刺激 ASP 产生的饲粮,可改善仔猪生产性能并减少腹泻现象的发生,一般腹泻仔猪血液中 ASP 水平低于健康仔猪,外源使用糖及氨基酸纯品可诱发 ASP 的生成与释放,在断奶仔猪饮水中添加糖与氨基酸的混合物,可诱发 ASP 的生成,显著提高断奶后第 1 周仔猪的增重,同时发现,仔猪的生产性能与血液中 ASP 活性呈现显著相关关系,而且由饲料诱发的 ASP 与其内源 ASP 具有相同抗分泌效应。ASP 可提高断奶仔猪日增重 22%～34%,降低腹泻率。

(8)免疫调控物质。早期断奶应激降低仔猪免疫机能,减少循环抗体的水平及抑制细胞免疫功能。为此,添加外源免疫调控物质来提高仔猪的免疫机能成为研究热点。喷雾干燥猪血浆蛋白粉(SDPP)已得到一致认同。

第5节　断奶仔猪的消化生理

肠道是营养物质的吸收部位,也是最大的免疫器官。要保证断奶仔猪采食足够养分和能量,首先要明白仔猪断奶的生理变化,尤其是消化道生理变化。断奶后仔猪的消化生理特点是日粮成分和类型改变、饲料蛋白质改变、肠内微生物区系变化、小肠组织形态学变化、胃肠道 pH 值变化和酶系统逐渐发育成熟。掌握仔猪断奶的消化生理特点，了解蛋白原料对仔猪的影响，是设计仔猪日粮的关键。

§5.1　断奶仔猪消化系统的功能发育

断奶应激会引起仔猪小肠绒毛缩短、消化道容积缩小、食欲下降，养分消化率降低（见表 1.13）。这些生理特点决定了其营养需要特点，断奶日粮必须高能、高营养浓度和高消化率。

表 1.13　断奶后仔猪消化力的变化　　%

指标	断奶后周数			
	1	2	3	4
干物质	68.5	69.8	75.9	71.8
氮	63.5	69.7	77.8	75.2

注：Giesting，1991。

（1）饲料在仔猪胃内约停留 45 min，采食过量时停留时间缩短，这时胃酸可杀死有害微生物。

仔猪断奶后胃绝对重或相对于体重的相对重量和小肠内容物 pH 值都增加，高于同龄哺乳仔猪。这表明随仔猪断奶后采食量增加，使胃消化固体饲料的能力得到锻炼，刺激了胃发育。

（2）胰腺绝对重量在 2～35 日龄间呈线性增长，21 日龄断奶仔猪胰腺绝对重在断奶后 3 d 下降，至断奶后 7 d 低于同龄哺乳仔猪，之后又线性增长。但以单位空体重来表示的胰腺相对重，哺乳仔猪在 2～28 日龄逐渐下降，21 日龄断奶仔猪则逐渐增加，说明胰腺组织的发育在仔猪断奶最初受到阻碍，但与其他组织相比，仍表现优先生长，可能是胰腺组织更敏感于采食的物理刺激。

断奶时大部分胰酶活性降低，至少 2～4 周后才恢复或超过断奶前水平。在 28 日龄断奶时，胰脂肪酶、小肠胰蛋白酶、空肠糜蛋白酶在断奶后活性不降低或降低后更容易恢复或超过原有水平。如在 17 和 21 日龄断奶，更利于胰淀粉酶向空肠释放。

(3)小肠长度 4.5～6.5 m，约有 10 亿根绒毛。断奶仔猪小肠重占体重的比例高于同龄哺乳仔猪。断奶后 24 h 绒毛高度缩短至断奶前的 75%，并继续缩短至断奶第五天，此时仅为断奶前的 50%。以上形态学变化影响小肠黏膜功能，导致小肠绒毛刷状缘分泌的消化酶活性降低。

脂肪消化酶在小肠开始消化饲料脂肪，在下一段消化道吸收。3 周龄前的仔猪肠道黏膜消化吸收功能以及肠道对抗外源刺激(如饲料抗原)的免疫功能还没发育完全，断奶越早，仔猪小肠黏膜受伤程度越大，小肠对营养物质的消化能力越差。

(4)结肠或大肠直径 2.5 cm，长 180 cm，主要吸收水分和纤维素。

(5)据报道，日粮在猪消化道不同部位停留时间所占的比例分别为：胃 15%～30%，小肠 4%～6%，大肠 65%～80%。

§5.2 影响断奶仔猪消化功能发育的因素

断奶给仔猪带来的生理性应激是限制其生长潜力发挥的主要因素。3 周龄断奶仔猪体重可达 5 kg 以上。影响断奶后仔猪生长发育的一些主要因素如下。

(1)肠道消化酶分泌不足，而且不适宜消化固体饲料中的养分。

(2)肠道绒毛膜结构的变化，降低了对养分的吸收能力。

(3)胃酸分泌不足，易出现营养性腹泻。

(4)母乳中的有益因子(如抗体)随之消失，动物免疫力下降。

(5)饲料中某些养分的消化率过低,影响动物的采食量。

(6)饮水量不足,限制了动物的采食。

(7)环境变化所引起的“应激”,如气温、圈舍的环境、运输等。

§5.3 断奶仔猪对饲料碳水化合物的消化

哺乳仔猪可很好地利用乳汁中的乳糖来提供能量,而其他消化碳水化合物的酶如麦芽糖酶、果糖酶、蔗糖酶以及淀粉酶的分泌量和活性都很低,一般在2周龄以上才逐步提高,其中麦芽糖酶徐缓上升,到4周龄开始平缓;蔗糖酶缓慢上升;小肠黏膜和胰脏从2周龄开始分泌淀粉酶,3周龄时量仍很少,4周龄以后才较高。因此,早期断奶仔猪在断奶后两周内对可溶性淀粉的消化利用有限,对不溶性淀粉则很难消化。虽然乳糖的利用率较好,但饲料中含量少,对断奶仔猪的营养作用有限。

§5.4 断奶仔猪对饲料蛋白质的消化

饲粮蛋白源影响断奶仔猪消化酶的合成与分泌。Makkink发现断奶后(21日龄)胰腺和十二指肠食糜中胰蛋白酶与糜蛋白酶的发育受饲粮中蛋白种类(脱脂奶粉、大豆浓缩蛋白、鱼粉和豆粕)及断奶后食量的影响。在断奶后3 d,含脱脂奶粉的日粮对胰腺的胰蛋白酶合成和分泌有最强的刺激作用;断奶后6 d胰腺和空肠胰蛋白酶活性以饲喂大豆浓缩蛋白组最高;断奶后10 d蛋白质种类的影响已消失。Graham发现饲喂乳制品饲粮的仔猪断奶10 d后,其胰腺和肠道蛋白酶、淀粉酶、乳糖酶活性高于饲喂玉米-豆粕饲粮组。

断奶仔猪对饲料中蛋白质的消化主要依靠胃蛋白酶和胰蛋白酶。胃蛋白酶系由胃蛋白酶原激活产生,1日龄仔猪胃液中就含胃蛋白酶原,且其浓度随年龄增长而增加;对4周龄断奶到6周龄仔猪的研究表明,胃蛋白酶活性随年龄呈线性增加,并且胃黏膜的重量也有相似变化。胰蛋白酶的活性在 3 周龄前较低，接近 3 周时迅速增大，3 周后趋于平缓。仔猪断奶后，虽然随着仔猪与饲料的不断接触，盐酸分泌量增加，但由于维持消化道酸度中占优势的乳酸生产中止，胃内总酸度仍不利于胃蛋白酶激活；而早期断奶后仔猪常用的蛋白质如鱼粉、大豆粉等，与母乳中的酪蛋白相比，需在更酸条件（pH 值 3.0）下才能达到最适消化。因此，早期断奶仔猪饲料酸化有助于蛋白质消化。

§5.5　仔猪对脂肪的利用

（1）脂肪的营养生理作用。中链脂肪能够促进小肠绒毛膜生长，直接提供生命活动所需要的能量，具有抗菌和抗病毒能力，促进仔猪生长，提高仔猪成活率，尤其是体质量较轻的仔猪（穆玉云，2006）。脂肪是能值最高的饲料（见表 1.14），添加脂肪能提高仔猪日粮能量浓度，促进仔猪生长，改善饲料适口性和饲料利用率。

表 1.14　油脂的能值计算

油脂	总脂肪酸/%	游离脂肪酸/%	u/s	总能/(MJ/kg)	消化率/%	净能/(MJ/kg)
牛油	90.0		1.1	35.2	86	27.0～28.7
猪油	90.0		1.4	35.2	93	29.0～29.6
禽脂肪	92.0		2.4	36.0	95	30.3
豆油	94.0		5.4	36.8	95	31.0
棕榈油	95.0		1.2	37.1	87	28.6～30.2
棕榈脂肪酸蒸馏物	90.0	100	1.2	34.3	81	24.6～26.1
FA 混合液	90.0	60	1.2	34.7	81	24.8～26.4

乳脂和乳糖是哺乳仔猪的主要能源，所以乳猪分泌脂肪酶的能力和对脂肪的消化能力较强。哺乳期仔猪胰腺、十二指肠、空肠和回肠中脂肪酶的活性一直保持较高。断奶时由于日粮变化和应激，小肠脂肪酶活性迅速下降，不利的消化道环境更加剧这种变化。断奶后 1～2 周内，消化酶活性开始回升，脂肪酶总活性在断奶后 3 周内恢复正常。所以，仔猪刚断奶时添加脂肪量应相对较小，至断奶后 1～2 周再逐渐增加。见表 1.15。

表 1.15　断奶仔猪(21 日龄)脂肪消化率

断奶后时间/周	玉米油	猪油	牛油
1	0.79	0.68	0.65
2	0.8	0.72	0.72
3	0.89	0.84	0.82
4	0.89	0.85	0.82

注：jin，1998。

(2)脂肪的消化生理。脂肪在消化道内先乳化成小脂肪球，然后在胆汁、胰脂肪酶、肠脂肪酶作用下分解为甘油和脂肪酸，再被肠壁吸收进入血液。猪主要靠微粒途径吸收脂肪消化产物，吸收部位主要在空肠。仔猪消化脂肪的能力随日龄而增加，因此断奶日龄越大，脂肪消化率越高。哺乳仔猪胃脂肪酶的总活性只有胰脂肪酶的 3%，但脂肪有 25%～50%是在胃中由胃脂肪酶消化；随日龄增大，胰脂肪酶消化吸收脂肪的比例增高。此外，仔猪饲料中添加脂肪，能增加赖氨酸的有效性，保证饲料中乳品原料的品质，改善颗粒饲料品质，并增加饲料生产率。但添加饲料脂肪的效果受许多因素影响，主要有动物年龄、动物脂肪消化酶的分泌和活性、脂肪本身的品质和饲料中能量与赖氨酸的比例。

早期断奶使脂肪酶活力下降，胆汁分泌减少，使乳化作用减弱，脂蛋白酶活性降低，使脂肪的消化、吸收和转运能力都大大降低，导致断奶后第 1 周添加脂肪效果很小，甚至产生负效。据报道，断奶时胰脏和食糜中脂肪酶浓度仅为断奶前的 39%～60%，脂肪酶浓度要恢复到断奶前水平需要几天。断奶仔猪对脂肪有效利用的能力随断奶后日龄的增加而提高。断奶仔猪料中含较高乳源性成分难以制粒，添加 2%～5%脂肪在制粒时可起润滑作用和减少粉尘，不过添加油脂过多有负效应。

早期断奶初期仔猪对脂肪消化率较低，可能是下列一种或多种因素所致：①十二指肠内的 pH 值低，青年猪小肠中大部分位置的 pH 值低于 6.0，而胰脂肪酶的最适 pH 值为 8.0～9.0。②未成熟酶的分泌和活性低，胰腺组织中脂酶的活性和分泌随断乳后日龄增加而提高。刚断乳时胰脂酶活性下降，断乳后 4 周仍未达到断乳前最高水平。③肠绒毛脱落，断奶仔猪饲喂添加脂肪的日粮时，空肠绒毛变短。④钙水平高，仔猪小肠内容物里钙水平也高，钙与脂肪酸皂化而抑制脂肪酸吸收。因此，断乳仔猪利用脂肪差的原因可能有多种因素。

(3)断奶仔猪对不同脂肪的利用特点。7 日龄内的仔猪似乎不能从高脂肪日粮获益，早期断奶仔猪脂肪酶活性下降，对油脂的利用能力有限。仔猪很难消化饲料脂肪，主要原因是新生仔猪胰脂酶活性和小肠上段脂肪酸结合蛋白的活性低，哺乳期两者逐步增加，而断奶时两者均显著下降。哺乳仔猪能很好地消化母猪乳脂的原因，一是乳脂的脂肪酸组成不同于常规饲料脂肪；二是乳脂中含有 1%～2%的磷脂，乳脂非常微细，表面积巨大，这种乳化对乳脂在仔猪小肠的分布和消化有极重要作用。

不同脂肪酸的组成及其消化率见表 1.16 和表 1.17。

(4)仔猪对不同脂肪的消化能力不同，不饱和脂肪酸的利用率高于饱和脂肪酸，且利用碳原子为 8～14 的中短链不饱和脂肪(如豆油、椰子油)的能力高于长链不饱和脂肪酸。低于 12 个碳原子

表 1.16　常见脂肪的脂肪酸组成(占总脂肪酸的%)

油脂	亚油酸	亚麻酸	花生四烯酸	二十碳五烯酸	二十二碳六烯酸
牛油	3.1	0.6			
猪油	10.2	1.0			
鳀(ti)鱼油	1.2	0.8	0.1	17.0	8.8
菜籽油	20.2	12.0			
玉米油	58.0	0.7			
棉籽油	51.5	0.2			
亚麻油	12.7	53.3			
花生油	32.0	0.22			
豆油	74.1	0.4			
葵花油	65.7	0.68			

表 1.17　脂肪酸碳链长度对脂肪消化率的影响

脂肪酸碳链长度	脂肪消化率(%)	
	3 周龄	7 周龄
短链(<14 碳)	86	96
中链(14～18 碳)	70	90
长链(>18 碳)	37	78

的动植物脂肪酸在仔猪小肠中可不经酯化而直接吸收进入门脉血中，并迅速在肝脏代谢，而长链脂肪酸必须经过酯化才能进入门脉血。不饱和脂肪酸与饱和脂肪酸的比例若高于 1.5，则油脂消化率达 85%～92%，低于 1.5 则消化率较低。短链脂肪酸不论饱和与否均易消化，且消化率达 91%～94%。胃脂肪酶对中链脂肪酸有一定消化作用，日粮中添加未酯化的中链脂肪酸能提高消化率

和 N 沉积。仔猪对长链脂肪酸的消化率较低。仔猪断奶后对油脂的消化率至 2 月龄左右达正常水平。一般来讲，仔猪对植物性油脂的利用率比动物性油脂好。早期断奶仔猪对椰子油及其类似物消化率很高，其次是玉米油和大豆油，猪油和牛羊脂最差。见表 1.18。

表 1.18　不同脂肪源与断奶后生产性能

	椰仁油	玉米油	豆油	牛油	牛油＋磷脂
日增重/g	385	379	382	358	375
采食量/g	483	477	479	462	477
饲料转化率/%	1.25	1.25	1.25	1.28	1.27

注：Jin，1998。

饲料脂肪酸组成显著影响猪体脂脂肪酸组成。仔猪的最适宜饲料脂肪应该是最接近母猪乳脂的脂肪。猪脂含较丰富的棕榈酸，消化的棕榈酸在仔猪体内转化、合成为棕榈酸和棕榈油酸（King 等，1997；Innis，2000）。因此，在仔猪饲料中补充棕榈酸，能够改善棕榈酸的合成效率。

总之，脂肪是新生仔猪生长发育最主要的限制性养分之一。由于仔猪的消化生理不完善，对饲料脂肪的消化能力不足，需要在饲料中补充的脂肪，应选择品质良好、适口性好、易消化、富含磷脂并经磷脂预乳化、含有特殊功能性脂肪酸、有助于平衡饲料的脂肪酸。影响油脂利用的外源因素主要有油脂来源、油脂中脂肪酸的饱和程度和碳链长短、卵磷脂和胆碱（缺乏胆碱会降低脂肪吸收率）、肉碱（提高添加脂肪的日粮的转化效率）和铜（促进卵磷脂合成）。

§5.6　磷脂的消化生理作用

磷脂是极性脂肪，具有亲水头部和厌水尾部，主要是由磷脂酰胆碱(PC)、磷脂酰乙酰胺(PE)、磷脂酰肌醇(PI)和磷脂酸(PA)等多种成分组成的复合体。其中磷脂酰胆碱的生物活性最强。

磷脂具有许多重要生理功能和营养价值。磷脂能乳化饲料脂肪,从而增加饲料脂肪的消化,改善饲料养分的吸收和利用;是构成低密度脂蛋白的成分,促进脂肪的转运和利用;是生物膜的构成成分;是生物活性物质二十碳酸酯的前体物,参与或调节体液平衡、骨骼形成、免疫反应和繁殖性能等;磷脂也提供必需脂肪酸、胆碱和肌醇,并发挥抗氧化剂的作用(Peisker,2005)。

饲料中补充磷脂可以改善饲料脂肪消化率1.5%～10%、脂肪消化能2%～9%、日增重1%～18%,改善饲料转化率2%～28%和氮利用率2%～20%。磷脂添加剂量取决于饲料脂肪含量、饲料脂肪水平和脂肪类型。饲料脂肪水平越高,所需添加的磷脂剂量越高,幼畜饲料应添加较高剂量的磷脂,随饲料脂肪和饱和脂肪含量的增加,磷脂添加剂量也相应增加。

第6节　仔猪的采食量

采食为动物本能,直接影响仔猪健康和生产效率。采食量通过神经——内分泌、化学性和物理性的综合系统来调控,中枢神经系统是主要调控中枢。采食量高低是仔猪营养第一限制因素,因此,弄清影响仔猪采食量的因素对调控仔猪采食量有重要意义。仔猪的采食量调控主要考虑两个问题,一是组成日粮的原料,这里强调味觉对仔猪采食量的影响远远大于嗅觉,二是营养水平。

§6.1　仔猪采食量的预测

把母乳和教槽料干物质合计,仔猪采食量的典型模式见

图 1.11。

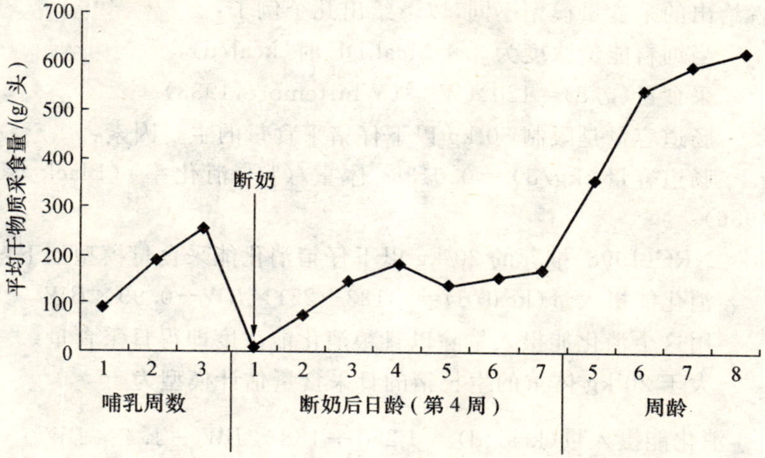

图 1.11　仔猪 21 日龄断奶的典型采食量模式

(引自谯仕彦等译《断奶仔猪》,2009)

断奶后仔猪采食量以自由采食最好,断奶后 3 d 就可以恢复到断奶前体重,而间隔饲喂采食量低,断奶后一周都难以恢复到断奶前体重。断奶后仔猪采食量是由饮水量决定的,而不是采食量决定饮水量。味道不好的水可以适量添加甜味剂或香味剂以促进饮水量,但是清洁水不可添加,以免大量饮水阻碍采食量。

采食量对体重的影响可从累积生长模型(Parks,1982)看出:

$$w = w_0 + (A - w_0)\{1 - \exp[-(AB)F/A]\}$$

式中:w 为活重;w_0 为初生重;A 为成年体重;B 为饲料效率系数;F 为累计饲料采食量。

50 kg 以下仔猪自主调控能量采食量的功能不完善,尤其是哺乳仔猪,日粮能量浓度低时会严重降低有效能采食量,影响生长发育，所以仔猪日粮要求高能。采食量与仔猪体重有关，不同研究者给出的采食量模型不同，以下给出几个例子：

当饲料能量浓度为 3.4 Mcal DE 时(kcal/d)，

采食量(g/d)＝$120 \times W^{0.75}$(Whittemore，1983)

肠道容量是限制 50 kg 以下仔猪采食量的主要因素：

肠道容量(kg/d)＝0.013×体重/(1－消化率)(Black 等，1986)

NRC(1998)推荐的 20 kg 以下仔猪消化能采食量模型如下：

消化能摄入量(kcal/d)＝$-133+251 \times BW-0.99 \times BW^2$

用这个消化能摄入量除以日粮消化能浓度即得日采食量。

大于 20 kg 体重的生长猪的日采食量估计模型为

$$消化能摄入量(kcal/d) = 1\,250 + 188 \times BW - 1.4 \times BW^2 + 0.004\,4 \times BW^3$$

5～15 kg 仔猪代谢能摄入量的经验估计公式为(NRC，1987)：

采食量(ME，MJ/d)＝$-6.40+1.93W-0.040\,7W^2$

或 采食量(ME，MJ/d)＝$-0.556+1.05W-0.004\,13W^2$

根据最后这个模型又可以得出如下的简单公式：

采食量(ME，MJ/d)＝$55 \times (1-\exp(0.017\,6W))$

NRC(1998)给出的体重对采食量的影响见图 1.12。

NSNG(2010)推荐的估计猪随意采食可消化能的公式如下：

哺乳仔猪：$DE = 46.9 \times D - 634.7$

断奶仔猪：$DE = 1\,993 \times W - 40.7 \times W^2 - 6\,397$

生长猪：$DE = 55\,071 \times [1 - \exp(-0.017\,6 \times W)]$

泌乳母猪：$DE = (56\,067 + 2\,494 \times D) - 72 \times D^2$

这里 D 是仔猪日龄或母猪泌乳天数；W 是仔猪体重，kg。

各种氨基酸在饲料中的百分比浓度乘以日采食量即为每日的

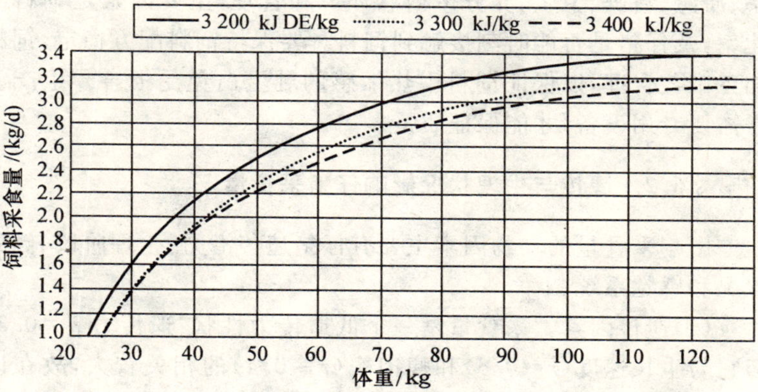

图 1.12　体重对采食量的影响

(NRC,1998)

氨基酸需要量。也可用如下模型估计 3～20 kg 仔猪的总赖氨酸需要量,然后按照理想蛋白质氨基酸模型估计其他氨基酸的需要量:

$$赖氨酸(\%) = 1.793 - 0.0873 \times W + 0.00429 \times W^2 - 0.000089 \times W^3$$

科研和生产上断奶猪的采食量见表 1.19。

表 1.19　断奶仔猪的采食量

仔猪体重/kg	采食量/(g/d)		
	满足生长潜力	肠道容积	好的生产场
5	375	350	＜100
10	750	700	400
15	1 000	800	800

注:Whitemore,1999。

影响仔猪采食量的因素有动物(味觉、嗅觉、体重),饲粮(消化率、质感、新鲜、卫生、养分平衡),环境和管理,主要因素是饲料消化率,及仔猪是否能时刻接触到饲料。要保持饲料配方稳定,饲料加工工艺合理,以保证饲料中热敏感的乳蛋白免受损害。生产上常需要专用设备,才能保证质量。

§6.2 遗传与生理状况影响仔猪采食量

影响采食量的动物因素主要有仔猪遗传潜力、生理阶段、健康状况和感觉系统。

(1)遗传因素。采食量是一个低遗传力性状:遗传力 $n=0.3$,但它与生长速度($r=0.6$)和瘦肉率($r=0.4$)的相关较大,故在以生长速度和瘦肉率为选择性状时也提高了采食量,这也是猪过食的主要原因。不同品种,不同生长发育阶段有不同采食量。一般来说,动物每天的单位代谢能进食量随年龄而降低。

(2)生理因素。体重大的采食量大。在神经-内分泌调控中存在许多食欲调控因子,可促进或抑制食欲,包括神经肽Y(NPY)、丙甘肽(galanin,GAL)、内源性阿片样多肽(EOP)、生长素、黑素浓集激素(MCH)、γ-氨基丁酸(GABA)、食欲素(Orexin,OX)、谷氨酸等。饲料中的各种养分消化吸收进入血液后都可作为食欲调节信号反馈调节神经-内分泌系统。调节食欲的神经中枢在下丘脑。

§6.3 饲料质量影响仔猪采食量

饲料质量主要是指能量浓度、营养平衡性与消化率。

(1)日粮能量浓度。这是影响采食量的决定因素,当饲料容积、物理性状等不是限制因素时,仔猪通过调节其采食量达到维持消化能进食量恒定,即在一定能量浓度范围内日粮消化能越高,饲料采食量越低,相反,日粮消化能越低,饲料采食量越高;不过仔猪的这种调节能力有限,这种调节日采食能量的能力随年龄而加强。

考虑到仔猪的饲料效率高，所以仔猪教槽料的有效养分浓度做得高些是划算的，尤其是，采食量高的生长快且健康，而早期生长速度影响其一生的生长性能。

(2)营养平衡性。饲料营养不平衡时采食量明显增大，因为生长猪以生长和维持需要量为基础指导采食量，不平衡的饲料养分作为饲料填充物被动采食，可以理解为夹带物，这些夹带物实际上是猪的负担，因为采食后动物机体要消化和排泄它们。

对大多数动物，日粮缺乏蛋白质与蛋白质水平过高均会降低采食量。日粮氨基酸含量和平衡情况也影响采食量。当饲喂氨基酸缺乏程度较小的日粮时，猪会略微提高采食量以弥补氨基酸的缺乏。但如果日粮氨基酸严重不平衡、某种氨基酸严重缺乏或过量时，动物的采食量会急剧下降。单胃动物能耐受更高水平的饲料脂肪，但随脂肪水平提高，采食量大大下降。矿物元素如钴、铜、锌、锰和维生素如核黄素、维生素D、硫胺素、维生素B对采食量有调节作用。过多或缺乏会降低食欲，如硫胺素、叶酸、食盐、锌的缺乏和钙、碘、铁、锰的过量都降低动物采食量。

谈到营养平衡，常忽视饮水问题，或把水作为管理因素。缺水时猪食欲明显减退，尤其不爱吃干粉料，失水更多。由于湿拌料[水料比(1.3～1.5)∶1]喂法采食量高，在不少猪场是湿拌料，但如果加水太多，猪不得不采食过多的水，这些多余的水也需要猪体排泄，构成负担，致使稀料采食量最差。所以湿拌料时要注意加水量略少些，另给猪自由饮水，饮水要清洁卫生。

(3)日粮消化率。易消化吸收的饲料能缩短胃的排空时间，不产生“胃滞”现象，使仔猪产生饥饿感，仔猪就多吃。

干湿喂、粉碎粒度、饲料气味或滋味及其变化(例如甜味剂、酸味剂、饲料发霉变质等)、特殊原料、配合饲料的养分(如粗纤维含量、盐分含量等)，饲喂方式，都影响采食量；而仔猪断奶时采食量降低的最重要原因是肠道功能问题。由表1.20可以看出，日粮消化率对日粮采食量有重要影响。日粮消化率低不但加重小肠损伤，而且进一步降低日粮蛋白质在小肠的消化吸收，导致较多蛋白质进入大肠。仔猪采食量低主要受制于饲料的不可消化部分。例如含非淀粉多糖高不利于消化或者不能消化，会堵塞胃肠道，降低采食量。低消化率的饲料反馈抑制仔猪采食。Whittemore (1992)认为断奶仔猪采食量受体重和饲料消化率决定：

饲料日摄入量(kg/d) = (0.013 × 体重)/(1 − 消化率)

所以要提高仔猪采食量，选用高消化率饲料是关键(见表1.20)。

表 1.20 日粮消化率对仔猪采食量的影响

	体重/kg							
	5				10			
消化率/%	60	70	80	90	60	70	80	90
采食量/g	163	217	325	650	325	433	650	1 300

注：Thacker,1999。

饲料养分的消化率、吸收率和利用率是三个层次的概念，只有最终可以利用的养分才是有效的。所以设计饲料配方的关键在于：准确把握特定动物的营养需要量；清楚地认识饲料原料的有效养分含量或生物学效价；科学地预测配合饲料加工贮藏过程中的养分损失。这些研究是营养学、饲料学和配方师的首要目标。

(4)日粮适口性。适口性是一种饲料或饲粮的滋味、香味和质地特性的总和，是动物在觅食、定位和采食过程中动物视觉、嗅觉、触觉和味觉等感觉器官对饲料的综合反应。适口性对慢性咀嚼动物影响特别大，猪、反刍动物比较敏感。饲料的滋味包括甜、酸、鲜和苦四种基本味，猪特别喜爱甜味。饲料的香味来自许多挥发性物质。

猪味觉非常发达。猪对饲料气味的变化非常敏感。香味剂变化，例如乳香型、鱼腥型、鱼香型、香甜型之间的转换，或露于空气中时间过长，使气味挥发变淡，都会影响采食。饲料被霉菌污染产生霉味时采食量下降。环境温度高或饲料存放时间长，饲料中硫酸铜等微量元素添加量过高(150 mg/kg)，饲料中的粗脂肪氧化酸败出现哈喇味，都降低采食量。

仔猪对饲料气味的偏好次序从高到低依次为：奶酪香型、水果香型、肉香型和甜味。很多品牌饲料是甜味，如果甜味剂所用的糖精钠不经疏水处理，并在饲料中结块或粒度在100目以下时会造成苦涩味，反而影响适口性。目前要求甜味剂中的糖精钠粉碎粒度在160目以上，且必须经过表面疏水处理，防止糖精钠与饲料和空气中的水分结团影响糖精钠的均匀分散。

添加酸味剂会促进仔猪采食，目前主张仔猪料采用低碱贮原料，少用石粉和磷酸氢钙，系酸力控制在20左右。

饲料中加不同油脂，例如豆油、玉米油气味不一样。气味变化影响采食量。仔猪对不饱和脂肪酸含量高的油脂消化吸收好，但对鱼油、猪油、牛油等动物油消化吸收差。

新鲜鱼粉有天然诱食物质，但其脂肪氧化后反而影响采食量，严重的造成腹泻、肝脏肿大及免疫力下降。

特殊原料。①有适口性差的原料影响采食量；②盐分含量低于0.2%时，采食量下降20%，增重减少38%；③抗生素提高采食量7%～15%，但苦味药物添加量大也影响适口性，如痢菌净，喹乙醇等；④微量元素氨基酸螯合物适口性较好。

(5)某些饲料成分。①各种抗营养因子可能通过影响适口性、降低营养物质的消化代谢等降低采食量，例如饲料中非淀粉多糖含量；②日粮中蛋白质过高过低都降低采食量；③日粮氨基酸缺乏程度低时，可略微提高采食以弥补不足；氨基酸严重不平衡时，采食会大幅下降。氨基酸可直接作用于中枢神经系统(CNS)，CNS

有氨基酸受体,也可通过形成神经递质来实现调节。④色氨酸与中性氨基酸的比例。有报道,把6～16 kg仔猪基础日粮内色氨酸水平从0.13%提高到0.205%,可提高采食量40%左右;很多报道表明,采食量和日增重与饲粮中色氨酸含量呈强正相关($r=0.96\sim0.98$,$P<0.001$);但是当饲粮中色氨酸含量达到相应生长阶段的需要量后,进一步提高色氨酸含量,采食量和生产性能未见进一步改善。这说明,太多的色氨酸对猪的食欲无更多好处。⑤饲料维生素、矿物质的平衡,饲料酸碱度、离子平衡等均影响采食量。如饲料系酸力过低反而使采食量受限。⑥各种生长促进剂往往是通过提高采食量促进动物生长,如抗生素、风味剂、益生素等。

(6)饲料容积对动物采食量影响较大,主要通过对消化道的膨胀作用而限制采食,通过加工调制可降低这种限制作用。哺乳动物的食道、胃、小肠中均存在着牵张感受器,若在这些部位充满食料,可增强迷走神经活动,从而兴奋下丘脑饱感中枢,使动物停食(Mcdonald 等,1988)。

(7)饲料的物理性状包括饲料的机械加工程度,饲料形状等,物理性状不同对采食量有很大影响,如玉米粉碎粒度在0.8～1.5 mm为佳,过粗利用率下降,过细在消化道停留时间长可造成消化道溃疡,同时饲料过细适口性下降。

§6.4 饲养管理影响仔猪采食量

影响采食量的饲养管理因素主要包括环境温度,饲养密度,饲喂方式和时间,应激等。

(1)当仔猪舍温度低于最适温度时,仔猪会增加热消耗以保持体温。Whittemore 和 Fawcett(1976)提出:

$$\text{动物抗寒需要的能量(MJ)} = 0.016w^{0.75}(T-T_0)$$

式中($T-T_0$)是仔猪舍温与最适温度之差(℃)。

当环境温度高时仔猪降低采食量，Whittemore(1998)提出：

$$高温时降低消化能采食量(MJ/d) = 0.014W(T - T_0)$$

仔猪需要的最适温度可以按照下式估计：

$$T_0 = 27 - 0.6H$$

式中，H 为仔猪体的总热量支出。这表明，舍温每改变 1℃，仔猪采食量将变化 2%～3%。

实践中仔猪舍温可以每天降低 0.5℃。环境温度在温度适中区以下每下降 1℃，20 kg、20～60 kg 和 60～100 kg 的生长肥育猪每天分别需增加 14 g、27 g 和 38 g 饲料(12 kJ ME/g)以补偿热散失。见表 1.21。

表 1.21　环境温度对仔猪生产性能的影响

	环境温度℃		
	20→20	24→20	28→20
生长速度/(g/d)	337	384	413
采食量/(g/d)	570	598	620
饲料利用率/%	1.4	1.26	1.2

(2)空气流速为 0.2 m/s 时，相当于仔猪实感温度降低 1℃，高温时相对湿度每增加一个单位，相当于仔猪实感温度增加 1℃(Close，1989)。

(3)仔猪占据面积(m^2)$=kW^{0.67}$，在较好的猪舍环境中，从采食量方面考虑，最适饲养密度是 $k=0.050$。当 k 值低于最佳系数 0.05 时，采食量改变 4%(Whittemore，1998)。适宜采食量的面积：仔猪 0.4 m^2，生长猪 1.06 m^2，育肥猪 1.09 m^2。

(4)饲喂方式和时间。自由采食＞限制采食，群饲＞单饲，料槽要足，饲养密度合适，饲料有连续性，猪主要在白天采食。

(5)疾病及应激，例如转群、并圈、换料、防疫等都影响采食量。

(6)猪舍地面铺料(如稻草、水泥或木板)、食槽的设计(喂料口的位置和形状)、每头猪的采食活动空间都会影响猪采食量。

§6.5　断奶影响仔猪采食量

据报道，圈养猪一般在12日龄(10～28日龄)开始采食，但是到20日龄时采食固体饲料平均每天少于5 g。第四周采食固体饲料约63 g/d(2～205 g/d)，到28日龄断奶前每头仔猪采食固体饲料总量为13～1 911 g(也有报道为0～2 382 g/头)，占据母猪后面乳头的仔猪因缺乳而在21日龄体重较小，但采食固体饲料量较大，28日龄断奶后的生长速度也快。用流食饲喂时，在寒冷和温暖季节，21日龄断奶前采食饲料量分别为375 g和1 490 g，断奶体重显著增加。21日龄后仔猪自由饮水对采食量的影响很大。不过上述报道都有相反的报道。

克服断奶时的营养应激，避免饲料对肠道的创伤，断奶时仔猪生长发育就可不受影响。仔猪断奶后不能每45 min定期采食，这样仔猪会常感觉饿并易过食，这会增加小肠负担，对黏膜生长和功能有潜在刺激作用，这可能有助于维持小肠的完整性和通过加强或维持消化吸收能力而促进生长。

哺乳期，仔猪肠绒毛发育良好，能充分发挥消化吸收功能。断奶后仔猪由摄食液体母乳转变为采食固体饲料，肠绒毛受损，吸收能力下降，影响采食量。此外，仔猪从哺乳期消化乳蛋白、乳脂肪转变为消化固体饲料中的动植物蛋白和碳水化合物，养分消化率的差异也导致仔猪采食量下降，成为制约断奶仔猪生长的首要因素，尤其在断奶后第1周。

对多数猪场来说，抑制断奶仔猪快速生长的因素主要是采食量不足，特别是能量不足。因此，足够采食量是保证充分生长的首要条件。日粮消化率下降，哪怕是一个百分点，对采食量的影响也很大(见表1.22)。所以根据断奶仔猪消化生理特点,选用适口性好、易消化的饲料原料并合理调制,对增加仔猪采食量,充分满足其营养需要有重要意义。

表1.22 日粮消化率对10 kg重仔猪采食量的影响

日粮消化率/%	随意采食量/(kg/d)	日粮消化率/%	随意采食量/(kg/d)
85	0.87	75	0.52
80	0.65		

注:资料来源于Toplis等,1995。

断奶仔猪营养是猪营养的焦点,早期断奶仔猪的成活率和生产性能不仅与猪的品种、疾病防治、饲养管理相关,更重要的是营养调控问题。

§6.6 断奶仔猪的饲料要求

(1)日粮的物理形态、来源和组成以及加工方法都影响肠道形态、消化酶活性、消化道酸度和消化吸收能力。日粮可诱导酶分泌,从而决定酶的种类和数量。

(2)日粮对消化道内酸度的影响特别明显。系酸力作为一项指标已在仔猪饲料配方中使用。日粮营养水平也间接影响其系酸力和仔猪消化道内的酸度。日粮某些营养素水平的提高,可能会增大其系酸力,尤其是蛋白质水平和矿物质水平。有人提出在保证仔猪氨基酸平衡的前提下,降低日粮蛋白质水平以减少仔猪采食后的消化道酸需要量。断奶仔猪消化道酸度明显不足,最直接、最有效的方法就是合理调配仔猪日粮,使用酸化剂。不同酸化剂的作用机理和效果不同。

(3)即使10周龄断奶,仔猪仍可吸收大豆抗原发生过敏反应,并产生大豆抗原特异性抗体。在接触大豆抗原后,仔猪血清中产生大豆抗原特异性抗体，且随抗原吸收量增加，在一定时期内大豆抗原特异性抗体的水平也显著升高。断奶前仔猪可通过初乳吸收母源大豆特异性抗体。Barnett 等(1989)提出断奶前仔猪抗体水平升高不是由于少量补饲，而可能是由母亲通过初乳获得，并且该抗体可维持到断奶后 7 d。

(4)仔猪断奶对消化道酸度、酶活和肠道形态结构的不利影响程度与断奶日龄和断奶后日粮密切相关。在卫生和管理条件好时，病原微生物不是引起断奶仔猪腹泻的原发性病因，日粮中大豆抗原及其他不良成分引起的致敏反应才是先决条件，而病原性微生物的感染只是继发症。

(5)抗病力问题。除新生仔猪可从母乳获得免疫球蛋白外，在整个哺乳期，基本靠管理。营养上要避免免疫水平被过度激发(如日粮中用血浆中的免疫球蛋白)；而改善肠道消化吸收功能是饲料利用效率的关键，因此，必须重视肠道营养及其调控技术，以改善小肠营养为目标来制定乳猪饲养标准、原料选择和加工工艺。

断奶后 1 周是控制断奶应激的关键时期。要掌握仔猪消化生理，如消化器官发育；消化道酸度和各种消化酶发育；消化道组织形态变化；消化生理活动的神经和内分泌调控；消化道微生物区系的建立；消化道吸收能力等。从宏观和微观两方面对仔猪生理变化(消化道生理变化和免疫状态)进行调控，不但要注意日粮消化率，降低酸结合力，而且兼顾仔猪消化生理、肠道环境和免疫状态变化，采取多种营养手段，降低仔猪应激反应，才能使饲料养分用于仔猪生长发育，而不是用于免疫和抵抗应激。

(6)调控动物采食量有重要实践意义。如果能用消化性低的饲料而增加采食量，则能以较低饲料成本维持较高生产水平。为增进仔猪食欲，或掩盖饲料不良气味，常在饲料中加入诱食剂。

参考文献

[1] 蒋宗勇,孙丽华,林映才.早期断奶仔猪营养与教槽料配制技术研究新进展.养猪,2005(4):1-5.

[2] 李德发.猪的营养[M].北京:北京农业大学出版社,1996.

[3] 林映才.第二届全国高档乳猪教槽料研发与经验交流大会[C],2011.4.15-17.

[4] 刘庆平著.仔猪营养及特殊饲料原料的应用[J].许增增译.猪业科学,2006(12):46-48.

[5] 马翠芳.早期断奶乳猪料的配制原理[J].畜牧兽医杂志,2005,24(1):16-17.

[6] 穆玉云.高档乳猪料的脂肪应用[J].饲料研究,2006(5):35-42.

[7] 乔瑞岩.正邦的仔猪营养研发进展和实际效果评估[R].正邦科技股份有限公司.2008.4.

[8] 谯仕彦,毛湘冰,王微微.氨基酸与猪肠道屏障功能的研究进展[A].//王康宁.动物营养研究进展[C].北京:中国农业科技出版社,2008.

[9] 普拉斯克.断奶仔猪[M].谯仕彦,郑春田,管武太译(李德发校).北京:中国农业大学出版社.2009.

[10] 王磊,王康宁.影响猪胃肠道发育因素的研究进展[J].饲料工业,2006,27(5):13-16.

[11] 肖翠红,苗树君,李馨.动物营养水平与免疫及疾病关系的研究[J].黄牛杂志,2005,31(1):47-50.

[12] 印遇龙,等.猪氨基酸营养与代谢[M].北京:科学出版社,2008.

[13] 张宏富,顾宪红.仔猪营养生理与饲料配制技术研究[M].北

京:中国农业科技出版社,2001.

[14] 朱伟云.仔猪胃肠道微生物区系发育和调控及功能性微生物的作用[PPT],2010.

[15] J. Mitchaothai, C. Yuangklang, K. Vasupen et al. Effect of dietary calcium and lecithin on growth performance and small intestinal morphology of young wild pigs[J]. Livestock Science 134(2010)106 - 108.

[16] Niewold. THE EFFECT OF NUTRITION ON STRESS AND IMMUNITy[A]. // P. C. Garnsworthy and J. Wiseman. Recent Advances in Animal Nutrition[C]. University of Nottingham Feed Manufacturers Conference(43rd, 2009, Nottingham). Nottingham University Press. 2010:191 - 206.

[17] Yuzhi Li, Lee Johnston, Adrienne Hilbrands。Pre-weaning mortality of piglets in a bedded group-farrowing system [J]. Journal of Swine Health and Production. 2010, 18(2): 75 - 80.

第 2 章　仔猪营养需要量

动物营养的基本表现是养分的消化、吸收、代谢。动物自身对此具有神经-体液和酶系统的负反馈调节，也可称为动物的自我营养调控。例如：饥饿-采食-饱腹-停食，是由于消化道的神经感受器信号以及血液中糖浓度水平信号等的负反馈调节。

传统营养学研究把机体当作"黑箱系统"，不考虑动物体内的代谢规律，多用于饲料营养价值评定和动物需要量的测定，简单实用但不准确。现代动物营养学研究把动物机体当作"灰箱系统"，结合动物生理和生化理论研究养分在动物体内的代谢，但仍不能完全阐明其内在规律。随着动物科学的进步，将来的动物营养学研究，动物机体会成为"白系统"，人们会了解各种养分在体内的代谢规律并将其量化，这将为饲料配方设计打开理论之门。

动物营养学一直把目光注视在全身营养。但猪生长的各阶段，各器官生长速度和重要性不一样。在仔猪哺乳阶段，最关键的生长发育问题有两个：一是快速完善免疫系统，以抵抗病原，这是生存问题，是首要问题；二是尽快适应自己摄取食物，尤其是要为断奶后自己采食饲料奠定基础，这就需要加快消化道生长发育。因此，要保证仔猪生长性能发挥就必须在这两方面进行改善。抗病力问题，除新生仔猪可从母乳获得免疫球蛋白外，在整个哺乳期，基本靠管理，在营养上要避免免疫水平被过度激发（如日粮中用血浆中的免疫球蛋白）；而改善肠道消化吸收功能是饲料利用效率的关键，因此必须重视肠道营养及其调控技术，以改善小肠营养为目标来制定乳猪饲养标准、原料选择和加工工艺。

第1节 仔猪的能量需要量

§1.1 仔猪的能量营养原理

任何生命活动都是在能量支持下完成的，所以能量为动物营养第一要素。仔猪蛋白质沉积与能量摄入量成正相关，因而要提供最大能量摄入，才有最大蛋白质沉积(见表2.1)。从日增重看，仔猪日粮消化能以15.3 MJ/kg为好，能量浓度过高时增加的饲料成本远高于饲料效率的增加。日粮能量水平还影响免疫细胞功能，日粮中脂肪类型影响免疫细胞活性，脂肪酸组成影响免疫抗体生成，多聚不饱和脂肪酸(PUFA)缺乏或过多都抑制免疫机能。

表2.1 日粮能量水平对仔猪生产性能的影响

日粮消化能/(MJ/kg)	13.2	13.8	14.3	15.3	16.2
日增重/g	553	574	627	609	638
饲料增重比	1.91	1.73	1.50	1.46	1.31

注：4周龄断奶至20 kg仔猪自由采食。

7日龄内仔猪只能利用乳糖和葡萄糖，7～10日龄后才能利用果糖和蔗糖，2～3周龄后才能较好地利用淀粉。在3周龄或仔猪体重5 kg后，可以玉米为主要能源配制廉价仔猪饲料。生后2周内仔猪对饲料脂肪的利用能力有限，但可很好地利用母乳脂肪，母乳干物质中含脂肪35%。随仔猪脂肪酶分泌量增加，出生后2周仔猪日粮中脂肪含量可提高到8%(Mavtomi Challis，2000)。乳猪对中短链及不饱和脂肪酸的利用率高，可用椰子油、玉米油、双底菜籽油、大豆油等制成的脂肪粉。

早期断奶仔猪对日粮中简单碳水化合物(如乳糖)比复杂碳水化合物(如淀粉)利用率高，因此广泛使用乳清粉和乳糖，添加乳清粉能明显改善3～4周龄断奶仔猪最初2周的生产性能。乳清粉含天然乳香，既能促进仔猪食欲，提高采食量，进入胃内产生的乳酸又能降低断奶猪胃内pH值，有利于食物蛋白的消化。

仔猪采食量受日粮消化率影响很大。日粮消化率低不但加重小肠损伤程度，而且进一步降低日粮蛋白质在小肠的消化吸收，导致较多蛋白质进入大肠发生腐败。所以在营养平衡前提下，增加仔猪能量摄入量的办法就是选择消化率和适口性都高的原料。

§1.2　仔猪的能量需要量

仔猪调节采食量的能力极差，当日粮能量低于15.5 MJ ME/kg时，不足15 kg的仔猪就减少能量摄入量。所以NRC(1998)建议仔猪日粮能量浓度不低于14 MJ ME/kg，低于这个阈值时，日粮能量浓度每降低1 MJ可能使日粮能量摄入量至少减少1.5 MJ。据NRC(1998)，自由采食时仔猪日粮的适宜消化能浓度为13.86～15.12 MJ(3.312～3.613 Mcal/kg)。在消化能浓度15.3 MJ/kg以下，随能量浓度增加，仔猪生长和饲料效率都线性增加。也有报道认为，仔猪饲料至少应含14 235 kJ DE/kg。胡新旭等(2006)报道23日龄7.3 kg左右断奶仔猪，最适能量蛋白水平组合是能量14.43 MJ/kg，蛋白质20.5%，二者互作效应不显著。NRC(1998)推荐的哺乳仔猪补充饲料的消化能(DE)为：

$$DE(\text{kJ/kg}) = -151.7 + (11.2 \times \text{日龄}),\quad R^2 = 0.72$$

此式不适用于13.5日龄前的仔猪。由此式可以导出，哺乳仔猪教槽料的消化能最佳值为15.17 kJ/kg。

仔猪对能量的需要也可分为维持需要和生长需要两部分。

(1)维持需要量。ARC(1981)根据5～90 kg猪的资料，得到维持代谢能需要为$109W^{0.75}$(kcal MEn/d)，而NRC(1998)推荐的维持需要为：

$$DEm = 460.24W^{0.75}\text{kJ DE/d} \text{ 或 } DEm = 110W^{0.75}\text{kcal DE/d}$$

$$MEm = 443.5W^{0.75}\text{kJ ME/d} \text{ 或 } MEm = 106W^{0.75}\text{kcal ME/d}$$

式中:W 为猪的自然体重(kg),一般把 $W^{0.75}$ 叫做代谢体重。

4 周龄断奶后第 1 周仔猪维持需要量为(Gentry 等,1997):

$$MEm = 453\ W^{0.75}\text{kJ ME/d}$$

第 2 周为 $MEm=423W^{0.75}$ kJ ME/d。

仔猪维持代谢能需要还与环境温度有关,环境温度对仔猪采食量影响呈二次曲线关系,即随环境温度升高最初吃得多,而后吃得少。当有效温度(或实感温度,Tc)低于新陈代谢的舒适温度(见图 2.1)时,猪会提高其能量的需求以抗御寒冷。新生仔猪适宜温度为 32~34℃,环境温度低于临界温度 1℃时,代谢能需提高 2%~5%。NRC(1998)给出的环境温度对维持能量需要的影响:在环境温度(T)低于最适温度(Tc)时,热损失的增加(ΔT)与猪的体重(W)呈线性关系:

$$\Delta T = (1.31 \times W + 95)(Tc - T)(\text{kJ/d})$$

式中:W 为体重(kg);Tc 和 T 分别为临界温度和环境温度(℃)。可据此式计算任何低温环境下能量需要量的增加量。

Le Dividichdeng(1998)给出的结果是,温度低于最适温度时,新生仔猪代谢能维持需要增加 $\Delta T=48$ MJ/kg $W^{0.75}$/℃,到断奶时下降为 16~18 MJ/kg $W^{0.75}$/℃。例如低于临界温度 5℃时,体重 7 kg 的仔猪,代谢能需要量增加 330 kJ/d。1 g 母乳含 4.75 kJ 代谢能,1 g 断奶日粮含代谢能 14.5 kJ,这表明,这样的仔猪每天每头需要额外增加 70 g 母乳或 23 g 断奶日粮。

(2)生长的需要量。日粮能量沉积为猪体脂肪的效率(k_f)和沉积为体蛋白质的效率(k_p)不同,因此,考虑到生长内容中脂肪(LD)与蛋白质(PD)的生长量,可按下述模型估计猪生长对能量的需要量(MEp)：

$$MEp = PD/K_P + LD/K_f$$

式中：K_p 和 K_f 可分别取值 0.56 和 0.74(高庆,2003)。

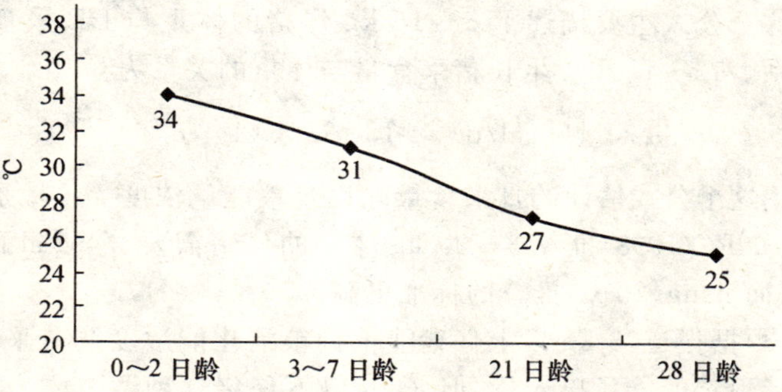

图 2.1　仔猪生长的适宜温度

NRC(1998)报道,沉积蛋白质所需要的能量(MEpr)为 6.8～14.0 Mcal ME/kg,平均 10.6 Mcal ME/kg。沉积脂肪所需能量(MEf)为 9.5～16.3 Mcal ME/kg,平均 12.5 Mcal ME/kg。由代谢能(ME)与消化能(DE)的换算关系大致为 $ME=0.96DE$。

哺乳仔猪脂肪沉积主要由吸收的乳脂直接结合脂肪组织,因而母乳代谢能用于沉积脂肪的效率(K_f)理论上为 1.0,且有试验证实。母乳代谢能用于蛋白质沉积的效率(K_p)为 0.56。在断奶仔猪中,摄入代谢能用于生长、蛋白质能量沉积和脂肪能量沉积的效率分别为 0.72、0.66 和 0.77,与生长猪的相应值接近。

(3)能量需要量的计算。根据上述几个公式可估计猪能量需要量为：

$$ME = MEm + \Delta T + MEp$$

断奶后 24 h 内仔猪采食量很少或根本不采食,此后在整个生长期采食量呈线性增加,对于含3 200 kcal DE/kg 的玉米-豆粕型日粮，饲料采食量增加速度的估计值为 17～23 g/d：

$$DE\text{ 摄入量(kcal/d)} = -1\,531 + 455.5 \times W - 9.46W^2,\quad R^2 = 0.92$$

这个公式主要描述了 5～15 kg 仔猪的体重与 DE 采食量间的关系。15～110 kg 生长猪采食量与体重的关系为：

$$DE\text{ 摄入量(kcal/d)} = 13\,162 \times (1 - e^{-0.017\,6BW})$$

用这个公式估计的日采食量除以日粮能量浓度 *DE* 就是日采食量。NRC(1998)推荐 3～20 kg 体重的仔猪需要3.4Mcal DE/kg 日粮，而 nsng(2010)推荐的标准更高。

(4)据报道，8 kg 以上仔猪能依饲粮消化能浓度调节采食量，以维持恒定的能量摄入量，但 8 kg 以下仔猪这种调节能力较差。因此，在配制 8 kg 以下体重的仔猪饲粮时，要适当提高日粮有效能，利用日粮影响仔猪对饲料的消化、吸收、代谢等环节。可从以下几个方面着手：饲养标准的调整；饲料原料的选择；饲料的酸碱度；微生态添加剂；酶制剂；离子平衡；饲料加工工艺等。

据报道，能量水平为 13.81～15.06 MJ DE/kg 时哺乳仔猪可获最佳生长速度和正常消化道发育，5～10 kg 体重的仔猪每日蛋白和消化能需要量分别为 100 g 和 1 594 kcal。据 Crystal Levesque. M. sc 等(2006)研究，25～26 日龄自由采食的断奶仔猪(10～25 kg 体重)，饲料可消化能含量在3 350～3 650 kcal/kg 范围内时生长不受内在消化器官的食物容量限制，随着日粮能量浓度(脂肪添加比例)的增加，仔猪的日增重、日能量摄入量和饲料利用效率均线性增加。超过这个范围，再增加饲料中能量并不能促进生长和蛋白质存贮，这表明要突破仔猪生长限制不能靠简单地提高饲料能量水平。总的来看，生长期(25～35 kg 体重)对高能日粮的反应大于肥育期(55～100 kg)，当能量水平增加 5%时，生长猪的饲料效率改善 13.5%，肥育猪则改善 8.6%。

(5)日粮蛋白质水平影响有效能值，当日粮蛋白质过高或氨基酸不平衡时，会导致大量氨基酸在动物体内脱氨分解，将氨转化成尿素及尿素的排泄都需要能量。尿能的损失不容忽视。

(6)代谢能易受饲养水平影响。饲养水平提高时，动物用于消化吸收的能量增加，同时体内营养物质的代谢增强，因而热增耗增加。

(7)不同生长阶段的动物，机体不同组织增长的速度不同，机体化学成分含量及比例和能量也不同(见表 2.2)。因此用于沉积蛋白质和脂肪的能量以及能量利用率是不同的。

表 2.2　猪不同生长阶段的增重成分及能量的含量

活重/kg	周龄	增重成分			能值/MJ/kg
		水分/%	粗蛋白/%	粗脂肪/%	
15	7	70.4	16.0	9.5	7.58
40	11	65.7	15.5	14.1	9.52
80	18	58.0	15.6	23.2	12.92
120	24	50.4	14.1	32.7	16.34

注：Kirchgessner M.，1987。

§1.3　仔猪对不同能源的消化率

仔猪对不同来源的能量形式的消化率存在巨大差别，见表 2.3。

表 2.3　主要养分的能值及其在猪体内的转化效率

营养物	能值/(MJ/kg)	净能/(MJ/kg)	效率/%
蛋白质	23.6	10.8	46
脂肪	39.3	36.1	92
淀粉(可酶解)	17.5	13.5	77
非淀粉多糖(酵解)	17.5	9.5	54
淀粉(可酵解)	17.5	9.5	54

注：CVB，1997。

(1)哺乳仔猪。葡萄糖是最易吸收的单糖。据报道,以蔗糖饲喂 1～2 日龄仔猪,会发生严重腹泻。新生仔猪只能利用乳糖(高达 50%)和葡萄糖,约 10 日龄才能同化蔗糖、果糖、麦芽糖和糊精。仔猪在 2～3 周龄后利用乳糖的能力降低(约 30%),日粮中乳糖太多将发生中等程度腹泻(许梓荣等,1994)。因此,在配制仔猪日粮时多用乳清粉或乳糖等作为主要供能物质。

仔猪胰淀粉酶和肠二糖酶不足,以葡萄糖、乳糖、果糖或蔗糖作能源比淀粉好。2～3 周后仔猪能有效消化谷物淀粉,这时日粮可以淀粉或谷物为基础。影响淀粉消化率的因素主要有粉碎粒度、淀粉与脂肪和蛋白质互作、饲料抗营养因子(如植酸、单宁、皂角甙和酶抑制剂等)等。

单糖主要在十二指肠和空肠吸收,回肠吸收较少,胃和大肠基本不吸收。猪对单糖的吸收有选择性,一般来说,半乳糖和葡萄糖吸收率高,阿拉伯糖吸收率低。单糖吸收率高低顺序为:半乳糖>葡萄糖>果糖>戊糖。猪对葡萄糖和半乳糖的吸收机制为主动转运,其他单糖(例如乳糖、蔗糖和果糖)的吸收也应该是主动转运过程,因为它们在肠黏膜细胞的同一通道吸收,彼此间竞争吸收通道,尤其是葡萄糖与果糖之间和葡萄糖与其衍生物之间的竞争抑制比较明显。一些单糖在吸收进入小肠黏膜细胞中转变为葡萄糖,例如果糖可在果糖酶作用下转化为葡萄糖,但新生仔猪肝内的果糖酶活性不高,所以新生仔猪血液中有较多果糖。

(2)断奶仔猪。尽管早期断奶降低了蔗糖酶活性和对葡萄糖的吸收,这两种糖类仍是仔猪易利用的能源,而且可提高饲料适口性。乳清粉主要成分是乳糖,谷物日粮中添加乳清粉可提高仔猪小肠和结肠内容物中乳糖酶、胰蛋白酶、糜蛋白酶、淀粉酶等消化酶的活性。所以添加乳清粉可提高仔猪日粮消化率,使氮存留增加、仔猪血浆尿素氮下降。早期断奶仔猪玉米 - 豆粕型日粮第一限制性养分是乳糖而非赖氨酸,所以玉米 - 豆粕型日粮添加乳清粉和高铜对仔猪性能表现累加效应。

早期断奶时大部分胰酶活性降低，至少 2～4 周后才恢复断奶前水平。断奶日龄越早，酶活性恢复与上升的时间越迟。因此，早期断奶时仔猪对淀粉的利用率较低。

§1.4　不同能量体系下不同养分的能值

有的养分体增热多，所以代谢能转化为净能的效率不同，见表 2.4。

表 2.4　不同能量体系下淀粉、粗蛋白和粗脂肪的相对能值

能量	淀粉	粗蛋白*	粗脂肪*
消化能	100	118	202
代谢能	100	103	202
净能	100	71	219
体增热 kJ/kg NE	0.20	0.40	0.10

注：* 90%消化率；Noblet 等. 1994。

代谢能转化为净能的效率依不同养分而不同。Noblet 等(2004)表明，脂肪的代谢能转化为净能的效率约 90%，淀粉约 82%，蛋白和纤维约 60%。这是因为粗蛋白和纤维的热增耗非常大，主要由于肠道发酵及代谢和排泄过量的蛋白过程中的能量消耗。DE 和 ME 高估了来源于粗蛋白和纤维的能量而低估了来源于淀粉和脂肪的能量。

§1.5　饲料原料数据库的使用

饲料原料数据库是汇总相关研究结果，整理、筛选、平均后给出的，用在本厂原料上必然会有误差。在无测定条件时，修正误差全靠配方师经验。饲料原料数据最好用自己的实测值，前提是分析测定值要准确可靠。不同产地、加工方法都影响原料养分含量。设计配方时应参照《中国饲料成分及营养价值表》(国家每年修订一次)，结合原料抽样实测指标(干物质、粗蛋白、钙、磷、赖氨酸、消化能等)来调整有关养分数据。

要考虑原料组合对配合饲料营养质量的“增效”和“抵消”效应。例如鱼粉与香味剂，加鱼粉多时会强烈影响配合饲料气味，再添加其他香味剂形成的“复合”味道不一定仔猪喜欢。再就是从营养上考虑，酶类、激素、抗营养因子、抗生素、微生态制剂等相互间都有组合效应。

目前，大多数原料的消化率值都是用生长肥育猪模型测定的，甚至大猪的有效养分含量也不全，所以只是近似用于仔猪。应探讨原料抗原性对仔猪干物质和蛋白质消化率的影响，并研究断奶仔猪对常用饲料原料的消化率，然后用这些参数为断奶仔猪配制日粮。

§1.6　饲料原料有效能值的预测模型

饲料有效能值评定已经历近一个世纪，化学成分回归法预测具有快速、准确、简便、经济的优势，已被世界各国广泛采用。孙献忠和熊本海(2006)系统总结过已报道的估测模型。下面给出几个实例。

王明元等(2000)给出了根据CF(粗纤维)、NDF(中性洗涤纤维)、ADF(酸性洗涤纤维)、CP(粗蛋白质)、EE(粗脂肪)、GE(总能)、SCHO(可溶性碳水化合物)等成分含量估计我国常用植物性蛋白饲料的表观消化能值(ADE)的经验模型：

$$\mathrm{DE(kcal/kg\ DM)} = 3\,526.764 - 44.256\ \mathrm{ADF} + 12.922\ \mathrm{SCHO} + 5.347\ \mathrm{CP}$$

$$(R^2 = 0.988, RSD = 67.9, P < 0.01);$$

$$\mathrm{DE(kcal/kg\ DM)} = 5\,316.566 - 50.143\ \mathrm{ADF} + 6.412\ \mathrm{SCHO} - 0.260\ \mathrm{GE}$$

$$(R^2 = 0.989, RSD = 66.9, P < 0.01)。$$

净能(NE)体系可以更为精确地估计各种原料对于猪用于维

持和生长的能量真实值。对于饲料原料的净能值，可以根据日粮的消化能或代谢能，然后加上日粮中淀粉、粗蛋白、粗纤维或者酸性洗涤纤维的含量进行回归估测，通常这种估测的准确性很高，决定系数可达 0.97 以上。例如 Noblet 等(1989)给出消化能或代谢能转化为净能的公式为：

$$NE = 0.843 \times DE - 463 \quad R^2 = 0.91$$
$$NE = 0.870 \times ME - 442 \quad R^2 = 0.94$$

从饲料净能的回归估测公式可看出，饲料的净能约为饲料消化能的 70%，所以饲料中粗脂肪和淀粉的含量对于饲料中净能的贡献是正效果的，而粗蛋白和粗纤维的含量对饲料中净能的贡献是负作用的。也就是说，当日粮粗脂肪和淀粉含量高时，使用消化能或者代谢能配制日粮低估了日粮的能量水平，而当日粮粗蛋白和粗纤维含量高时，使用消化能或者代谢能配制日粮高估了日粮的能量水平。同时，净能的回归公式也可以解释随着粗纤维水平的提高，日粮的净能值下降要远远高于日粮消化能或者代谢能的降低幅度。表 2.5 和表 2.6 是另外的一些根据饲料的营养组分计算生长净能的方程式。

表 2.5　根据饲料的营养组分计算猪生长净能的方程式

主要根据	方程式：生长净能值＝
消化残留物	0.011 3 DCP＋0.035 0 DEE＋0.014 4 ST＋0.012 1 DRes
消化能	0.703 DE－0.041 CP＋0.066 EE－0.041 CF＋0.020 ST
代谢能	0.730 ME－0.028 CP＋0.055 EE－0.041 CF＋0.015 ST

注：①表中方程式计算出的能值为 MJ/kg DM，式中营养物含量单位为 g/kg DM。②CF 为粗纤维、CP 为粗蛋白质、EE 为粗脂肪、ST 为淀粉、DCP 为可消化蛋白、DEE 为可消化脂肪、DRes 为消化残留物(可消化有机物含量 - 可消化上述测定值总和)。③净能、代谢能和消化能，MJ/kg 干物质，化学组成是基于干物质基础公式适用于所有生长阶段的猪日粮(根据 Noblet，2000)。

表 2.6　估计猪饲料净能的模型

回归方程	R^2
NE＝0.703 DE＋1.58 EE＋0.47 ST－0.97 CP－0.98 CF	0.97
NE＝0.700 DE＋1.61 EE＋0.48 ST－0.91 CP－0.87 ADF	0.97
NE＝0.730 ME＋1.31 EE＋0.37 ST－0.67 CP－0.97 CF	0.97
NE＝0.726 ME＋1.33 EE＋0.39 ST－0.62 CP－0.83 ADF	0.97

注：Noblet 等，1994。

从上述模型的决定系数 R^2 可以看出，计算的净能值和测定的净能值的关系相当可靠，几乎无需实测净能！净能比代谢能或消化能反应猪能量需求更准确。在不影响猪生长性能的情况下，应用净能体系配制日粮可使日粮的能量水平降到最低，同时也可使日粮蛋白水平降到最低，这样既降低了日粮配方成本，也减少了动物粪便对环境的污染。

与消化能和代谢能相比，净能体系更准确地反应了饲料原料之间的差异；与消化能和代谢能相比，净能体系能更准确地预测和控制动物的生长性能和胴体组成；根据可消化氨基酸－理想蛋白－净能体系做配方，可提高生产性能，并节省成本。

§1.7　以常规养分分析值修订原料能量数据库

准确的原料数据是配方制作和原料价值评估的基础。当饲料原料营养成分发生较大变化时，如何修订原料数据库尤其是能量数据，是多数配方师面临的最头疼问题。前已介绍了能量估测回归公式，同一种饲料原料的能量回归公式会因不同研究机构和学者而有所差异，配方师可根据自己的经验加以选择。

随着近红外技术在饲料工业的应用，人们可以在较短的时间内测定原料常规指标。借助先进的配方软件，配方师可以轻松地进行原料公式（Ingredient Equation）的设定。并根据常规养分的实际测定值来及时修订原料能量数据。值得指出的是，目前很多配方软件都提供了一种所谓根据原料“干物质”含量修订其他养分(如氨基酸和能量)的功能。如当玉米水分发生变异时，大多数配方师都会根据干物质的变化修订能量、氨基酸和其他养分指标。但笔者认为以“无灰分干物质”为基础修订养分数据更为真实。在没有现成文献和资料可以引用的情况下，以无灰分干物质为基础，同时应考虑粗纤维、粗脂肪、粗蛋白质、粗灰分来修订能量数据，不失为一种实用的方法。

通常在以下情况下需要修订养分数据：①谷物原料水分变异很大，如玉米、小麦等；②粗纤维、粗灰分变异很大时，如谷物副产品(DDGS、麸皮、次粉、玉米麸皮等)，杂粕(菜籽粕、花生粕、棉籽粕等)等。具体修订方法和公式方法如下。

$$\begin{aligned}\text{能量} = &\ \text{设定值} \times (\mathrm{DMR} - \mathrm{ASHR})/(\mathrm{DMD} - \mathrm{ASHD}) \\ &+ \mathrm{VE} \times (\mathrm{EER} - \mathrm{EED}) + \mathrm{VP} \times (\mathrm{EPR} - \mathrm{EPD}) \\ &- \mathrm{VF} \times (\mathrm{CFR} - \mathrm{CFD})\end{aligned}$$

式中：VE是每1%粗脂肪对能量的贡献(如80 kcal/kg)；VP是每1%粗蛋白对能量的贡献(如20 kcal/kg)；VF是每1%粗纤维对能量的贡献(如−20 kcal/kg)；ME是代谢能；DE是消化能；ASH是灰分；DM是干物质；EE是粗脂肪；CF是粗纤维；后缀R是指实际测得的数值；后缀D是设定值；

谷物原料：玉米、小麦、高粱、稻谷是最常用的原料，水分和灰分变异是影响其能量浓度最关键的因素。

$$\text{能量} = \text{设定值} \times (\mathrm{DMR} - \mathrm{ASHR})/(\mathrm{DMD} - \mathrm{ASHD})$$

【例1】 标准玉米猪代谢能为3 240 kcal/kg，干物质由86%降低到84%、粗灰分由3%提高4%对能量的影响。

$$\mathrm{ME} = 3\,240 \times (\mathrm{DMR} - \mathrm{ASHR})/(\mathrm{DMD} - \mathrm{ASHD})$$

$$= 3\,240 \times (84-4)/(86-3)$$
$$= 3\,123(\text{kcal/kg})$$

而仅以干物质为基础来修订，则：

$$\text{ME} = 3\,240 \times (\text{DMR})/(\text{DMD})$$
$$= 3\,240 \times (84/86)$$
$$= 3\,165(\text{kcal/kg})$$

上述两种方法，能量估测值相差 42 kcal/kg，以无灰分干物质为基础修订能量数据更为准确。

当然，也可以直接根据报道的有关经验方程按照饲料常规营养组分计算猪的消化能或净能。

第 2 节　仔猪的蛋白质需要量

仔猪对可消化蛋白质的需要量也可分解为维持需要（CPm）和生产需要（CPp），并且也可以按回归模型估计。在实践中，只要估计了能量需要量，就不必再进行复杂计算，可按蛋白/能量比来计算蛋白质的需要量。同样，也可根据理想蛋白质模式估计出各种氨基酸需要量。需要注意的是，低温时按第 1 节模型估计的能量需要量包含 ΔT，在估计蛋白质和氨基酸需要量时，不可包含 ΔT，因为这部分能量是用于产热的。在日粮蛋白能量比不适，即能量供给不足或蛋白质供给过量时，蛋白质分解转化为能量。

§ 2.1　影响仔猪蛋白质饲料消化的因素

影响饲料及饲料蛋白质消化、吸收和利用的主要因素有饲料、动物（动物品种或遗传性、年龄、生理状态等）和饲养管理三个方面。饲料方面的因素主要有：①蛋白质种类。例如羽毛粉的粗蛋白质含量可达 86%，但消化率仅 25%，所以其可消化蛋白质含量仅21.5%。②日粮粗纤维水平越高，蛋白质消化率越低。③日粮蛋白质含量越高，蛋白质消化率越低；蛋白质氨基酸平衡程度对蛋白质消化吸收影响很大，尤其是相互间有颉颃作用的氨基酸。④蛋白酶抑制因子，例如生大豆含蛋白酶抑制因子，降低大豆蛋白质消化率；血凝集素也影响蛋白质消化率。⑤加工方式，例如豆粕加热过度时其蛋白质消化率下降；粉碎粒度小时有利于提高蛋白质消化率。⑥非蛋白氮，猪、鸡等不可利用。⑦有些植物性蛋白质饲料含抗原物质或抗营养物质。

§2.2 仔猪的蛋白质需要量

对体重20 kg以下仔猪氨基酸需要量的研究很少。ARC(1981)认为，0～3周龄仔猪至少需要62.99 g CP/Mcal DE，3～8周龄仔猪需要66.0 g CP/Mcal DE，而赖氨酸/粗蛋白比为7 g/100 g。林映才(2002)报道，在动植物蛋白平衡时，早期断奶仔猪(3.4～9.5 kg)日粮CP 20%、CP/DE＝61 g/Mcal已足够，CP水平再高不改善仔猪性能。

以最适N存留率和利用率为指标，必需氨基酸与非必需氨基酸之比是50∶50(伍喜林，2006)，在低蛋白水平下，必需氨基酸与非必需氨基酸之比更重要，Lenis等(1999)发现，必需氨基酸与非必需氨基酸之比可提高到70∶30，不降低N利用率，这可能是，必需氨基酸被有效利用合成了非必需氨基酸。J. Heger(2003)报道，猪体蛋白或内生蛋白组成中必需氨基酸与总氨基酸之比(E∶T)为44%～54%，而且在46%～50%时猪生长或蛋白质沉积速度最大。据此，我们可以根据相应的必需氨基酸的总量折算出真蛋白质需要量，计算公式如下：

仔猪日粮真蛋白质需要量(%)＝可消化必需氨基酸之和/(46%×理想蛋白质模型的准确度×氨基酸平均消化率%)＝可消化必需氨基酸之和/(46%×95%)/氨基酸平均消化率(%)＝

2.288 33×可消化必需氨基酸之和/氨基酸平均消化率(%)

这里取低值46%是考虑到非必需氨基酸的成本较低，给予充足的非必需氨基酸可以避免仔猪动用必需氨基酸来合成非必需氨基酸。

理想蛋白质模型的准确度也值得考虑。根据动物营养的"水桶原理"，理想蛋白质模型中与"真正的理想氨基酸模式"相差最大的氨基酸就决定着这个理想蛋白质模型的效率。这在估计仔猪蛋白质需要量时必须考虑，这个"浪费"的比例目前还没法估计，但是根据目前报道的仔猪理想氨基酸模型的变异，我们假设了理想蛋白质模型的准确度为95%。

实践中可以根据这个公式估计真蛋白质需要量，需要说明的是，有了更准确的参数时，例如必需氨基酸与总氨基酸之比和理想蛋白质模型的准确度等，要及时用准确的参数修正上述公式。

【例2】 在NSNG(2010)推荐的仔猪第四阶段(体重11～20 kg)标准化理想可消化氨基酸总和为7.83%，假定使用的各种原料的氨基酸平均消化率为90%，则相应日粮的真蛋白质需要量为：

真蛋白质需要量(%)＝2.283 33×7.83/0.9＝19.91(%)

【例3】 NRC(1998)推荐的仔猪20 kg体重以前各阶段真回肠可消化氨基酸的需要量总和分别为8.59%、7.64%和6.5%，可以由此推算这几个阶段仔猪的真蛋白质需要量。假定所用原料的氨基酸平均消化率为90%，则：2.288 33×8.59%/0.9＝21.84%，2.288 33 × 7.64%/0.9 ＝ 19.43%，和 2.288 33 × 6.5/0.9 ＝16.53%，这些结果与NRC(1998)推荐的粗蛋白质需要量分别相差26.0%－21.84%＝4.16个百分点，23.7%－19.43%＝4.27个百分点和20.9%－16.53%＝4.37个百分点。不过这里计算的是"真"蛋白质，而NRC(1998)推荐的是"粗蛋白质"，由此可以进一步推断 NRC(1998)假定的粗蛋白质的消化率，根据上述公式，可以导出如下计算公式：

氨基酸平均消化率(%)＝2.288 33×可消化必需氨基酸之和/粗蛋白质需要量(%)

分别按此公式估计 NRC(1998)推荐的粗蛋白质的消化率如下：2.288 33×8.59%/26＝75.6%，2.288 33×7.64%/23.7＝73.8%，和 2.288 33×6.5/20.9＝71.2%。这些假定显然是低估了仔猪日粮的消化率，因为仔猪日粮使用的原料都是优质原料，消化率都在 90%以上，只有大宗原料玉米等的消化率稍低，但是根据我国公布的最新版饲料数据库(2010 版)来看，一般也应该在 86%以上，所以可以推断，NRC(1998)给出的粗蛋白质需要量过高了。

实际上，笔者经验和许多研究报道都表明(表 2.7)，在其他营养指标相同时，仅仅降低 NRC(1998)的这个蛋白质指标，可以降低 3～4 个百分点，对仔猪生长发育和饲料利用率等生产性能无任何影响(例如 Hansen 等，1993；Kerr 等，1995；Le Bellego 等，2002)，这不仅说明根据可消化氨基酸总量来确定真蛋白质水平是可行的，而且最重要的是，上述分析表明，仔猪日粮的消化率越高，蛋白质的需要量越低。

表 2.7　低蛋白质日粮不影响仔猪生产性能

体重阶段/kg	粗蛋白水平/%		低蛋白组补充的氨基酸	文献来源
	对照组	低蛋白组		
5～15	22.1	19.0	Lys，Met，Thr，Trp	Cling-Mars 等，1988
5～20	21.0	17.0	Lys，Met，Thr	Hansen 等，1993
8～21	19.0	15.0	Lys，Thr，Trp	Kerr 等，1995
14～28	21.8	18.3	Lys，Met，Thr，Trp	Jin 等，1998a
12～27	22.4	16.9	Lys，Met，Thr，Trp，Ile，Leu	Le Bellego 和 Noblet，2002

根据上述原理，我们为NSNG(2010)版增加了可消化蛋白质需要量的数据，见附录1。段志富和陈代文(2005)用回归分析和边际效应分析法推断6.5～10 kg仔猪的最佳粗蛋白质需要量为20.38%，而以表观可消化氮考虑时最佳粗蛋白质需要量为18.07%，我们推断的7～11 kg仔猪可消化蛋白质需要量20.8%。蛋白质需要量低了可能更有利于降低仔猪断奶时高蛋白日粮引起的断奶应激，但是也许会导致仔猪用价格较贵的必需氨基酸合成较为廉价的非必需氨基酸。

需要指出的是，上述分析都没有考虑仔猪必需氨基酸不同于生长猪，例如谷氨酰胺等。如果把这一部分考虑进来，那么仔猪需要的可消化蛋白质总量会发生变化。好在谷氨酰胺只是断奶后仔猪的条件性必需氨基酸，所以实践中可以在上述分析结果的基础上单独考虑谷氨酰胺。例如断奶仔猪，在玉米-豆粕日粮中可单独添加1%的谷氨酰胺，保证谷氨酰胺含量。只是谷氨酰胺不稳定，实践中实际添加的是其稳定形式的2分子肽，谷氨酰胺二肽。

仔猪的蛋白质营养实际是氨基酸营养，在日粮氨基酸平衡时，赖氨酸水平越高，仔猪生长速度和饲料利用率越高；其他氨基酸必须与赖氨酸维持恰当平衡才能得到最佳效果。

营养平衡的内涵，包括蛋白能量比平衡；氨基酸能量比平衡；氨基酸平衡；必需氨基酸与蛋白质之比或必需氨基酸与非必需氨基酸之比平衡；矿物质平衡；维生素平衡；离子平衡；酸碱平衡；渗透压平衡等。

为保持营养平衡，在设计饲料配方时必须根据能量水平调整蛋白质水平，也就是各种氨基酸和蛋白质相对于能量的比例。蛋白质过剩不仅浪费有效能，而且因需消化分解和排出它们而加重肝和肾的负担，严重时会导致肝脏结构和功能损伤，导致机体蛋白质中毒，即酸毒症。所以，一般饲养标准都规定了相应动物的蛋白质需要量。日粮蛋白质过量或氨基酸不平衡会降低利用率。日粮中必需氨基酸平衡时蛋白质含量不足会限制蛋白质沉积，导致能量被转而用于合成脂肪。

合理的营养水平是根据日龄、体重和饲料产品档次决定，例如 7～14 kg 仔猪的标准回肠可消化赖氨酸(SID)需要量最佳水平在 4.09 g SID Lys/Mcal ME，能量水平 3.45 Mcal ME/kg 较好。

影响仔猪蛋白质需要量的因素很多，主要有：①仔猪的遗传基础。遗传性能决定仔猪生长发育性能和饲料营养需要量。②仔猪日龄。仔猪生后几天内蛋白质需要量迅速降低。③日粮能量浓度影响日粮蛋白质和氨基酸需要量，即蛋白能量比、氨基酸能量比。④蛋白品质影响蛋白质和氨基酸需要量。⑤日粮粗纤维影响蛋白质的消化率。笔者一般是按照粗纤维每增加 1%，日粮蛋白质的消化率降低 1%～1.5%来折算。⑥环境温度过高过低都影响蛋白质和氨基酸需要量。

§2.3　仔猪的理想蛋白质模型

(1)过去认为，猪的整个生长期所需的最佳氨基酸平衡只有一个，不同体重或日龄的生长猪躯体或肌肉的氨基酸比例相当稳定，一般理由是：第一，维持需要占总需要的比例很小(3%～6%)，生长猪对氨基酸平衡的要求主要由生长决定；第二，生物学活性高的蛋白质，氨基酸比例与肌肉相似；第三，猪体蛋白的氨基酸组成一般不依赖于体重、性别、基因型和品种而变化，氨基酸需要量的差异仅是绝对量差异，而氨基酸之间的比例总是不变的；第四，氨基酸需要量的差异在以赖氨酸为基础的相对比例表示时差异大大降低，这也是 1970 年代末期以来建立“理想蛋白质”模型的理论依据之一。

然而随着营养学的发展，对理想氨基酸模型的理解有所变化。由 NSNG(2010)推荐的理想氨基酸模型(表 2.8)可以看出，随着仔猪的生长，苏氨酸、蛋氨酸、蛋氨酸＋胱氨酸比例升高了，色氨酸比例下降了，而异亮氨酸和缬氨酸的比例不随体重而变化。

表 2.8　NSNG(2010)推荐的 SID 氨基酸模型

	体重/磅								
	9～11	11～15	15～25	25～45	45～90	90～135	135～180	180～225	225～270
赖氨酸	100	100	100	100	100	100	100	100	100
苏氨酸	62.2	62.3	61.8	62.4	63	63	64	65	67
蛋氨酸	28.2	27.8	28.2	28	29	29	29	29	30
蛋氨酸＋胱氨酸	57.7	58.3	58.0	58.4	58	58	60	60	62
色氨酸	17.3	17.2	16.8	16.8	16	16	16	16	16
异亮氨酸	55.1	55.0	55.0	55.2	55	55	55	55	55
缬氨酸	64.7	64.9	64.9	64.8	65	65	65	65	65

(2)有的理想蛋白质模型是根据最大饲料效率，有的模型是基于最大氮沉积。仔猪必需的氨基酸有 13 种(生长猪有 10 种，育肥猪和成年猪只有 8 种)，仔猪理想氨基酸模型报道很少，各国推荐的理想氨基酸模型(见表 2.9)，都没考虑仔猪必需的全部氨基酸，例如甘氨酸以及仔猪特殊的条件性必需氨基酸，例如谷氨酰胺等，实践中可以不考虑理想蛋白质模型而单独列入饲养标准。

日粮添加的多是工业生产的 *L*-赖氨酸，是 100％可消化的，所以，配合饲料中的赖氨酸消化率比其他氨基酸的消化率更高。赖氨酸的消化率比苏氨酸的消化率高出 3％～6％，因此，把 Thr/Lys 从可消化氨基酸变为总氨基酸时，该比率会增加 3％～6％。赖氨酸消化率和其他氨基酸消化率差别越大，总氨基酸的 Thr/Lys 与可消化的 Thr/Lys 之差也越大。

表 2.9　不同氨基酸模型的比较

氨基酸	报道 SID	NSNG 2010	NRC 1998	中国 2004	王继华 SID
赖氨酸	100	100	100	100	100
精氨酸	41～55	41.94	40.3	39.44	56
组氨酸	31～33	31.98	32.09	31.69	32
异亮氨酸	55～60	55.06	54.48	55.63	56
亮氨酸	100～110	100.00	100.75	100	100
蛋氨酸	26～30	28.07	26.87	28.17	30
蛋氨酸＋胱氨酸	55～60	58.10	56.72	57.04	59
苯丙氨酸	55～60	60.02	59.70	59.86	60
苯丙氨酸＋酪氨酸	93～118	94.14	94.03	93.66	100
苏氨酸	62～68	62.17	62.69	66.20	68
色氨酸	17～22	17.03	17.91	19.01	18
缬氨酸	65～72	64.83	67.91	69.01	68
谷氨酰胺					65

注:表中 NSNG 的模型是笔者根据其仔猪四个阶段的数据平均数算出的。王继华的模型假定仔猪 5～7 日龄开始教槽,21～28 日龄断奶,教槽料使用到 35 日龄。

蛋氨酸和胱氨酸(M＋C)在仔猪饲料中经常受限,尤其当饲料中有很高含量的奶制品时。M＋C 需要量的研究已很完善,大约是总赖氨酸的 58%,与生长阶段无关(Henry,1993;NRC,1998)。

色氨酸参与采食量调节,在仔猪营养中起关键作用。许多作者推荐 18%的色氨酸/赖氨酸比例。然而最近一系列试验证明,把这个比例从 18%增加到 22%后,仔猪的增重会更快(Lynch,2001;Castaing 等,2002),主要原因是提高了仔猪采食量。色氨酸通过参与大脑中 5-羟色胺的合成调节食欲和主动摄食。

缬氨酸和异亮氨酸。由于缺乏工业生产的缬氨酸和异亮氨酸，在实际生产中，缬氨酸和异亮氨酸水平不能通过添加饲料级的产品来改变。Warnants 等(2001)在大量增加赖氨酸、苏氨酸、色氨酸和含硫氨基酸用量的情况下，不控制异亮氨酸和缬氨酸也没有影响仔猪生长。

§2.4　理想蛋白质模型存在的问题

理想蛋白质模式有利于对复杂的氨基酸营养代谢规律做深入研究。现有理想氨基酸模式在理论和实践上都存在一些问题。

(1)维持和生长需要的理想氨基酸比例不同，仔猪尤其断奶仔猪免疫、维持肠道功能等对某些氨基酸例如谷氨酰胺有特殊需要，因此，仔猪的理想氨基酸模式应该不同于生长肥育猪。分析相关研究发现：①以总氨基酸表示，各模式间差异很大，以可消化氨基酸表示，则各模式间相对较接近。这说明可消化氨基酸平衡模式更精确反映仔猪实际需要。②NRC(1998)的仔猪氨基酸平衡模式基本上是参考体蛋白沉积的氨基酸模式，而且仔猪与生长肥育猪的模式相同。对苏氨酸、含硫氨基酸和异亮氨酸，NRC(1998)模式可能未充分考虑仔猪维持对这 3 种氨基酸的高需求，这 3 种氨基酸的维持需要比例远高于蛋白质沉积所需的比例。

理论上，不同生理功能(如维持、蛋白质沉积、肠道营养)的理想氨基酸模式不同。赖氨酸维持需要与某些其他氨基酸(如苏氨酸和胱氨酸)的相关性低，因而适用于商品猪的某些理想氨基酸模型不能直接用于仔猪。10 kg 断奶仔猪某一给定氨基酸的总需要量中，蛋白质沉积需要占 90%以上，但随着猪体重越来越大，氨基酸维持需要所占比例越来越大。因而含硫氨基酸与赖氨酸比例必须增加，很可能是直线型增加。

(2)实际上猪的生长发育是个逐步完善的过程，有研究表明，20 kg 以下的仔猪和 20 kg 以上的生长肥育猪相比，不但其维持氮(N)需要占机体总氮需要比例有较大差异，而且在维持氮需要的各种氨基酸间平衡模式也可能不同。前者维持氮需要多消耗在肌肉本身的代谢上，后者则有更多的维持氮需要消耗在非肌肉代谢功能上。这反映在 20 kg 以下仔猪必需氨基酸需要模式更接近胴体或猪乳的氨基酸组成比例上。例如，小肠脯氨酸可从日粮精氨酸、鸟氨酸、谷氨酰胺、天冬氨酸及动脉来源的谷氨酰胺合成，猪的小肠是主要合成场所。但哺乳仔猪肠细胞中由精氨酸合成的脯氨酸较少，仔猪断奶后肠道精氨酸酶诱导精氨酸合成显著增加，这就从生化机制上很好地解释了为什么脯氨酸是哺乳仔猪的必需氨基酸而不是断奶后生长猪的必需氨基酸。所以把生长猪的理想蛋白质模型套用于乳猪上，是值得考虑的。

(3)理想氨基酸模式受许多因素影响，如生长阶段、基因型、生产用途和氨基酸利用效率等。关于猪理想蛋白质体系的评价指标也从单一的生产性能向多方面发展，如氮沉积、蛋白质利用效率和免疫功能等。评价指标不同，氨基酸需要量不同，如生长猪达到最佳免疫状态或最大氮沉积所需要的氨基酸比获得最大增重速度所需的氨基酸多。由于对氨基酸营养和代谢的理解更加深入，理想氨基酸模型不断受到挑战。

(4)动物体内存在蛋白质周转，已降解的体蛋白并不完全随排泄物或分泌物排出，而是大部分被动物重新利用合成体蛋白。所以猪体蛋白生长与牛奶或鸡蛋生成后即离体不同，猪体这部分周转的蛋白质会降低生产效率，据报道，生长猪体蛋白质的日周转量(除去净蛋白质沉积之外的合成量)高达全身蛋白质总量的 1/8～1/7，尤其是，这部分周转的氨基酸如何与饲粮氨基酸相平衡，有待深入研究。

(5)理想蛋白质的氨基酸有效性：应定位于“标准回肠可消化SID”必需氨基酸，非必需氨基酸不必逐一考虑，规定其对必需氨基酸总量的配比(54∶46)即可。

(6)所谓理想氨基酸模型，应全面考虑时、空、量三个要素，而不仅仅是量的观念——比例和数值。理由是:第一,饲料中结合态氨基酸与合成氨基酸的消化吸收和利用速度(时态效应)不同。日粮蛋白质的氨基酸与加入的合成氨基酸在消化吸收速度上存在同步配合问题,特别对分顿喂的动物应加以考虑。这一问题还缺乏严格验证,有待试验研究确切阐明。研究理想蛋白质时用基础日粮中添加合成氨基酸的方法,而结合态氨基酸与合成氨基酸的吸收速度、转运到目的地的时效性和利用率不同。目前理想蛋白质的必需氨基酸或 SID 必需氨基酸模型,不论对猪还是鸡,基本上都是静态的。而事实上,真正平衡的日粮应该能以合适的速度、比例和数量为合成新组织的靶细胞(而不仅是胃肠)提供氨基酸,然而吸收到体内的氨基酸在猪体内的贮存能力很弱,时间很短,特别是各种单个氨基酸基本上不能贮存。第二,合成不同组织、不同产品的理想氨基酸模式也不会一样,可以理解为不同地点需要的理想氨基酸模型不同。所以要随动物种质改良、机体内外环境改变、对产品品质要求等,测定各相关参数,向动态方向完善理想蛋白质模型。

(7)理想蛋白质注重蛋白质"质"的要求,并无"量"的规定,尤其是 NSNG(2010)。因此生产上要辅以量化参数,有针对性地规定恰当的日粮蛋白质水平和动物采食量。

(8)氨基酸吸收受体内离子平衡状况和代谢调节影响。尚不清楚氨基酸以小肽形式吸收和转运的营养作用对理想氨基酸模式的影响。胃肠激素及许多中枢神经递质(多巴胺、儿茶酚氨、5-羟色胺)都与饲粮中相应氨基酸水平有密切联系,理想氨基酸模型与它们的关系仍待澄清。

§2.5 蛋白能量比的确定

(1)日粮的蛋白与能量水平有一定组合效应,只要日粮理想蛋白与能量之比保持在一定范围,动物就可通过调节采食量而保持其生产性能。表 2.10 是仔猪日粮的蛋白/能量比和赖氨酸/能量比的一些实例。

表 2.10　仔猪日粮的蛋白/能量比和赖氨酸/能量比

	王继华 SID	NSNG,2010		中国,2004	
仔猪体重/kg	教槽料 a	4～5	5～7	3～8	8～20
蛋白：能量/(g/ME Mcal)	60b	70.83c	68.97c	65.19	60.897
Lys：能量/(g/ME Mcal)	4.10d	4.419	4.302	4.012	3.333

注：a 为假定仔猪 5～7 日龄开始教槽，21～28 日龄断奶，教槽料使用到 35 日龄；b 为这里的蛋白质为可消化蛋白质，不是粗蛋白质；c 为这个蛋白能量比计算时使用的蛋白质数据分别是 24.79 和 24.00，是笔者根据本书前述公式推断的可消化蛋白质总量（见附录 2），据此推断值计算的蛋白能量比；再者，要注意这里计算依据的能量是代谢能，不是消化能；d 为这里的赖氨酸为标准回肠可消化(SID)赖氨酸。

例如美国 NRC(1998)10～20 kg 仔猪的蛋白能量比为 13.24 (g/MJ)，如果选择能量水平为 13.5 MJ/kg，则蛋白质水平应该为：13.5×13.24 ＝17.874％，赖氨酸需要量的计算方法依此类推。日粮养分浓度降低时，动物可通过增加采食量而不降低生长速度，但猪饲料增重比升高。不过，蛋白能量比不能任意变化，必须在一定范围内，否则会影响动物正常代谢，导致生长性能和饲料效率下降，甚至导致营养障碍病。

(2)环境温度。在高温环境中，散热困难是影响动物生产性能的主要原因之一。所以在炎热或寒冷季节可适当增加或降低蛋白能量比。温热环境不影响动物对蛋白质、赖氨酸及蛋氨酸的需要量，也不影响赖氨酸和蛋氨酸的利用率。但应根据采食量变化调整饲粮中蛋白质、氨基酸的浓度。冷热应激时，动物体内代谢加强、某些矿物元素排泄增加，从而增加矿物质需要量。冷热应激均提高代谢率，并影响消化道中微生物对某些维生素的合成，因而增加维生素需要量。

(3)饲料配方设计中蛋白能量比的选择。在设计饲料配方时，如何选择最适宜蛋白能量比具有重要意义。蛋白能量比的选择首先是确定饲养对象,相同对象中,考虑不同品种的影响;其次是确定饲喂对象的生长阶段、体重及生理阶段;第三是确定饲喂动物的目的,是产乳、育肥还是繁殖;第四是确定动物所处环境;第五是结合现有饲料原料和经济效益,确定最佳蛋白能量比。

生产条件下,因受原料条件或成本影响,执行标准中的能量常与饲养标准有差异,一般就以蛋白能量比及氨基酸能量比进行折算。注意用可消化蛋白与可消化能之比(DP/DE)。Van Lumen and Cole(1996)指出,DP/DE 这个比值与猪大小有关,见表 2.11。

表 2.11 不同生长阶段猪的理想 DP/DE g/MJ

	生长阶段		
	10 kg 以下乳猪	10～50 kg 小猪	50 kg 以上大、中猪
DP/DE	3.68～3.89	3.35～3.60	2.51～2.93

杂种仔猪的赖氨酸与消化能之比大约在 1.2 g/MJ DE 时生长速度最高。这个比率受基因型、性别和体重影响,见表 2.12。

表 2.12 生长猪日粮赖氨酸与消化能(DE)的适宜比率

基因型	蛋白质沉积率/(g/d)	体重/kg	赖氨酸/消化能/(g/MJ)		
			去势公猪	母猪	公猪
未改良	100	<25	0.78	0.80	0.83
		25～55	0.73	0.75	0.78
普通	125	<25	0.85	0.85	0.88
		25～55	0.78	0.80	0.83
高度选育基因型	150	<25	0.88	0.90	0.93
		25～55	0.83	0.85	0.88
杂交	175	<25	1.20	1.20	1.20
		25～55	1.10	1.10	1.10

注:Van Lunen 和 Cole,1996。

第 3 节　仔猪的氨基酸需要量

§3.1　仔猪的氨基酸营养需要量

影响氨基酸需要量的主要因素可归结为仔猪、饲料和饲养管理三个方面，蛋白沉积是影响仔猪氨基酸需要量的最大因子。各国饲养标准都已考虑了年龄和体重对必需氨基酸的影响。

仔猪对蛋白质的需要实际上是对组成蛋白质的各种氨基酸的需要。氨基酸在消化吸收和代谢过程中存在协同或颉颃。某种必需氨基酸不足或过量都会影响其他氨基酸的有效利用，所以日粮中氨基酸供给量和平衡程度十分重要，设计饲料配方时要考虑氨基酸数量和比例两个方面。理想蛋白质的氨基酸模型(IAAP)、理想蛋白质可消化氨基酸模型(DIAAP)给出了平衡必需氨基酸之间的比例关系，然而实际上，关于仔猪的理想氨基酸模型的研究报道很少。尤其是，理想氨基酸模型很难把 20 余种氨基酸都考虑周全，一般只考虑 10 种必需氨基酸组成比例，所以在设计饲料配方时，应注意日粮的蛋白质含量，或者非必需氨基酸与必需氨基酸之间的比例，这样就可避免日粮中非必需氨基酸不足时，把部分必需氨基酸合成非必需氨基酸，造成必需氨基酸的浪费和平衡关系被破坏。例如胱氨酸不足时会用蛋氨酸来合成，酪氨酸不足时会用苯丙氨酸来合成，而且这种反应不可逆。一般非必需氨基酸便宜，所以要注意不可缺乏非必需氨基酸。日粮中其他养分不足也影响日粮必需氨基酸需要量。例如尼克酸不足时会动用色氨酸来合成，日粮胆碱不足时会动用蛋氨酸来代替。制粒或膨化加热时，对不同氨基酸的影响不同。最明显的是富含淀粉和糖的饲料谷物，加热后其中赖氨酸、精氨酸和色氨酸会形成一种难吸收的复合物；鱼粉和肉粉加热后，赖氨酸、精氨酸和组氨酸的利用率降低等。

氨基酸消化率是评定单胃动物饲料蛋白质营养价值的重要参数。饲料中氨基酸消化率，得到国际同行基本认可的是氮校正回肠消化率(SID)。

标准回肠氨基酸消化率(SID)＝(饲料中氨基酸－(未消化的氨基酸－内源氨基酸损失))/饲料中氨基酸

近年来氨基酸需要量提高，其原因，一是猪的遗传潜力和瘦肉率提高；二是评价赖氨酸需要量的指标更宽，从单纯生产性能到生产性能、经济效益、抗应激、氮利用效率综合考虑；三是应激条件下，肠道可能需要更多赖氨酸供肠道本身使用。随着饲料赖氨酸水平提高，仔猪生长速度和饲料利用率随之增强。设计仔猪饲料配方时需要先确定赖氨酸的绝对量，其他氨基酸按理想氨基酸模式配制。表 2.13 是 Tokach 等(1994)推荐的仔猪赖氨酸需要量。

表 2.13　早期隔离断奶仔猪赖氨酸推荐水平

	体重/kg	总赖氨酸/%	可消化赖氨酸/%
早期隔离断奶	＜5	1.7～1.8	1.4～1.5
过渡	5～7	1.5～1.6	1.25～1.35
阶段 2	7～11	1.34～1.45	1.10～1.20
阶段 3	11～23	1.25～1.35	1.05～1.15

注：Tokach 等，1994。

哺乳仔猪的开食料根据开食早晚，需要的 SID 赖氨酸(标准回肠可消化赖氨酸)水平变化很大(见图 2.2)，这可能是各国饲养标准差别的原因之一。日粮中 SID 赖氨酸浓度从 1.15%提高到 1.50%，可加快仔猪生长，料重比降低。NRC(1998)总结 3～

20 kg 仔猪氨基酸需要量的研究，给出风干日粮中总赖氨酸需要量的经验方程：

$$总赖氨酸需要量 = 1.793 - 0.0873 \times BW + 0.00429 \times BW^2 - 0.000089 \times BW^3$$

$$R^2 = 0.9985, BW = 体重$$

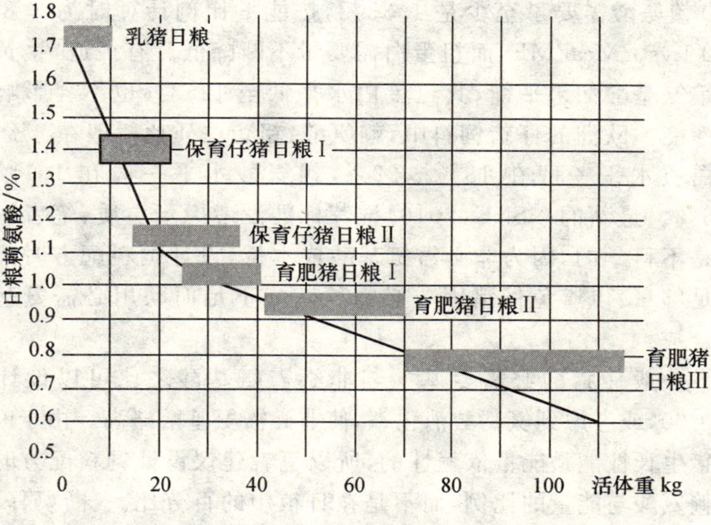

图 2.2　赖氨酸需要量随仔猪生长而降低

(Haffner 等，2000)

NRC(1998)总结 SID 赖氨酸的维持需要量为每天每千克代谢体重 36 mg；蛋白质沉积每克需要量为 120 mg，每天增重(g)为：$Pr = (0.47666 + 0.02147BW - 0.00023758BW^2 + 0.000000713BW^3) \times Mf/2.55$，这里 Mf 为无脂胴体日沉积瘦肉，单位是：g/d。所以总的 SID 赖氨酸需要量为：

SID 赖氨酸需要量(g/d) = 0.12 × Pr(g) + 0.036$BW^{0.75}$(kg)

乔岩瑞(2009)介绍的日增重(x,g)与 SID 赖氨酸摄入量(y)的关系为:$y=14.98-\sqrt{-0.194\times(x-646.34)}$,而饲料增重比($FCR$)与日增重的关系为:$FCR=-0.0016x+2.3873$。

现在良种猪仔猪(7～14 kg 体重)SID 赖氨酸需要量在 1.43%时生长速度最大,1.37%饲料效率最佳,11～25 kg 仔猪 SID 赖氨酸需要量至少是 1.33%,按能量比例计算时为 3.89 g SID Lys∶Mcal ME,而粗蛋白需要量不断降低。有报道,生长猪日粮氨基酸如果平衡,其粗蛋白水平低至 12.3%也不会影响生长性能。欧洲的仔猪饲料中,赖氨酸:粗蛋白质比一般在 7%,粗蛋白质水平一般在 18%～22%,赖氨酸水平一般在 1.1%～1.6%。最新的 NSNG(2010)推荐标准没考虑蛋白质,笔者认为这是不科学的,因为非必需氨基酸成本低,设计饲料配方时要给予足够量,以避免仔猪因非必需氨基酸不足而动用必需氨基酸来合成。

一般仔猪的必需氨基酸与非必需氨基酸之比可以设计在 40∶60,或考虑到氨基酸消化率,使非必需氨基酸略高。由于断奶仔猪生长性能是能量依赖性的,所以笔者建议设计饲料配方时根据赖氨酸与能量的比例,而不是在日粮中的百分比。《断奶仔猪》一书推荐,在 14～22 日龄断奶仔猪日粮中,表观可消化赖氨酸/代谢能=4.1～4.2 g/Mcal。仔猪日粮的可消化赖氨酸与日粮代谢能的最佳比值随着仔猪年龄和体重的增加而降低,例如 22 kg 仔猪下降到 3.3g/Mcal。由于仔猪断奶后对脂肪的利用受限,所以实际上有可能低估了赖氨酸与能量的比值。表 2.14 给出了猪可消化赖氨酸和净能的需要量。

表 2.14　猪可消化赖氨酸和净能的需要量

		生长阶段					
		仔猪前期	仔猪	生长猪	肥育猪	怀孕母猪	哺乳母猪
日龄/d		<40	<65				
体重/kg		<12	<25	25～60	60～110		
净能/(MJ/kg)	平均值	10.5	10.0	9.5	9.5	9.1	9.5
	最小值	10.0	9.0	9.0	9.0	8.9	9.2
	最大值	11.0	10.5	10.5	10.5	9.6	10.0
净能/kcal/kg	平均值	2 500	2 400	2 300	2 300	2 175	2 270
	最小值	2 390	2 150	2 150	2 150	2 125	2 200
	最大值	2 630	2 510	2 510	2 510	2 290	2 390
可消化 Lysine/NE/(g/MJ)		1.25～1.30	1.15～1.20	0.90	0.80	0.55	0.90～0.95
可消化 Lysine/NE/(g/kcal)		5.25～5.45	4.80～5.00	3.75	3.35	2.3	3.75～3.95

注：IFIP，2002。

生产实践中，仔猪断奶，特别早期断奶导致的营养和环境等剧变对仔猪造成很大应激，研究仔猪应激条件下的 IAAP 有重要意义。李建文等(2006)表明，仔猪处于正常和免疫应激条件下的理想氨基酸模式存在差异，应激和正常条件下，可消化赖氨酸、可消化蛋氨酸、可消化色氨酸和可消化苏氨酸平衡模式分别为：100：27：29：59 和 100：30：21：61。《断奶仔猪》一书给出了 3～23 kg 仔猪的氨基酸与能量相对于赖氨酸的比例，见表 2.15。

表 2.15　3～23 kg 仔猪的氨基酸需要量

指　　标	体重范围/kg			
	3～5	5～7	7～11	11～23
总赖氨酸：能量/(g/Mcal ME)	4.7	4.5	4.0	3.8
表观可消化赖氨酸：能量	4.0	3.9	3.4	3.2
真可消化赖氨酸：能量	4.2	0.1	3.5	3.3
总赖氨酸/%	1.65	1.55	1.35	0.30
真可消化赖氨酸/%	1.50	1.4	1.22	1.16
相对于赖氨酸比率(真可消化基础)				
异亮氨酸/%	55			
蛋氨酸/%	27.5			
总的含硫氨基酸/%	55			
苏氨酸/%	62			
色氨酸/%	16			
缬氨酸/%	60			

注：断奶仔猪，2009。

NSNG(2010)推荐的仔猪饲养标准(表 2.16)没考虑蛋白质。要注意我国仔猪饲养方式，哺乳仔猪教槽料是母乳的补充，制定饲料产品标准时要考虑母乳营养。

表 2.16　NSNG(2010)给出的氨基酸需要量

	日粮类型			
	阶段 1	阶段 2	阶段 3	阶段 4
体重/kg	4～5	5～7	7～11	11～20
标准化理想可消化的 SID				
赖氨酸/%	1.56	1.51	1.31	1.25
苏氨酸/%	0.97	0.94	0.81	0.78
蛋氨酸/%	0.44	0.42	0.37	0.35
蛋氨酸＋胱氨酸/%	0.9	0.88	0.76	0.73

续表 2.16

	日粮类型			
	阶段 1	阶段 2	阶段 3	阶段 4
色氨酸/%	0.27	0.26	0.22	0.21
异亮氨酸/%	0.86	0.83	0.72	0.69
缬氨酸/%	1.01	0.98	0.85	0.81
精氨酸/%	0.65	0.63	0.55	0.53
组氨酸/%	0.50	0.48	0.42	0.40
亮氨酸/%	1.56	1.51	1.31	1.25
苯丙氨酸/%	0.94	0.91	0.78	0.75
苯丙氨酸+酪氨酸/%	1.47	1.42	1.23	1.18
合计/%	11.13	10.77	9.33	8.93

实践中可根据当地情况选择符合实情的净能水平(NE);设定可消化赖氨酸/净能比值(dLys/NE);然后用理想蛋白模型设定其他必需氨基酸水平。在可消化氨基酸体系下理想蛋白质模式可见表 2.9、表 2.10 或表 2.17。

表 2.17 猪的 SID 必需氨基酸比例 %

氨基酸	仔猪	生长猪	育肥猪	怀孕母猪	泌乳母猪
蛋氨酸+胱氨酸	56	60	60	60	60
苏氨酸	65(67)*	66(69)*	67(70)*	(>72)	(>72)
色氨酸	22	18	17	17	24
异亮氨酸	55	55	55	55	55
缬氨酸	69	69	69	65	65

注:①* 如果采用总氨基酸体系;②资料来源:泰国味之素;③可消化赖氨酸为 100%。

§3.2　氨基酸平衡与氨基酸互作

在设计仔猪饲料配方时，影响氨基酸消化率的主要因素只有3个，即饲料原料品种(例如鱼粉中的赖氨酸比棉粕中的赖氨酸消化率高)，加工方法(例如熟豆粕中的赖氨酸比生豆粕中的赖氨酸消化率高)和饲料配方的营养平衡程度或原料搭配比例(养分越平衡的饲料其各种养分的消化率越高，包括氨基酸的消化率)。所以在设计仔猪饲料配方时，要选择合适的饲料原料，并进行适度加工，合理搭配各种原料，使各种常量和微量养分达到平衡。

设计饲料配方时要注意商品氨基酸的有效含量。再者，动物体内的酶系统只能直接利用L-型氨基酸(蛋氨酸例外)。

(1)当日粮中一种氨基酸过量时，必须补充与之颉颃的另一种氨基酸。在设计饲料配方时解决氨基酸不平衡的办法，一是添加单体氨基酸，如蛋氨酸、赖氨酸、苏氨酸等；二是利用原料氨基酸互补，使多种原料在氨基酸含量上取长补短。例如：棉粕中精氨酸含量较高，赖氨酸/精氨酸比为1∶2.36，菜粕精氨酸、赖氨酸比较接近，二者配合使用易使精氨酸和赖氨酸达到平衡；在仔猪饲料中调整精氨酸与赖氨酸比例最好用适量血粉；而在玉米为能量饲料的日粮中加玉米蛋白粉会使亮氨酸含量特别高，使异亮氨酸出现临界缺乏。

氨基酸平衡可降低日粮蛋白水平，降低日粮抗原作用和大肠结肠内的蛋白质腐败作用，有效降低腹泻。

(2)氨基酸之间的协同作用。例如苯丙氨酸可用于满足酪氨酸需要(0.1%苯丙氨酸=0.11%酪氨酸)，该反应虽可逆，但生成的苯丙氨酸量极少；丝氨酸可转化成等摩尔的甘氨酸；日粮中胱氨酸不足时，2分子蛋氨酸可合成一分子胱氨酸(1 g蛋氨酸=0.81胱氨酸)，但胱氨酸不能转化成蛋氨酸；有报道说蛋氨酸1%时抑制仔猪食欲和生长；色氨酸可转化成烟酸，但转化率很低。用氨基酸来节约其他营养素最不经济。

(3)氨基酸之间的颉颃。氨基酸之间的颉颃是由于基酸的化学结构相似或相近引起,这种情况在饲料生产中常见。

有些中性氨基酸可抑制碱性氨基酸转运,例如蛋氨酸可抑制赖氨酸转运;中性氨基酸中蛋氨酸和亮氨酸能抑制丙氨酸和甘氨酸转运;精氨酸、胱氨酸和鸟氨酸可抑制赖氨酸转运;日粮中高浓度亮氨酸可增加异亮氨酸需要量。

赖氨酸和精氨酸:传统的营养学认为,两者结构相似,它们争夺肠中的吸收位点。日粮中赖氨酸过高,阻碍精氨酸吸收并加速精氨酸降解,而精氨酸对赖氨酸影响较小。动物蛋白的赖氨酸、精氨酸之比较为合适,优于植物蛋白质。在简单的玉米-豆粕型日粮中赖氨酸最缺乏,精氨酸最过多。母猪乳的 Arg 含量极低(Arg∶Lys=0.35),而乳猪最理想的 Arg∶Lys 为 0.55(自 S. W. KIM 等,2004)。但笔者长期以来的大量实践经验表明,精氨酸高达1%并不影响仔猪生长性能。最近的研究证实,过量的赖氨酸并未与精氨酸发生颉颃。姚康等(2008)在研究 7~21 日龄哺乳仔猪时发现,在日粮中添加 0.8%精氨酸,血浆中精氨酸含量为1.38%、赖氨酸为 1.58%,对哺乳仔猪生长性能无明显影响。

缬氨酸、亮氨酸和异亮氨酸的化学结构相似,三者之一或之二能降低其余一种的可利用性。亮氨酸过多会影响异亮氨酸吸收,增加尿中排泄。日粮中亮氨酸水平通常较高,因为谷物的亮氨酸含量高。玉米豆粕型日粮的亮氨酸含量可能是需要量的2倍。

此外还有异亮氨酸与缬氨酸、苯丙氨酸之间,苏氨酸与色氨酸、苯丙氨酸与苏氨酸、蛋氨酸与甘氨酸、丝氨酸和苏氨酸等颉颃。氨基酸的颉颃可导致氨基酸利用率的降低以及产生不利的生理作用和生化反应,如赖氨酸与精氨酸的颉颃可引起采食量下降,有关的转换酶活性下降等。

(4)仔猪所需的总含硫氨基酸可由胱氨酸提供 40%~50%。

体重小于 10 kg 仔猪总含硫氨基酸需要量为 0.75%，大于 10 kg 者为 0.59%，低于 NRC(1998)相应推荐量。按此结果，8～20 kg 仔猪常用玉米 - 豆粕型基础饲粮中的总含硫氨基酸已可满足其需要，无需另外添加蛋氨酸。

(5)色氨酸。色氨酸严重影响仔猪食欲。色氨酸可抑制动物异常兴奋和应激，治疗仔猪的攻击性。体重小于 10 kg 仔猪色氨酸需要量 0.27%；大于 10 kg 仔猪色氨酸需要量 0.23%。

(6)缬氨酸需要量是赖氨酸的 72%而不是以前的 68%，缬氨酸是玉米 - 豆粕日粮中第四个限制性氨基酸。

§3.3 饲料可消化氨基酸的估计

可以从饲料粗蛋白的含量估计总氨基酸。例如鱼粉粗蛋白质(CP)含量为 62.9%，其氨基酸的计算通式为：$Y=a+b\times CP$，如估计赖氨酸的含量式中 $a=-1.99980$，$b=0.1081$，鱼粉赖氨酸含量(%)＝－1.998 0＋0.108 1×62.9＝4.801 49(%)

$$可消化氨基酸 = 总氨基酸 \times 平均消化率$$

第 4 节 仔猪肠道的氨基酸营养

配方师一直注意的是突破仔猪消化功能的限制，以获取仔猪体重的最大生长速度和饲料效率。而仔猪体重的绝对增长有限，尤其是仔猪饲料成本高，所以，这时的重点应该是根据仔猪生长发育规律，为仔猪的生存和发展打基础，也就是长骨架、消化器官和免疫系统。

§4.1 仔猪肠道营养代谢的特点

猪胃肠道占体重的比例＜4%，但消耗超过 20%的氧。猪用于维持需要的能量中，肠道大约占24%，而肠道上皮更新是个耗能过程，降低肠上皮细胞更新将节约能量用于生长。小肠的氨基酸代谢对维持肠道完整性和功能有重要作用(见表2.18)。好日粮应能减少肠黏膜细胞迁移所需的能量，并减少断奶应激造成的肠道组织结构和功能损伤。

表2.18　仔猪小肠对必需氨基酸和非必需氨基酸的降解　　%

必需氨基酸		非必需氨基酸	
精氨酸	40	丙氨酸	10
组氨酸	29	天冬酰胺	26
异亮氨酸	34	天冬氨酸	95
亮氨酸	36	胱氨酸	31
赖氨酸	45	谷氨酸	97
蛋氨酸	31	谷氨酰胺	67
苯丙氨酸	37	甘氨酸	31
脯氨酸	41	丝氨酸	34
苏氨酸	50	酪氨酸	29
色氨酸	25	缬氨酸	35

注：①占日粮摄入量的%；②Stoll and Burrin(2006)J Anim Sci 84:60-72; Wu et al. (2010)Dynamics in Animal Nutrition。

最新研究显示，仔猪肠道的营养很特殊，例如以非必需氨基酸(谷氨酰胺、谷氨酸和天冬氨酸等)为能源，提供肠道能量需要量的70%～80%，而传统观念的葡萄糖只为肠道能量需要量提供20%～30%的能量。当给予仔猪低蛋白日粮时，优先满足肠道，日粮蛋白质显著降低时，首先受到影响的是外周瘦肉组织。而肠道的氨基酸营养模式或理想氨基酸模型不同于肠外组织，这是对传统动物营养学的发展。

仔猪肠道新陈代谢的关键是氨基酸参与尿素循环(urea cycle)，尤其是精氨酸、脯氨酸、鸟氨酸，这些氨基酸之间相互转换，新生仔猪肠道是一重大的精氨酸合成网。

新生仔猪的氨基酸需要量见表 2.19。

表 2.19 新生仔猪的氨基酸需要量

氨基酸	肠内供给/[g/(kg·d)]	肠外供给/[g/(kg·d)]	肠道消耗/%	资料来源
Lys	0.98	0.84	15	House,1998
Met	0.25	0.18	28	ShoVeller,2003
Cys	0.17	0.12	28	
Met+Cys	0.42	0.30	28	
Thr	0.55	0.21	62	Garson,1999
Trp	0.175	0.175	—	Cvitkovic,2004
Tyr		0.44		House,1997
Phe		0.48		House,1997

注:林映才,2011。

仔猪肠道营养的主要目标是肠道的组织结构和消化功能,肠道免疫系统的发育和功能,肠道微生态平衡等。通过营养手段来改善专做的肠道健康,主要是专做日粮的营养平衡和消化率,同时使用酸化剂、消化酶、活菌制剂、寡糖、核苷酸制剂,等等。

§4.2 仔猪肠道的氨基酸营养

小肠中存在大量的氨基酸代谢,这有助于消化道内的氮的循环和转化,但是日粮中仅有一部分氨基酸进入门脉循环,这就减少了日粮中用于动物生长的氨基酸。肠黏膜中蛋白质的合成不到摄取的必需氨基酸的 10%,肠内腔细菌蛋白质和小肽的合成大于摄取的必需氨基酸的 65%(Stoll et al. J. Nutr,1998;Dai et al. Amino Acids,2010;doi: 10.1007/s00726 - 010 - 0556 - 9)。初生仔猪小肠功能紊乱是影响存活的主要因素,不成熟的消化道和不适宜的营养减少了肠黏膜屏障的成熟和增加感染疾病的风险，氨基酸是支持肠道生长发育的关键营养物质（Wu et al. J Nutr Biochem 2004，15：442－451；Burrin et al，2005）。

肠道氨基酸代谢很重要。①氨基酸是肠黏膜的主要能量源（谷氨酸、谷氨酰胺、天冬氨酸和支链氨基酸）；②维持肠道屏障完整性和功能（谷胱甘肽，氧化防御，黏液素，免疫球蛋白A，脯氨酸含量丰富的抗菌肽，消化酶，DNA和蛋白质合成，细胞的高效更新和增殖）；③调节激素分泌（类胰高血糖素肽，胃泌素，生长素和生长抑制素）；④内源氨基酸合成（脯氨酸、鸟氨酸、瓜氨酸、丙氨酸、精氨酸）；⑤维持消化道微生物生态学（细菌的种类和数量）；⑥选择性地调节进入肝门静脉循环的日粮氨基酸的比例和含量（肌肉中的氨基酸组成≠日粮中的氨基酸组成）（Wu et al. 2005. Biology of Metabolism of Growing Animals）。

哺乳仔猪肠上皮细胞中必需氨基酸的分解代谢特点是，在必需氨基酸中，支链氨基酸，精氨酸和脯氨酸被大量降解；蛋氨酸和苯丙氨酸的降解在数量上是可以忽略的；而组氨酸、赖氨酸、苏氨酸或色氨酸不发生降解（Chen LX et al. Li Vest Sci 2007，109：19－23）。Wu et al.（2005）在Biology of Metabolism in Growing Animals（Elsevier）报道，在小肠既不合成也不降解的氨基酸有天冬酰胺、胱氨酸、组氨酸和色氨酸；合成但不降解的氨基酸有酪氨酸；降解但不合成的氨基酸有支链氨基酸（亮氨酸、异亮氨酸和缬氨酸），赖氨酸、蛋氨酸、苯丙氨酸和苏氨酸；既合成也降解的氨基酸有丙氨酸、精氨酸、天冬氨酸、瓜氨酸、谷氨酸、谷氨酰胺、甘氨酸、鸟氨酸、脯氨酸、丝氨酸。

（1）苏氨酸是仔猪第二限制性氨基酸，在消化道代谢最快；提高用量时*L*－苏氨酸将失去苦味只有甜味。肠道对苏氨酸的利用超过其他任何一种必需氨基酸，日粮苏氨酸40％～60％被肠道组织利用，幼龄仔猪给予高蛋白的乳制品为基础的日粮时，日粮苏氨酸85%被肠道利用。随着合成氨基酸Lys、Met等广泛应用,苏氨酸逐渐成为限制性氨基酸。

使用苏氨酸添加剂的作用(见表2.20):①可以调整饲料的氨基酸平衡,提高仔猪采食量(过多时抑制采食量),促进仔猪生长;②可促进磷脂合成和脂肪酸氧化,改善肉质;③提高仔猪免疫功能,增强抗病力;猪免疫机能最佳时适宜的蛋白质、赖氨酸、蛋氨酸及苏氨酸水平分别为18%、1.3%、0.39%及0.68%;④苏氨酸是小肠黏液蛋白的主要组分,在猪小肠表面糖蛋白合成中是必需的,日粮苏氨酸影响断奶仔猪肠黏液蛋白基因表达,改变黏液蛋白类型,从而影响小肠黏液屏障功能,日粮苏氨酸影响小肠黏膜形态、黏膜上皮细胞通透性和细胞凋亡,从而在维护仔猪肠道健康和肠黏膜功能中有重要作用,这对早期断奶仔猪尤其重要;⑤可降低饲料原料成本。

表2.20 日粮真可消化苏氨酸对7～13 kg仔猪的影响

指标	真可消化苏氨酸水平/%			SEM	*P*值
	0.37	0.75	1.11		
初始重/kg	7.22	7.32	7.34	0.55	0.987
末重/kg	11.80	13.03	13.14	0.77	0.416
ADG/g	254	318	322	17	0.021
ADFI/g	470	477	474	12	0.920
F/G	1.86	1.50	1.50	0.06	0.001

注:王旭,谯仕彦等.2006,Anim. Feed Sci. Technol。

大量研究表明,以标准回肠可消化氨基酸计算苏氨酸与赖氨酸之比,仔猪的最佳增重和饲料利用率在65%～68%,而NSNG(2010)和NRC(1998)给出的标准都低于这个比例(参见表2.9)。Lackeyram等(2001)表明,在断奶仔猪的玉米-豆粕型日粮(%干物质)中添加 0.25%～0.5%的结晶体苏氨酸可提高日增重和饲料效率,且这种作用呈剂量效应,即使基础日粮含有足够的苏氨酸。

(2)含硫氨基酸。日粮含硫氨基酸(蛋氨酸和半胱氨酸)有 30%～58%被肠道利用。新生仔猪对苏氨酸和蛋氨酸的需要量有 60%和 30%被肠道利用,而肠外组织利用 40%和 70%。由于半胱氨酸可由蛋氨酸合成,因此半胱氨酸可能是肠道蛋氨酸利用的最终产物。半胱氨酸也是小肠黏液蛋白的主要组分,分泌型的黏液蛋白在黏膜的先天性免疫防御中起主要作用,而且半胱氨酸还是三肽抗氧化物谷胱甘肽的组成成分,对维护仔猪肠道黏膜的结构完整性和肠黏膜屏障功能有重要作用,这对早期断奶仔猪尤其重要。由于仔猪断奶时会发生过敏反应和炎症,所以黏膜合成的黏液蛋白和谷胱甘肽可能很多,使断奶仔猪对苏氨酸和半胱氨酸的需要量很大。

(3)谷氨酰胺。*L*-谷氨酰胺(*L*-GLN)是断奶仔猪的一种条件性必需氨基酸。*L*-GLN 不仅为肠细胞供能,而且提供氨氮来支持核苷酸、氨基酸和蛋白质的生物合成。*L*-GLN 还是小肠绒毛细胞生长的第一必需能量来源,是结肠细胞的第二重要燃料,是肠道修复的最重要营养物质,是肠道黏膜免疫屏障(细胞)的重要支持物;它是免疫细胞复制的必需原料,可促进伤口愈合,增加蛋白质合成;它支持肝脏、胰脏之功能并维持谷胱甘肽之功能;它协助水、钠离子在小肠的转运;小肠黏膜具有极高活性的 GLN 酶,胃肠道非常适合 GLN 的代谢,可是胃肠道只能利用而不能合成 GLN;断奶前外源性 GLN 主要来自母乳(猪乳含 8%),断奶时母源 GLN 消失,仔猪本身的合成能力不足以满足自身需要;21 日龄前仔猪肠道消化饲料中结合态 GLN 的酶系尚未发育完善,所以早期断奶仔猪饲粮中补充 GLN 可防止空肠绒毛萎缩,提高抗氧化能力、小肠吸收功能和消化酶活性,增强免疫功能,促进肌肉

RNA 和蛋白质合成,从而提高仔猪性能,减少腹泻。

谷氨酰胺减轻肠黏膜损伤的可能机制是:参与三羧酸循环,生成 ATP 供能;参与黏膜细胞核酸及蛋白质的合成代谢;促进肠黏膜细胞的更新和再生;保持肠黏膜细胞超微结构的完整性;刺激机体产生高血糖素;增加萎缩肠黏膜中谷氨酰胺酶活性。在谷氨酸合成酶的作用下,经耗能反应,谷氨酸与 NH_4^+ 反应可合成谷氨酰胺。谷氨酰胺在谷氨酰胺酶作用下可分解为谷氨酸和 NH_4^+。作为能源时,一分子谷氨酸经三羧循环完全氧化可产生 12 分子 ATP。

日粮中 50%～95%的谷氨酸和谷氨酰胺被肠道组织吸收后用于氧化供能,是仔猪肠道营养的主要能源(过去认为葡萄糖是主要能源),但是谷氨酸与肠道免疫的关系远不如谷氨酰胺重要。在断奶仔猪日粮中补充人工合成谷氨酰胺是提高断奶后肠道功能的重要途径,血浆和牛奶中含大量游离的谷氨酰胺。在玉米－豆粕日粮中添加 1%的谷氨酰胺可防止断奶后 7 d 肠绒毛高度的降低。谷氨酰胺自身不稳定,水溶解度和吸收率低,限制了其在仔猪饲料中应用。而谷氨酰胺二肽稳定性好,以肽形式吸收时,吸收率较高,可克服游离谷氨酰胺的缺陷,但其价格昂贵。席鹏彬等(2005)认为断奶仔猪饲粮中谷氨酰胺二肽适宜添加水平为 0.125%～0.25%。大量研究表明,断奶后前 2 周内适宜的谷氨酸添加量为 0.8%～1.5%,过多无效。

总之,日粮补充谷氨酰胺可预防早期断奶仔猪肠萎缩,增强氧化防御功能,促进生长。AminoGut(谷氨酸和谷氨酰胺的混合物)是味之素公司开发的一种低成本的饲料添加剂。

(4)天冬氨酸与谷氨酸和谷氨酰胺一样,是小肠黏膜的主要能源之一(这三种氨基酸吸收后有 95%被肠道利用)。天冬氨酸的促生长效应,可能与其通过影响神经内分泌系统功能,调节生长有关激素的合成与释放有关。研究表明,在日粮中添加天冬氨酸使肥育猪日增重、饲料转化率、胴体瘦肉率，眼肌面积都提高，而脂肪比率、背膘厚降低。

(5)精氨酸和脯氨酸。精氨酸是哺乳仔猪的必需氨基酸，每千克体重需要量为1.08 g/d，母乳供给量为0.4 g，说明母乳中精氨酸远不能满足仔猪最大生长的需求。精氨酸和脯氨酸可在仔猪小肠代谢和合成。应激时精氨酸具有营养和免疫调节双重作用，主要表现在：①精氨酸是生长激素、胰岛素、胰高血糖素和胰岛素样生长因子的促分泌素；②精氨酸可增加应激后单核吞噬细胞和血浆IL-1受体的浓度，增强机体抗感染的能力；③增加胶原合成和促进伤口愈合，从而对肠道黏膜组织修复有重要意义。

精氨酸影响肠道重量、肠黏膜重量、绒毛高度、隐窝深度、黏膜蛋白含量、黏膜DNA、肠上皮细胞的增殖，影响肠道屏障功能(图2.3)。日粮适宜添加精氨酸可作为有效促进小肠微血管损伤修复的手段。新生仔猪肠道上皮细胞能高效率地从谷氨酰胺和脯氨酸分别合成瓜氨酸和精氨酸，哺乳仔猪大约50%的精氨酸由瓜氨酸合成，这仍不满足仔猪快速生长的需要量，尤其是随着仔猪生长这种合成的效率逐渐降低。所以教槽料中可消化精氨酸水平应大于1.15%。

(6)甘氨酸与胱氨酸。谷氨酸、胱氨酸和甘氨酸是谷胱甘肽合成的前体，在肠黏膜修复中有主要作用。鸟氨酸(精氨酸、谷氨酰胺和脯氨酸的代谢产物)是多胺合成的前体，多胺是肠上皮细胞分化，繁殖和修补所必需的。

(7)赖氨酸、苯丙氨酸和支链氨基酸。赖氨酸是仔猪的第一限制性氨基酸，日粮赖氨酸在肠道利用也很重要。有报道，幼龄仔猪日粮中的赖氨酸有45%被肠道利用。育肥猪肠道利用赖氨酸约50%。仔猪对赖氨酸的利用也是肠道优先的。苯丙氨酸和支链氨基酸(BCAA)约有50%被肠道利用，大猪可达60%。亮氨酸有5%～10%被肠道利用，苯丙氨酸约15%被肠道利用。

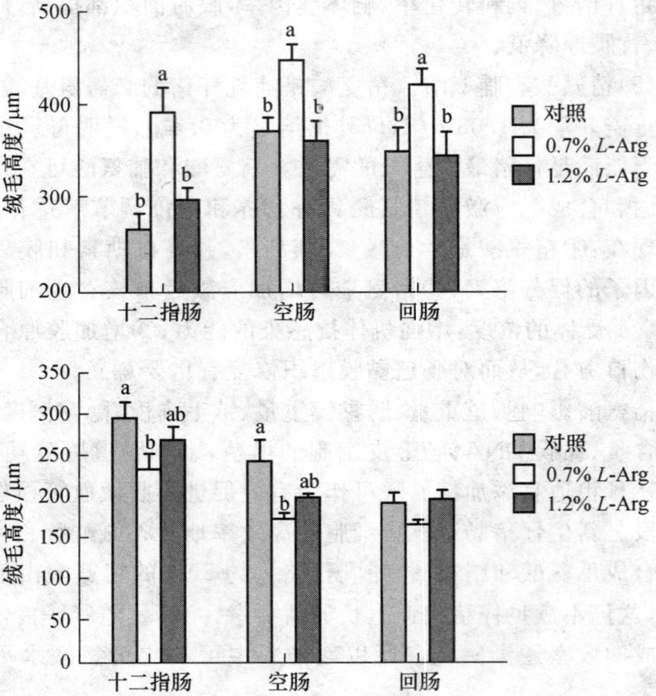

图 2.3　断奶仔猪日粮中添加精氨酸对小肠绒毛形态的影响

(Zhenfeng Zhan, Defa Li. et al., 2008, J. Nutr.)

§4.3　仔猪的 SID 氨基酸需要量

现代配方实践中考虑可消化氨基酸为每千克饲料的含量或根据能量水平确定不同体重仔猪的需要量。制定有效的仔猪饲料标准绝对是需要复杂的营养学知识和技术。实践中要结合考虑仔猪肠道和肠道外组织的营养需要量，根据仔猪体重和日粮能量浓度，确定出每千克仔猪日粮中 SID 氨基酸的值(参见表 2.21)。

表 2.21　不同仔猪日粮的 SID 氨基酸水平(示例)

	代谢能/(MJ/kg)				
	14.54	14	13.5	13.2	13.1
仔猪体重/kg	3～6	6～10	9～30	10～20	20～30
赖氨酸	14.25	13.5	11.9	11.5	11.0
蛋氨酸	4.3	4.5	3.8	3.22	3.5
蛋氨酸＋胱氨酸	8.41	8.1	6.4	6.67	5.9
苏氨酸	9.26	8.5	7.2	7.13	6.7
色氨酸	2.6	3.0	2.3	2.07	2.1
精氨酸	7.84	7.37	6.55	6.10	6.05
异亮氨酸	7.98	8.1	6.8	6.325	6.4
亮氨酸	14.25	13.5	12.1	11.5	11.2
组氨酸	4.56	4.5	4.0	3.68	3.7
苯丙氨酸	8.55	7.7	6.7	6.9	6.3
苯丙氨酸＋酪氨酸	14.25	14.0	13.1	11.05	12.2
缬氨酸	9.26	9.2	8.3	7.475	7.7
谷氨酰胺	14.25	14.0	—	—	—
粗蛋白(底限)	208	193	171	16.8	160
粗蛋白(高限)	210	207	185	18.2	173

注:表中第一列和第四列是根据王继华推荐的氨基酸模型计算的。

第 5 节　小肽营养

小肽是动物降解蛋白质为氨基酸过程中的中间产物,是除氨基酸外,仔猪消化吸收蛋白质养分的主要方式之一。小肽的分子结构介于蛋白质和氨基酸之间,含 50 个以上氨基酸残基的通常称为蛋白质,低于 50 个的称为肽,低于 10 个的称为寡肽,含 2～3 个氨基酸残基的称为小肽。小肽制剂在养殖业生产上的应用迅速发展，但是其使用方法、使用效果、生产标准和检测标准等都还有待完善。

早在1865年，Kollinker和Muller就提出，蛋白质在肠道消化最终成为游离氨基酸。传统营养学认为蛋白质必须水解成游离氨基酸后才能被吸收利用，所以，长期以来，游离氨基酸一直被认为是主要的吸收形式。现在的必需氨基酸、理想蛋白质模型、可利用氨基酸等应用理论，都是在这一观点上建立起来的。

§5.1　小肽的吸收

关于小肽可被直接吸收，早在100多年前就被提及，但一直缺乏直接证据。直到1953年，Agor首先观察到肠道能完整的吸收转运双苷肽，此后，Neway(1959)和Smith(1960)证实肽可以完整转运吸收，Hara(1984)在小肠黏膜发现了肽类的转运载体，并分别于1994年和1996年克隆出小肽Ⅰ型和Ⅱ型载体，乐国伟(1997)报道小肽能完整地通过肠黏膜细胞进入体循环。至此肽类被完整吸收的观点逐渐受到重视，小肽随之成为动物营养研究的热点。

蛋白质在动物消化道中消化酶作用下的水解终产物大部分是2或3个氨基酸残基组成的小肽(简称SP)。它们以完整形式被吸收进入循环系统而被组织利用。动物对饲料中各种氨基酸的利用程度并不完全受单一限制性氨基酸水平的影响，也并不完全遵循营养学经典理论"木桶法则"。另外，喂给动物按理想氨基酸模式配制的配合饲料或低蛋白质氨基酸平衡饲料时，也不能获得最佳生产状态。而以小肽形式作为氮源时，整体蛋白质沉积高于相应游离氨基酸(FAA)日粮或完整蛋白质日粮。FAA的吸收存在竞争，如精氨酸与赖氨酸在吸收时相互竞争结合位点而发生颉颃，以完整小肽形式供给动物时，赖氨酸的吸收速度不再受精氨酸影响。

图 2.4 是伍国耀(2010)介绍的单胃动物消化的过程。

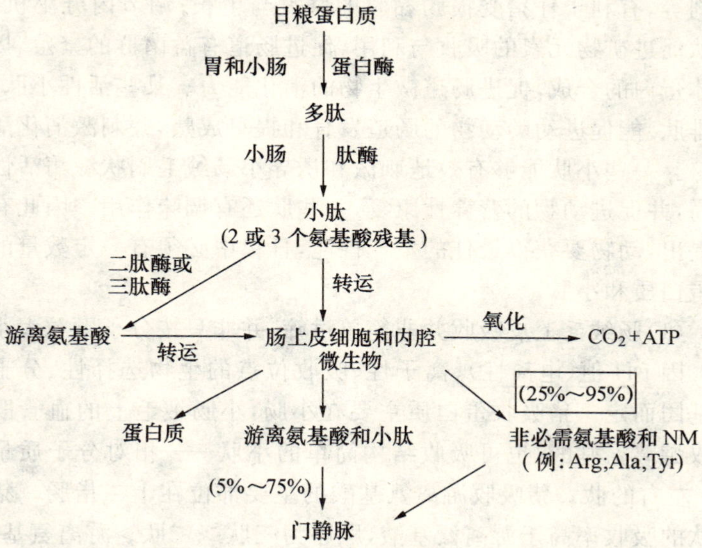

图 2.4　单胃动物消化吸收的新观念

(伍国耀的课件,2010)

§5.2　小肽的营养

近年来,国内外学者对小肽的研究主要集中在吸收机制、吸收速率的影响因素、吸收部位、活性肽的作用及机体对小肽的利用等方面。与游离氨基酸相比,小肽营养具有两大特点:①主动吸收,吸收速度快,耗能低,且可避免游离氨基酸之间的吸收竞争,进而提高动物生产性能。②小肽具有额外的生理或药理活性。从乳蛋白体内和体外水解产物中分离出的多种活性肽可参与机体神经和免疫功能调节,促进细胞增殖与生长等;从鸡蛋蛋白中提取的肽类物质能促进 DNA 合成和细胞生长(Azuma 等,1989)。小肽有多种生物学功能，作为多种生物活性因子、激素、受体、底物、活性抑制剂等，有利于仔猪受损肠黏膜的修复与生长；调节内分泌机能。小肽促进矿物元素的吸收与利用，促进肠道有益菌群的繁殖，提高菌体蛋白的合成，促进肠道微生物的消化能力。某些活性小肽（如外啡肽）能促进幼龄动物的肠道发育和提早成熟，并刺激消化酶的分泌。一些小肽能够有效地刺激和诱导小肠绒毛刷状缘酶活性的提高，并促进动物的营养性康复，一些肽还有调味作用。因此有学者提出，动物要获得最佳的生产性能，日粮中必须有一定数量的完整蛋白质和小肽。

(1)肠绒毛上皮吸收并非简单过筛，并非只按分子颗粒大小决定。因 pH 值(电离性)、离子性、吸收位点的生物选择性、分子结构基团而定。猪吸收蛋白质主要在小肠，小肠绒毛上的血管既可吸收游离氨基酸，也可吸收结构简单的小肽——相对分子质量为 200 左右的肽。猪吸收游离氨基酸的主要部位在十二指肠。猪对小肽的吸收率高于游离氨基酸，顺序为三肽＞二肽＞游离氨基酸；相对分子质量大于1 000的不能吸收（新生仔猪例外）。小肽在小肠黏膜细胞内迅速分解为氨基酸，因此血浆中测得的由肠黏膜吸收的小肽含量甚微。

(2)蛋白质经消化道多种酶水解后，可以氨基酸形式吸收，更多是以小肽形式吸收。许多活性肽的氨基酸组成不一定是必需氨基酸。并非所有日粮中氨基酸都能吸收，并非所有吸收的氨基酸都能用于蛋白质合成。从利用角度看，天然小肽吸收入血，进入肝脏或靶器官，重新合成体蛋白或产品蛋白大分子时，可能简化步骤，减少 ATP 消耗，提高效率。

(3)对蛋白质进行酶解，分解出一定量的活性肽，如大豆蛋白质酶水解的小肽，能促使仔猪小肠成熟，刺激消化酶分泌，提高免疫力。有人在低蛋白质饲料中补充适量含小肽的物质，达到了喂高蛋白日粮的生产水平。酶解蛋白发现，动物性蛋白（酪蛋白）产物中小肽丰富多样，植物性蛋白（豆粕）产物中极少小肽，近乎是一步到位——氨基酸。这可能是动物蛋白优于植物蛋白的原因之一。

饲料蛋白质水平降低，虽然通过添加合成氨基酸可满足氨基酸需要，但其中一些与蛋白有关的物质供应会下降，从而影响生产性能。究竟是其他氨基酸未能满足需要，还是存在寡肽吸收的影响？研究表明，体内一些活性肽的结构完全与一些蛋白在消化道中降解后生成的片段结构相同，饲料中添加少量肽制品可显著提高动物生长速度，改善饲料利用率。所以适量供应小肽比游离氨基酸也许更重要。

(4)小肽可提高仔猪消化道消化酶活性，从而诱导仔猪消化道发育提前，加强机体对小肽的吸收。Scheppach 等(1994)发现小肽能有效刺激和诱导小肠绒毛刷状缘酶活性上升，随着酶活性提高，酶水解蛋白能力加强，对小肽吸收也加强。

(5)寡肽吸收为蛋白质吸收的第二种重要方式。哺乳动物对肽中氨基酸残基的吸收速度大于对游离氨基酸的吸收速度。

(6)小肽可改善仔猪肠道黏膜形态结构，促进营养物质消化吸收。王恬等(2003)表明，添加小肽营养素后，仔猪十二指肠、空肠、回肠的绒毛长度增加、隐窝深度减小，这种趋势随着小肽营养素添加量的增加而提高。张军民(2000)也表明，Gln2 肽可改善 35 日龄仔猪空肠中段微绒毛的形态和结构，减少上皮细胞的损伤，从而促进营养吸收。

所以，仔猪需要补充一部分活性小肽。在体外用胃蛋白酶、胰蛋白酶消化试验中，动物性蛋白质释放出的肽与游离氨基酸的比例最高，豆科蛋白质次之，而谷物蛋白质释放量最低。小肽对动物机体无害，无残留，是大有前途的一类新型饲料添加剂。饲料工业已通过水解、微生物发酵等工艺生产蛋白质 - 肽 - 氨基酸混合制品，经济实用。

第6节　仔猪的矿物质营养需要量

一般认为动物体内代谢中作用较大的矿物元素有40多种，其中必需矿物元素包括常量元素钙、磷、钾、钠、氯、硫、镁和微量元素铜、铁、锰、锌、钴、碘、硒、钼，它们有重要生理生化作用，并且元素间在吸收和代谢中存在协同与颉颃。影响矿物元素吸收的重要因素有各种矿物质元素在饲料中所处的形式、各种矿物质元素间及各种矿物质元素与其他营养物质间的相互影响、饲料中含量水平、饲料调制、动物种类、年龄、生理状态、消化道环境等。

§6.1　钙与磷的营养需要量

饲料中钙、磷比例不当会在仔猪肠道形成不溶性磷酸三钙，影响钙、磷吸收。促进钙吸收的适宜钙磷比例为(1～1.5)∶1，这时磷吸收率最高。生理阶段和体重不同，所需最佳钙、磷比例不同。随体重增加，最适钙、磷水平逐渐降低。

(1)需要量。NRC(1998)推荐值是以最大增重和最高饲料利用率为指标确定的，这可能适于瘦肉型育肥猪，但仔猪，尤其种用后备仔猪要求骨骼强健，青年母猪生长发育早期保证骨骼最大矿物化的钙磷水平可改善其繁殖寿命。仔猪需要的钙、磷比例低于育肥猪。例如7.8～20 kg仔猪，最佳钙∶磷比例是1.3∶1。高于这一比例时仔猪采食量、日增重、饲料转化率都下降，骨骼的灰分含量明显下降，这说明钙∶磷比例高了对仔猪生产性能有害，而育肥猪的钙∶磷比例达2∶1时对上述指标没明显影响。

配方师普遍认为仔猪日粮钙水平宜低(见表2.22)，不低于0.65即可；但是为促进骨骼发育，笔者认为仔猪阶段的培养目标之一应该是体型(骨骼)发育,钙水平宜高,只是超过 0.87%就没必要了,并且高水平碳酸钙和磷酸钙可导致饲料适口性降低,高钙提高饲料酸结合力。笔者认为实际供给量应高于 NRC(1998)推荐量,例如从断奶到 20 kg 体重,仔猪日粮的钙和有效磷浓度应分别在 0.73%~0.9%和 0.40%~0.48%。

表 2.22　断奶仔猪日粮中钙的水平对生长性能的影响

日粮钙水平/%	0.58	0.80	1.01	1.38
日增重/kg	0.64	0.64	0.60	0.55
采食量/kg	0.86	0.91	0.86	0.86
饲料效率	1.34	1.44	1.44	1.58

(2)仔猪对磷的需要量取决于动物体内代谢需要、磷消化率、和被消化的磷用于机体代谢的效率。主要取决于维持需要、体组织增长速度、增长成分以及体液生成等。仔猪每天维持需要磷 4.4~15.4 mg/kg。仔猪增重对磷的需要量与体蛋白沉积密切相关。机体每沉积 1 kg 蛋白质,需 35.2~41.8 g 磷。9~36 kg 体重的仔猪需要量更高,因为这时骨骼发育强度大于肌肉。体重 10~109 kg 的猪,每千克增重需要 5.5~4.8 g 磷。蛋白质沉积增加时磷需要量相应增加。所以,高遗传潜力的猪,每千克增重额外需要 0.22~0.3 g 的磷。

NRC(1998)对猪有效磷需要量的估测,是健康猪群在适中温度区内自由采食玉米 - 豆粕型全价饲料,以平均体增重和泌乳能力为基础测定出来的,主要基于增重速度和增重效率,没过多考虑骨质钙化和骨骼承受力,更没考虑控制粪便中磷的排泄。当机体代谢对磷的需要量、日粮原料中磷的利用率以及骨骼完整度和生理状况发生变化时,仔猪日粮中磷的水平应随之改变。仔猪日粮中有效磷的水平可根据下列公式估测:

$$有效磷需要量(g/d)=\frac{每天机体代谢对磷的需要量(g)}{可消化磷存留率(\%)}$$

$$日粮有效磷含量(\%)=\frac{每天有效磷需要量}{每天饲料采食量}\times 100$$

因此，根据猪体重、增重速度和增重成分可估测维持和增长的磷需要。例如55 kg体重、日增重为770 g的去势公猪和母猪，对磷的维持需要为0.60 g，增重需要为3.98 g。若磷的利用率为96%，那么有效磷需要量约(0.6 g+3.98 g)/0.96=4.79 g。猪增长潜力高时，特别是瘦肉型猪的增长速度增加时，有效磷需要量也相应增加，去势公猪增加磷0.9～1.3 g/d，体重较大的公猪增加磷2.6 g/d，而仔猪未见报道。

降低增重速度，特别是降低蛋白质沉积速度的因素会降低有效磷需要量。例如，限制蛋白质沉积的日粮氨基酸缺乏时会减少体内磷的沉积。当日粮赖氨酸含量降低0.3%(7 g/d)时，每天体增重、蛋白质沉积、磷的存留量分别减少约70 g、31 g、0.7 g。饲料氟过量时形成大量氟化钙沉积，影响钙、磷代谢。

美国的饲料公司的仔猪日粮中的钙磷浓度见表2.23。

表2.23　仔猪日粮的Ga、P浓度　　%

仔猪体重/kg	钙		磷	
	NRC	美国公司	NRC	美国公司
1～5	0.9	0.91	0.75	0.79
5～10	0.8	0.83	0.65	0.70
10～20	0.70	0.79	0.60	0.60

(3)日粮钙磷比例不合适，干扰镁、锰和锌利用，使铜，铁、碘等元素代谢紊乱，降低脂肪和大多数氨基酸的消化率，增加镁排泄。钙含量超标50%会产生不良后果。高磷影响钙吸收，抑制锰、锌、

镁吸收,干扰铁吸收。磷的有效利用率受植酸含量影响,设计饲料配方时应考虑有效磷而不是总磷。维生素 C 不足影响钙的吸收,进而影响磷吸收。

(4)植物性饲料总磷、植酸磷含量和植酸酶活性与饲料真可消化磷含量密切相关。因此,方热军(2003)以这三个影响因素为自变量,建立了猪的饲料真可消化磷的预测模型:

$$\text{真可消化磷}: Y = 0.220 + 0.589X_1 - 0.304X_2 + 0.003X_3$$
$$R^2 = 0.882, RSD = 0.244, P < 0.001$$

式中:Y 为真可消化磷(g/kg);X_1 为总磷(g/kg);X_2 为植酸磷(g/kg);X_3 为植酸酶酶活(FTU/kg)。

以真可消化磷来确定饲料中磷的含量和动物磷的需要量是时代发展的必然趋势。快速、准确预测模型的建立有助于真可消化磷指标在生产实际中的大量应用,模型的准确性依赖于饲料中真可消化磷的准确测定。

(5)颗粒大小直接影响矿物元素的消化率。例如钙水平保持一定时,颗粒细度在 40 目左右,磷吸收利用率最高。来源不同也影响矿物元素消化吸收。例如若以磷酸氢钙的效价指数为 100 计,骨粉、磷酸二氢钙、脱氟磷酸三钙的效价指数分别为 87、102、84,因此添加量应有所差异。要注意石粉里重金属超标,颜色越深的石头所含重金属越高。使用低质磷酸氢钙和高氟钙石时应注意氟含量。

§6.2　食盐与氯离子等常量元素

氯化钠(食盐)对调节体液酸碱平衡,保持细胞和血液间渗透压平衡,刺激唾液分泌,参与胃酸形成,促进消化酶活动均有重要作用。食盐作为调味剂,能改善饲料的适口性,增强食欲,帮助营养物质的消化吸收,提高饲料利用率。断奶后仔猪可从日粮中额外添加的钠和氯得到明显好处，虽然 Na 可引起部分的积极反应，但更多的反应是由氯引起的。因此，建议体重低于 10 kg 仔猪的日粮含有 0.4%～0.5%的钠和至少同样多的氯，最好在 0.6%～0.8%(MAHAN,1999)。

仔猪饲粮中一般配入相当比例的乳清粉、鱼粉、赖氨酸盐酸盐、胆碱等，本身含较高的钠和氯，但这并不意味着食盐的添加量需降低。有人认为，仔猪饲粮的食盐添加量不宜低于 0.4%，但是过量氯离子影响采食量，增加饮水，引起腹泻，所以要关注电解质的内部指标平衡，日粮中阴阳离子平衡非常重要。一般仔猪日粮的电解质平衡值(mEq/kg)可在 180～300 mEq/kg 范围内。

饲料中缺镁可造成钾排出增加，镁过多会干扰钙代谢，镁含量高的钙源(如白云石灰岩)不宜用于饲料。钾过量也可防碍镁的吸收和代谢，钾、钠、氯是影响动物体内电解质平衡的主要离子，三者适宜的含量和比例对维持机体酸碱平衡十分重要。硫过高会影响钙吸收和锰、锌利用，饲料中硫酸盐过多可阻止肾小管对钼的重吸收，促进钼排泄。

§6.3 微量元素的需要量

(1)铁的营养。铁是仔猪生后快速发育及维持自体代谢与生理作用所必需的重要元素，是制约仔猪成活率的重要因素之一。十二指肠是铁的主要吸收部位。大多数铁都以螯合或与转铁蛋白结合的形式经异化扩散吸收，消化道的吸收率(无机铁)只有5%～30%，吸收不了的无机铁随粪便排除。仔猪出生时体内铁的总储量低，而仔猪从母乳中得到的铁是生长需要的 1/7，远不能满足需要。生长越快需铁量越多。给母猪补铁不能提高乳中铁量，所以一般直接给仔猪补铁。仔猪补铁方法很多，早期补料是最佳途径，所以有人在仔猪 3 日龄补给高铁高铜饲料。

仔猪生长快，易缺铁。有攻击行为猪和受攻击猪血液中铁、锌、甲状腺素 T3 的水平比正常猪低，而且受攻击猪血液中钙和钠含量低而钾高，补充有机微量元素有利于防止攻击行为。缺铁的后果是：仔猪皮肤苍白；容易兴奋，出现异食癖；还可出现舌炎、口角炎、皮肤干燥皱缩；生长速度与饲料利用率都下降。

常见的铁缺乏主要是吸收问题而不是添加量不够。影响无机铁吸收的因素有：植酸盐等与无机铁形成不溶性铁，抑制铁吸收；植物性饲料铁吸收率较低，多在 10%以下；高铜、高锌抑制铁吸收；硫酸亚铁用量高时，在胃酸等酸性溶液中极易氧化生成三价铁（铁锈），从而黏附于胃肠黏膜产生刺激作用，引起恶心、呕吐等，从而食欲减低。锰可干扰铁的吸收，铁影响铜、锰、锌吸收，当铁、锌比例大于 2 时，锌吸收率降低。

（2）铜。常把铁、铜、钴概括为与动物造血功能有关的三个微量元素。其实，铜在猪体内有多方面生理功能，其中最重要的是作为金属酶的组成部分参与体内代谢。日粮中含铜为 6 mg/kg 时就可满足仔猪对铜的需要，所以一般不发生缺铜。

Barber(1955)首先发现饲料中添加 20 倍量的铜(250 mg/kg)可提高仔猪生长速度和改善饲料报酬。高铜促生长作用的效果受其添加水平的影响。据英国对 285 个试验的统计结果显示，添加 250 mg/kg 效果最好。但有报道，添加 125 mg/kg 铜在提高日增重方面最佳，而添加 250 mg/kg 铜在提高成活率方面最好。在有效促生长剂量(125～250 mg/kg)范围内的添加效应并非剂量越大效果越好（见图 2.5），还与其他因素有关。例如高铜和抗菌剂有协同效应，250 mg/kg 铜，50 mg/kg 金霉素或 25 mg/kg 土霉素，单独使用都可促进断乳仔猪生长，而并用对日增重有加性效应。

使用高铜要注意：①仅在仔猪阶段促生长效果明显。②100 mg/kg 赖氨酸螯合铜的促生长效果优于高剂量硫酸铜。③添加 250 mg/kg 高铜时仔猪处于中毒性亚临床状态。④铜与磷、铁、

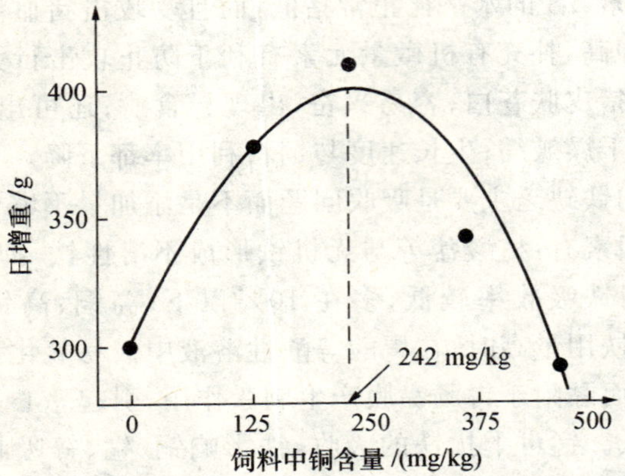

图 2.5　日粮铜含量对仔猪生长的影响

(Cromwell 等,1985)

锌、锰相互颉颃,增加日粮中铁、锌水平,铜中毒剂量下限水平将随之升高。如果猪日粮中铁、锌水平添加至 150 mg/kg 时,425 或 450 mg/kg 的铜水平也不会引起中毒(蒋宗勇,1988)。高铜日粮要适当提高铁、锌水平(125～150 mg/kg)和锰(40 mg/kg)的水平。⑤据报道,除铁、锌外,铜的吸收还与钙、磷、镉等有关。⑥猪体组织铜含量与日粮铜含量呈正相关,采食正常日粮的猪肝铜浓度为 12～48 mg/kg(干物质基础),而采食高铜的猪为 126.2 mg/kg,大猪脂肪变软,肌肉中铜含量明显增加。⑦在 26 日龄断奶仔猪的日粮中添加 250 mg/kg 铜可提高小肠脂肪酶和磷脂酶 A 的活性,而对小肠中其他酶活性均无影响。

由于含铜化合物都有害,铜资源消耗后不可再生,2009 年农业部 1224 号文件规定仔猪饲料中铜的最大添加量应小于 200 mg/kg,体重大于 60 kg 的猪不要用高铜饲料。需要注意,初生仔猪需铁 270 mg/kg 代乳料,仔猪不能利用氧化铜。

(3)锌。在维持动物生长发育、物质代谢及免疫机能等许多方面均十分重要。锌是味觉素(一种唾液蛋白)的组成成分,高锌可促进黏膜味蕾细胞迅速再生,调节食欲,促进采食;锌是体内 40 多种酶的组成成分,200 多种酶的激活因子,锌对物质代谢的影响主要是通过参与组成某些酶来完成的;锌与胰岛素或胰岛素原形成可溶性聚合物,有利于胰岛发挥生理生化作用,锌对其他激素的形成、储存、分泌都具有作用;锌还能影响体内氨基酸合成蛋白质的过程,缺锌可使许多氨基酸异化作用增强,赖氨酸、蛋氨酸、亮氨酸代谢紊乱。

仔猪对硫酸锌的吸收率为 40%～60%。猪有自动调节锌吸收和排泄来维持体内锌稳定的能力。仔猪体内锌的排泄主要通过肠道随胰液、肠液排出,很少通过尿排出,粪中的锌大部分是来自日粮未吸收的外源锌。

猪乳含锌量一般为 4.94 mg/kg,能满足仔猪正常需要。但要注意,此阶段仔猪无自我调节锌吸收与排泄的能力,额外添加时要防中毒。10～20 kg 仔猪对锌的需要量报道不一,大多在 80～100 mg/kg 之间。王晓飞(1994)认为 10～20 kg 体重猪日粮铜、铁、锌添加量均为 150 mg/kg 最佳,美、英、法、苏(前苏联)、日、中 6 国标准的平均量为 82.6 mg/kg。

猪对锌的需要量受饲料中钙、磷、铁、铜、植酸等影响。断奶仔猪易缺锌,造成猪锌不足的原因很多,主要有饲料中锌有效含量过低和高铜;蛋氨酸和半胱氨酸会加快体内锌的外排;肝病会造成锌不足。生产中一般不出现锌过量中毒,因为猪可耐受正常量的 20～30 倍,且饲料中含锌过量能使仔猪厌食,从而避免过量锌造成危害。

日粮含锌(ZnO)2 000～3 000 mg/kg 时可促进仔猪生长,提高饲料利用率,其效果优于使用铜 250 mg/kg,然而添加高锌时大部分排泄而污染环境。无论 14 日龄早期断奶还是传统的 28 日龄断奶,添加高锌的作用都是在断奶后两周最明显。因此,断奶仔猪饲粮使用3 000 mg/kg锌两周后，应降低锌的用量。使用250 mg/kg甚至80 mg/kg的蛋氨酸锌，或者100～200 mg/kg的甘氨酸锌，对断奶仔猪与使用锌（ZnO）2 000～3 000 mg/kg同样有效。高锌条件下微量元素的平衡尚待研究。氧化锌的抗腹泻效果同饲粮中石粉和小苏打等的含量呈正相关。高锌对提高断奶仔猪生产性能和减少腹泻有明显作用，高锌加酸化剂日粮对防制断奶仔猪腹泻有协同作用。需要注意，过量添加氧化锌会明显降低饲粮适口性！

高锌日粮长期以来一直用作防治仔猪腹泻。现已证明，高水平锌并不能治疗（停止）腹泻，只是延缓腹泻发生。高锌日粮会使仔猪皮肤苍白、毛发蓬乱，因为高锌会与铁在肠道吸收部位竞争吸收通道，使铁的吸收降低。高锌日粮使用的是氧化锌，是婴儿常用“痱子粉”的重要组成部分，其作用机理与大剂量氧化锌的抗腹泻能力相近，来源于氧化锌的良好收敛作用，在断奶仔猪断奶的初期（1～7 d内），氧化锌的收敛作用，帮助过敏性水肿的肠黏膜细胞脱水，使其消化吸收功能得到恢复，解除过敏性腹泻。在仔猪断奶7～10 d后，肠黏膜上皮细胞已发育成熟，其消化吸收功能得到全面提升，此时再使用大剂量氧化锌，使肠黏膜上皮细胞严重脱水，则会使其消化吸收功能下降，结果导致仔猪毛长、皮厚，生长缓慢，僵猪增多！

冷静等（2005）报道，长期饲喂过量的锌会影响到机体免疫器官的生长发育，抑制免疫球蛋白的含量及补体的级联放大，降低动物机体免疫力。陈亮等（2008）研究证实，在断奶后0～21 d饲喂高锌日粮能显著提高仔猪抗病力，而使用到断奶后42 d、70 d时，仔猪免疫功能显著下降。

高铜高锌同时使用没相加作用。锌过量能降低饲料消耗量，与铜颉颃，影响铜吸收和利用，并可引起缺铜。研究证明，锌、铜比例大于10时会出现铜缺乏，过量锌会降低铁吸收，在仔猪高锌日粮中,除应注意锌、铁、铜的比例外,需补加 0.5～0.7 mg/kg 的硒。使用高铜时不要使用高锌;使用高锌时也不需要用高铜。另外,高铜、高锌与药物添加剂有协同作用,高铜、高锌的剂量不要用到太高,没必要。

(4)锰是若干酶类的组成成分,参与碳水化合物、脂肪、蛋白质三大物质代谢。仔猪缺锰时出现生长骨化过程受阻;锰过量时仔猪生长受阻、贫血和胃肠道损害,有时出现神经症状。饲料中钙磷含量高时会抑制锰吸收引起锰缺乏。

对锰的需要量尚未很好确定,现有的推荐量一般为 20 mg/kg。许多因素影响锰需要量。一般以玉米-豆粕为主的商品日粮含锰量均超过国内外的猪饲养标准规定量,很少出现锰缺乏。只有当大量使用玉米(仅含锰 5～7 mg/kg),或不合理添加其他矿物元素时,才会出现锰缺乏。邓永椿(1990)发现,日粮中添加 40 mg/kg 锰可提高生长猪日增重和饲料效率,对生长发育无不良影响,猪被毛和其他组织锰的沉积与日粮锰水平呈强相关。

(5)硒在动物体内主要是防止细胞膜的脂质结构遭到破坏,保护细胞膜的完整性,对维生素 E 起着补偿和协调作用。硒能促进抗体形成,增强机体免疫力。缺硒能引起动物多种病症,而过量硒的毒性很强。正常饲料含 0.24 mg/kg 硒的饲粮基本可满足仔猪需求,母猪日粮中含硒高时要降低仔猪日粮的硒水平。硒与饲料中砷、银、汞、铁、锌、铜、铅、硫、磷等元素都具有颉颃作用。

(6)碘的功能是在甲状腺内合成甲状腺素,调节体内物质与能量代谢。缺碘仔猪甲状腺肿大,被毛粗乱或无毛。日粮中碘浓度为 0.2～0.3 mg/kg 时可满足需要。硒和碘都是地方性必需微量元素,只在缺乏地区才必须额外添加。

(7)钴以维生素 B_{12} 的形式影响蛋白质、核酸、糖原、磷脂酸合成,一般认为日粮含钴 1 mg/kg 就可避免缺钴,400 mg/kg 能引起仔猪中毒。硒和维生素 E 对钴中毒有防护作用。

(8)有机砷制剂不但补充必需微量元素砷，而且有重要药理作用。它可促进蛋白质合成、改善肠道细胞代谢、抑制肠道有害菌，有促生长和抗菌作用。日粮添加 50～100 mg/kg 的阿散酸或 40～50 mg/kg 洛克沙砷，能有效控制仔猪腹泻、促生长、提高日增重和饲料转化率，高砷使猪皮肤颜色变红。

多数砷化物有毒，无机砷毒性大于有机砷，三价砷大于五价砷。砷制剂极易被人和动物吸收，但沉积量少，大部分以甲砷酸和二甲基次砷酸等甲基化产物迅速随尿排出。动物对砷的吸收率为 5%，采食砷的 95%通过粪便排泄。排出的砷进入土壤和水，随后转移到粮食、饲料、牧草中。我国无公害和绿色饲料添加剂使用规范中已禁用砷制剂。

使用砷制剂应注意操作人员的安全防护。

(9)铬的毒性与化学价态和用量有关。金属铬很不活泼，二价铬化合物一般无毒，三价铬毒性远低于六价铬。在动物体内六价铬转化为三价铬是不可逆过程。铬中毒一般是由六价铬引起的。日粮添加 200 μg/kg 吡啶酸铬能促进仔猪增重，提高饲料利用率且减轻仔猪腹泻。

(10)饲料中添加 10 mg/kg 的钼，可提高仔猪日增重和饲料利用率。

(11)有机微量元素螯合物不带电荷且对仔猪肠黏膜无刺激性，在小肠黏膜上皮细胞水肿时仍然可以通过细胞膜上的蛋白通路被有效吸收，保证断奶仔猪正常的新陈代谢，所以在乳仔猪饲粮中最好用有机微量元素螯合物代替微量元素无机盐。仔猪教槽料微量元素的推荐方案(mg/kg)是：有机铁 180，有机铜 150，氧化锌 2 000，有机锌 40，有机锰 40，有机硒 0.2，无机硒 0.2，碘 0.6(林映才，2011)。

第 7 节　仔猪的维生素需要量

维生素(Vitamin)是一组具有维持动物(和植物)机体正常生理功能和调控动物代谢作用的有机化合物的总称。维持动物正常生长和繁殖所需要的维生素有 14 种。根据溶解性,可把这些维生素分为脂溶性维生素和水溶性维生素两大类。

维生素在机体内是通过参与酶的化学反应,以及作为消化道营养素代谢的催化剂,在机体代谢中发挥作用。没有维生素,大量需要能量的代谢活动,如免疫、繁殖、生长等,就不能进行。

§7.1　仔猪的维生素需要量

对单胃动物,除个别维生素外,大多数维生素不能(或不完全能)由体内合成,必须从食物补充。与常量营养素不同,维生素是以不变的形式从肠道吸收。脂溶性维生素需要脂肪帮助吸收,并通过淋巴系统进入血液循环。水溶性维生素从肠道吸收直接进入血流。脂溶性维生素贮存在遍及整个机体的脂肪组织中,而水溶性维生素则在所有的机体组织中出现,但不在体内贮存。

NRC(1998)对维生素的推荐量是基于不出现缺乏症的最低需要量,未考虑快速生长、断奶、免疫、应激等需要,而这些对于仔猪非常关键。例如 NRC(1998)有关刚断奶仔猪的维生素(特别是核黄素、烟酸、泛酸和维生素 B_{12})需要量不足以维持最大生长速度,叶酸是主要限制因素(见图 2.6)。实际生产中仔猪饲料往往添加高于 NRC 标准推荐量 2～10 倍的维生素,不同饲料中添加量也相差达 8 倍(张若寒,1995)。不过,美国 NSNG(2010)标准给出了一般用量的上下限,值得参考(见附录 1)。

NRC(1998)对脂溶性维生素的推荐量可满足仔猪正常生长需要,但要获得最佳免疫功能和抗氧化能力需要 2～5 倍于 NRC

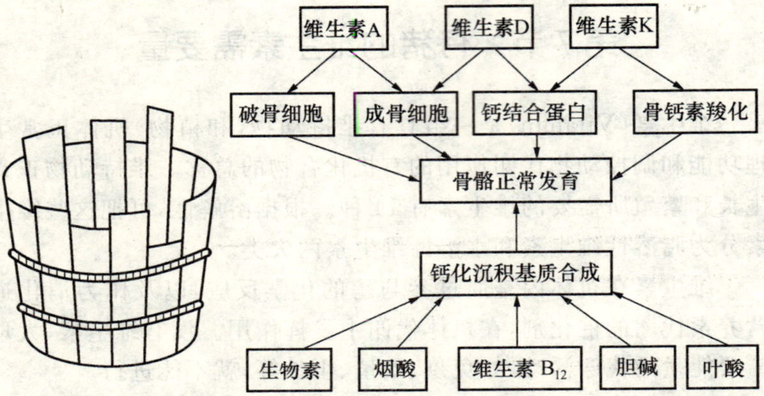

图 2.6　维生素平衡模型

(1998)需要量。水溶性维生素，据报道，添加量高达 NRC(1998)推荐量的 1～16 倍时，日增重、瘦肉沉积率、料重比等随添加量的增加而逐渐改善。目前市售复合维生素添加剂中一般含不到 14 种维生素。实践中，B 族维生素的量一定要足，但添加量很高不经济，笔者在实践中一般按 NRC(1998)的 3～5 倍量使用。

§7.2　影响维生素需要量的因素

影响仔猪维生素需要量的因素很多，包括日粮类型、营养水平、饲料加工贮藏、仔猪饲养方式、应激与疾病状况、仔猪食欲与采食量、药物的使用、体内贮存情况、仔猪管理水平、生产性能、饲养环境等都影响维生素需要量。

(1)动物的总需要量与动物机体内能合成量之间的关系。例如正常情况下动物体内合成维生素 C 的速度可满足自身正常生长发育需要。

(2)不同养分间的相互作用。例如色氨酸对尼克酸的转化补充作用。日粮中色氨酸含量超过需要时，每 50 mg 色氨酸可产生

1 mg 维生素 B_5；日粮中蛋氨酸含量超过需要时，每 4.3 mg 蛋氨酸提供甲基的能力与 1 mg 胆碱相同；猪日粮中缺乏蛋白质时，就不能吸收维生素 B_2；日粮添加脂肪或糖类时，也增加维生素 B_2 的需要量。日粮中含维生素 B_{12} 丰富，但不能满足正常需要，日粮中钴含量也影响维生素 B_{12} 需要量。抗生素或磺胺类药物可抑制微生物合成维生素 B_{12}。

(3)环境条件。光照可减少维生素 D 需要，寒冷或酷热环境增加核黄素需要。在高温季节补充维生素能缓解热应激。在免疫期添加超量维生素，能强化机体免疫调节反应和增强机体对细菌的抗感染能力。

(4)动物生理状况。正常情况下动物体内能合成某些维生素，有些维生素的合成速度可满足正常生理需要。例如维生素 C，应激状态下会降低机体内合成速度并增加肌体的维生素 C 需要量，这时增加维生素 C 供给量可减轻应激。

(5)疾病。发生疾病时，采食量减少，从而减少维生素摄入量。某些疾病或长期高热会增加机体的维生素需要量。例如当动物消化不良或长期服用广谱抗菌素时，肠道微生物活动减弱，导致有关维生素合成不足，这时需要增加有关维生素用量，例如维生素 K，生物素、叶酸等。腹泻使食物快速通过消化道，缩短了吸收时间，这时体内通常贮存量很少的维生素就会不足。高蛋白饲粮及服用磺胺和抗菌素时，需要补饲维生素 B_6。

细菌、病毒等引起的感染会引起应激反应，导致代谢活动增强。感染可刺激免疫应答以排除入侵的微生物。B 族维生素为代谢活动所需，维生素 E 和维生素 C 则为一些特殊功能和免疫应答所需要。

肠道中有寄生虫时，肠道上皮遭受损坏，所有维生素的吸收都会减少。寄生虫还会与宿主竞争养分，从而增加对所有维生素的需要量。

霉菌毒素可引起肝脏、肾脏和肠黏膜上皮的病变。肝脏和肠道对于养分的消化和吸收都极为重要，所以肝炎时类胡萝卜素和脂溶性维生素A、维生素D_3、维生素E和维生素K的吸收会受到严重影响。维生素D_3向其活性形式的转化以及抗坏血酸(维生素C)的生物合成也都会受损，其他维生素的需要量也会因代谢活动的增强而增加。

(6)有些维生素在天然原料中含量很高，例如，猪很少缺乏维生素B_6，不过有报道，添加维生素B_6能提高0～14日龄猪的平均日增重和平均日摄食量。玉米-豆粕型日粮容易缺乏维生素A、维生素D、维生素E、维生素B_2、烟酸、泛酸、维生素B_{12}，有时需添加维生素K和胆碱；所有日粮都应添加维生素A、维生素D、维生素B_{12}、维生素B_2、烟酸、泛酸、胆碱。抗应激可添加维生素E、维生素K、生物素和维生素B_6。额外补充胆碱可减少蛋氨酸需要量。

脂肪酸败会使生物素灭活，破坏脂溶性维生素A、维生素D_3和维生素E，还会限制脂溶性维生素吸收，所以需要在饲料中添加抗氧化剂。

(7)饲料加工工艺。饲料加工如粉碎、制粒或贮藏等过程会破坏许多维生素，例如维生素E等。

(8)高生产力新品种的出现促进营养研究不断前进，几十年前确定的维生素添加量不再适合于现在遗传性能提高的动物需要，原因可能有：①新品种的选育使各种维生素的需要量变动；②内、外应激因素影响动物对各种维生素的需要量；③市场对产品质量的要求也制约维生素供给量。

(9)维生素颉颃物。自然界有多种物质可阻止或限制某些维生素被动物利用。维生素颉颃物存在于某些动物或植物产品中，有些药物也具颉颃维生素的特性。一些霉菌和细菌也能在其代谢活动中产生一些对维生素具有颉颃作用的物质。现已知道，维生素颉颃物可消除维生素活性，或阻止其在动物肠道中吸收。

现已知道的颉颃物对于维生素的颉颃机制如下：①分解酶分子，使其失去活性。比如，硫胺素酶可使硫胺素（维生素 B_1）灭活；②与酶形成络合物，比如抗生物素蛋白（Avidin）可使得生物素灭活；③占据作用位点，比如双香豆素（Dicumarol）可占据维生素 K 的作用位点，使维生素 K 无法发挥作用。

(10)实际添加量。为安全有效，生产上可按 NRC(1998)的 3～5 倍添加，不考虑常规原料中的含量。不过这样做有时可能浪费或增加了饲料成本。自配维生素配方时，可以参考美国 NSNG (2010)的推荐量，取其中上值即可，过多无益反而有害。

维生素 A 使用超量且持续时间较久，导致食欲减退、生长缓慢、骨骼变形、容易骨折及内脏出血等中毒现象，停止喂维生素 A 后症状可消失。

维生素 D_3 中毒现象只在其摄取量 10 倍于需要量及长久连续使用时才会发生，然而调查表明，我国市售饲料维生素 D 的添加量为 NRC(1998)推荐量的 10～20 倍。维生素 D_3 添加水平为每天 150 IU 时，动物免疫反应较强，且抗体浓度迅速升高；而维生素 D_3 缺乏，添加水平过高或为中毒剂量时，抗体生成降低。注意在饲喂高磷、高钙时易中毒。

生产中对毒性较大的维生素 A、维生素 D 的用量应特别注意；维生素 E、维生素 C 用于促进免疫功能或用于抗应激时，也要注意其用量。

维生素 B_1 需要量受环境因子影响，例如温度增加时需要量增加。在正常环境中添加维生素 B_1 不会提高断奶仔猪生长性能。过量使用维生素 B_1 可抑制延脑的呼吸中枢，造成呼吸困难，发绀、颠痫性惊厥。

烟酸（菸碱酸 Nicotinic acid）通常在体内可由色氨酸转变而来，但由于动物性蛋白质及优质植物性蛋白质的缺乏，色氨酸含量少，故每千克饲料中应加烟酸在 20 mg 以上，以免色氨酸转换发生。烟酸动物日摄入量每千克体重大于 380～500 mg 时，会产生中毒副作用。

胆碱(胆素 Chaline)呈碱性，一般不与其他维生素混合，而是在配制饲料时单独添加。

实践中考虑维生素添加量时，要注意的关键点有：配合饲料加工过程、贮存、疾病或存在免疫性应激、环境条件不良等都需增加维生素需要量；应针对现代商品畜种供给特定量的维生素。

§7.3 维生素营养和疾病的相互作用

环境应激水平越高，小猪死亡率越高；随着维生素添加水平的提高，小猪死亡率下降。表 2.24 只是添加维生素 E 的数据。

表 2.24 维生素 E 对仔猪断奶(28 d)成活率的影响

项目	维生素 E 添加水平/(mg/kg)			
	0	16	33	66
统计胎数	27	31	30	26
28 d 活仔数	6.7	7.0	7.9	8.1
成活率/%	68.3	64.4	70.4	81.1
小猪体重/kg	6.5	6.3	6.2	6.5

注：Mahan，1991。

细菌、病毒等引起的感染会引起应激反应，刺激免疫应答以排除入侵的微生物。B 族维生素为代谢活动所需，维生素 E 和维生素 C 则为一些特殊功能和免疫应答所需要。腹泻、丧失食欲、肝炎、霉菌毒素、大肠杆菌病都增加维生素需要量。氧化的脂肪会使生物素灭活，破坏脂溶性维生素 A、维生素 D_3 和维生素 E，还限制脂溶性维生素吸收。多不饱和脂肪酸对氧化非常敏感，所以需要在饲料中添加高水平的抗氧化剂，也需要机体组织中含高水平的维生素 E。

第 8 节　营养对仔猪免疫力的影响

动物营养状况影响机体免疫功能和抗病力，机体健康状况又影响动物营养需要模式。应激、营养与免疫之间的关系错综复杂，见图 2.7。关于营养免疫学研究的热点主要有 2 部分：一是营养对猪免疫机能的影响，二是免疫状况对猪营养代谢和营养需要量的影响。

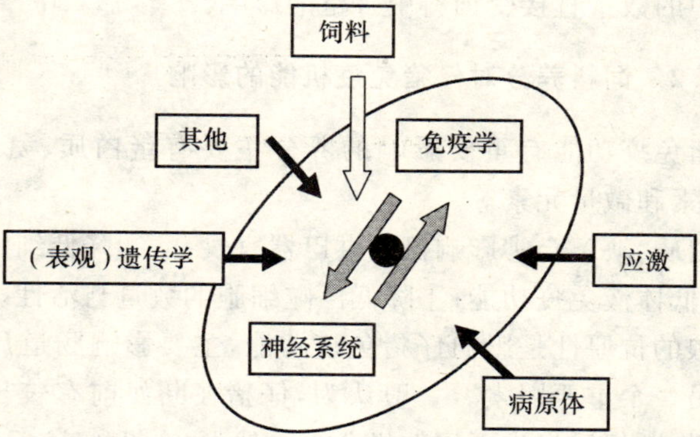

图 2.7　饲料是影响基因表达和仔猪健康的最重要因子之一
(T. A. NIEWOLD, 2010)

§8.1　优质饲料明显提高仔猪抗病能力

饲料本身对于仔猪就是最重要的环境因子之一（见图 2.7），影响基因表达，因此影响仔猪健康。据报道，80％的疾病和 90％的生产性能下降与免疫功能失调有关，大量使用疫苗和药物对正常生长也有损害，营养的抗病性是通过影响免疫功能实现的。动物免疫反应与大多数日粮营养成分有关，动物免疫力的高低极大地依赖于日粮营养状况；常量营养物质（如碳水化合物、脂肪、蛋白质)、微量营养物质(如维生素、金属离子、微量元素和必需氨基酸)的供应不足,均会影响动物免疫系统的功能。免疫系统发生抵抗外来抗原的免疫反应时,会产生大量的有毒物质,包括蛋白水解酶和其他水解酶中间物和活性氮的衍生物,会破坏细胞膜、酶和细胞核物质。这一问题,通过营养,提高饲料品质,最容易实现——抗氧化营养物。有几种营养素可以调节因为免疫反应引起的疾病,如抗氧化剂(维生素 E、维生素 C 和叶黄素)能保护宿主细胞免受自由基(如超氧化物)的伤害,并能限制病理反应。这些抗氧化剂在组织中的数量直接受饲料中含量的影响。

§8.2 饲料养分对仔猪免疫机能的影响

对猪免疫功能有重要影响的养分主要有蛋白质、氨基酸、脂肪、维生素和微量元素等。

蛋白质:缺乏会①影响机体淋巴器官发育;②降低细胞免疫功能;③降低体液免疫功能;④降低巨噬细胞的数量与活性。

日粮的抗原性是影响仔猪免疫功能,主要影响肠道局部免疫反应的另一个重要因素。一般认为,仔猪在断奶前有较长时间适应教槽料,断奶后发生下痢的机会少。然而,在断奶前 3 d 才开始采食教槽料的话,则所有仔猪都会出现下痢的临床症状。早期断奶仔猪断奶以后的下痢是由于小肠的过敏反应引起的,开始时食入外源的植物蛋白质产生免疫反应,可以降低以后对外来蛋白质的免疫反应,这种现象称为免疫耐受。所以,在断奶前使用教槽料,可以使仔猪断奶后较少发生下痢。但是,如果在断奶前只采食少量的教槽料,断奶后仔猪重新接触外源蛋白质时,会增加过敏反应,导致仔猪的下痢更严重(Kelley 和 Eastex,1991)。仔猪也可以通过接触母猪日粮(含有大豆粕)而降低过敏反应导致的下痢。Giesting 等(1986)发现仔猪对大豆蛋白产生过敏反应,过敏反应的动力学表明,仔猪对大豆蛋白的过敏是临时性的,而不是延后的，试验还显示，以大豆粕为基础日粮的母猪可以合成和转运能对大豆蛋白产生反应的抗体进入初乳中。

氨基酸：与免疫功能关系的研究主要集中在赖氨酸、含硫氨基酸、苏氨酸和支链氨基酸等几种必需氨基酸和谷氨酰胺。①多数研究证明，赖氨酸缺乏并不降低动物机体的免疫反应。但也有部分试验发现赖氨酸影响机体免疫力。②含硫氨基酸对动物免疫功能及抗感染力影响很大。③苏氨酸是动物免疫球蛋白分子中的一种主要氨基酸，缺乏苏氨酸会抑制 T、B 细胞增殖及免疫球蛋白的产生。④日粮高水平亮氨酸、低水平异亮氨酸和缬氨酸对免疫功能有抑制作用，添加异亮氨酸和缬氨酸能消除免疫抑制。因此，亮氨酸的免疫抑制作用可能是由于高水平的亮氨酸与异亮氨酸和缬氨酸颉颃，造成异亮氨酸和缬氨酸缺乏所致。⑤谷氨酰胺是肠上皮淋巴细胞的重要能源，且与机体免疫具有密切关系。⑥在低蛋白日粮中补充合成的异亮氨酸能显著提高断奶仔猪的生产性能，但有抑制仔猪体液免疫反应的趋势。

氨基酸影响免疫机能的机制：①影响蛋白质合成速率及类型、RNA 合成和抗体形成过程；②氨基酸的药理作用；③氨基酸的代谢产物影响免疫功能；④氨基酸通过影响其他必需营养素代谢间接影响免疫功能。

日粮脂肪对机体免疫功能具有调节作用，日粮中脂肪的质量和数量将改变白细胞膜上磷脂的脂肪酸组成。高脂日粮降低 T 淋巴细胞的增殖，尤其是高度不饱和的鱼油和亚麻籽油。大部分研究显示，高水平脂肪，特别是 ω-6 不饱和脂肪有损伤免疫功能的趋势，过多脂肪会抑制仔猪免疫系统的发育。多不饱和脂肪酸(PUFA)中 ω-3PUFA 影响免疫，机理为：①影响了细胞膜的脂肪酸组成，从而影响细胞的流动性；②改变类二十烷酸的种类和数量；③改变细胞的信号转导系统；④改变机体的脂质过氧化水平；⑤影响免疫细胞关键基因的表达，如细胞因子，黏附分子等的表达；⑥共轭亚油酸可改善增加早期断奶仔猪日增重，改善饲料转化效率。

维生素：直接或间接参与免疫过程。高剂量维生素可提高仔猪细胞免疫功能，但对体液免疫功能无显著影响。

维生素A是维持正常免疫功能的重要物质，维生素A缺乏会引起呼吸道黏膜液分泌减少，而导致细菌聚集、增殖和侵入。Michigan州立大学试验表明，维生素A缺乏的猪仅合成不到饲喂维生素A强化日粮猪的1/10的抗体量（Harmon等，1963）。50倍和100倍NRC（1998）水平的维生素A可提高外周血T淋巴细胞的转化率；10～100倍NRC水平的维生素A使仔猪BSA抗体产生量增加。

维生素C有抗应激和抗感染作用，与机体免疫功能密切相关。

维生素D以活性形式1,25-(OH)2-D_3参与调节免疫功能。维生素D_3可调节淋巴细胞和单核细胞的增殖分化和仔猪的非特异性免疫机能（Manolagas等，1990）；可刺激单核细胞的增殖，使其获得吞噬活性，成为成熟巨噬细胞；通过调节IL-1、IL-2、IL-3、α-TNF以及免疫球蛋白修饰免疫反应；调节单核细胞、多形核巨噬细胞以及淋巴细胞由胸腺和脾脏向血液转移。

维生素E：维生素E是一种生物抗氧化剂，可增强动物机体的免疫功能，有免疫佐剂的作用。维生素E在影响免疫功能方面与硒具有协同作用。最初的试验表明，维生素E和硒协同可以增加猪对密螺旋体的抵抗力（Teige等，1977）。维生素E作为细胞内抗氧化剂可稳定多不饱和脂肪酸中的代谢物不被氧化，提高组织抗氧化力，尤其是在应激条件下，维生素E表现出更强的免疫调节作用（Guo等，2001），向猪日粮中添加100 IU维生素E提高了猪对大肠杆菌的血清学反应。

B族维生素：B族维生素（如硫胺素、核黄素、泛酸、生物素、叶酸或钴胺素）单一缺乏可降低机体免疫抗体的产量（Beisel 等，1996）。Stahli 和 Cook(1996)证明，当猪处于高免疫应激期间，超量添加尼克酸、泛酸、核黄素、维生素 B_{12} 和叶酸，可以提高生长速度 19%，料肉比下降 6%。

维生素 C：影响免疫细胞的吞噬作用；降低血清皮质醇，改善应激状态；具有抗氧化功能；增加干扰素的合成。日粮中添加维生素 C 能提高血浆球蛋白含量和球/清蛋白比，改善仔猪免疫功能（赵君，2001）。可有效缓解仔猪的断奶应激，促进仔猪红细胞和血红蛋白的生成，增加免疫球蛋白的合成。

微量元素：研究比较深入的是锌、硒，其次是铜、铁、锰等。这五种元素的共同特点是起着生物抗氧化的作用。

锌对维持淋巴细胞功能有重要作用，也对于某些寄生虫的感染有抵抗作用，寄生虫和细菌感染将降低组织中的锌浓度（Southern 和 Baker，1983）；锌缺乏会引起猪的胸腺退化（Miller 等，1968），对照组猪采食 100 mg/kg 锌，而试验组为 12 mg/kg 时，后者的胸腺缩小了5 倍。缺锌时，白细胞数量大量减少，但单核细胞和嗜中性细胞的数量在正常范围之内。大量的研究表明，锌对免疫系统的发育、稳定和调节有重要作用，缺锌导致胸腺萎缩的原因可能是锌缺乏时肾上腺皮质酮分泌增加，对皮质酮感受性高的胸腺发生继发性萎缩引起的。作为 T 细胞成熟效应因子的胸腺素是以锌复合物的形式存在。

铁是仔猪防止贫血和增强免疫功能所必需的营养元素。但是，口服过多未经螯合的铁剂则有可能导致仔猪下痢，这是由于铁很容易被细菌用于生长增殖，在仔猪哺育的乳中加入铁可增加肠毒素型大肠杆菌的繁殖（Klasing 等，1980）。热处理奶也可以提高细菌的增殖，这可能是由于热处理破坏了铁与蛋白质的螯合使无机铁增加。因此，仔猪通过口服的途径补充过多的铁可能导致面临肠毒素型大肠杆菌挑战的仔猪更多的下痢和死亡。

铜是动物所必需的微量元素之一，其营养功能早为人们熟知，但与免疫的关系却是近十多年才被认识。铜在动物体内通过一些含铜蛋白调节炎症反应细胞和抗氧化能力，或影响对炎症反应有调节功能的因子，增强机体的免疫反应能力。

铬同样影响机体的免疫机能，Heugten(1997)发现对于非应激仔猪补充铬可以改善淋巴细胞增殖和生长性能，对应激仔猪却无影响。到目前为止，补充铬对动物免疫机能的影响研究结果尚不一致。

硒与动物的免疫状况密切相关，被称为免疫促进剂。硒对免疫功能的影响与维生素 E 有协同作用。硒能刺激免疫球蛋白的生成，提高机体体液免疫、细胞免疫和非特异免疫功能。硒对免疫的影响主要在 4 个方面：①缺硒降低嗜中性白细胞和巨噬细胞谷胱甘肽过氧化物酶活性，降低细胞的抗氧化能力，从而降低免疫细胞活力。②硒通过影响谷胱甘肽过氧化物酶进一步调控 5-脂氧合酶活性。5-脂氧化酶催化二十碳四烯酸氧化，其氧化产物影响淋巴细胞增殖。③硒通过激活 NK 细胞和靶细胞膜表面，促进二者结合从而增强 NK 细胞杀伤活力。④通过硒蛋白途径影响免疫功能。

免疫增强剂是指通过非特异性途径增强机体对抗原物质产生特异性免疫应答反应能力的物质。按作用类型主要分为 3 类：①兽医领域所研究的免疫佐剂，如卡介苗、蜂胶佐剂、弗氏佐剂、等。②生物免疫增强剂，如转移因子、干扰素、胸腺素、白细胞介素、肿瘤坏死因子、细菌脂多糖等。③饲用免疫增强剂，是饲料工业研究的重点，也是解决饲料无抗技术的关键，如寡核苷酸可溶性肽类、非活性酵母细胞、双歧杆菌、嗜酸乳杆菌、经独特的加工工艺制成的微生态添加制剂及中草药添加剂等，其中生物免疫增强剂及饲用免疫增强剂是研究的热点，在饲料添加剂中，饲用中草药免疫增强剂最受人们关注。

§8.3　免疫状况对仔猪营养代谢的影响

免疫状况影响仔猪营养代谢、生产性能和营养需要。免疫系统受外来抗原刺激后，通过神经-内分泌-免疫系统网络，引起动物一系列行为上和代谢上的改变，从而影响动物的生长和营养需要量。

参考文献

[1] 陈春梅，蒋志荣. 仔猪对色氨酸营养的最新研究进展[J]. 饲料研究. 2009(1):54-57.

[2] 陈代文. 仔猪营养与饲养研究进展[PPT]. 2007.3.31. 上海.

[3] 陈亮，何小佳，李莹，等. 长期饲喂高锌日粮对断奶仔猪免疫机能的影响. 动物医学进展，2008，29(7):39-43.

[4] 崔尚金，曹华斌，魏凤祥. 断乳仔猪饲养管理与疾病控制专题 20 讲[M]. 北京：中国农业出版社，2008.

[5] 方热军. 猪植物饲料磷真消化率及其真可消化磷预测模型的研究[D]. 雅安：四川农业大学博士学位论文，2003.

[6] 冯定远，张守全. 日粮营养与仔猪免疫功能的完善. 猪与禽，2001.

[7] Guoyao Wu 等. 精氨酸族氨基酸在猪营养与生产中的重要作用[J]. 冯占雨译. 猪与禽，2009，20(1)18-22.

[8] 高玉云，蒋宗勇，林映才，等. 肠黏膜免疫研究进展和仔猪营养调控[J]. 中国畜牧杂志，2009，45(15):51-55.

[9] 顾宪红，李德发. 仔猪脂肪代谢的影响因素[J]. 饲料研究，2001(4):10-14.

[10] 郭广涛，王康宁，张素丽. 哺乳仔猪的精氨酸营养[J]. 畜禽业，2005，5:46-48.

[11] 胡家澄,邹晓庭,董金格.苏氨酸对畜禽免疫性能的影响研究进展[J].中国饲料,2008(1):4-6.
[12] 胡新旭,李忠荣,陈家钊,等.不同能量和蛋白质水平对断奶仔猪生长性能的影响[J].中国畜牧杂志,2006,42(23):26-29.
[13] 姜洁凌,贺建华,邓近平,等.植酸磷当量的研究进展[J].饲料工业,2006,27(12):47-51.
[14] 江勇,佟健明.饲用抗生素与免疫增强剂促生长作用机理的比较.饲料广角,2004(21):36-38.
[15] 蒋宗勇,柳春田,林映才.乳仔猪营养需要与乳猪教槽料配制技术[J].中国畜牧杂志,2006,42(8):54-60.
[16] 蒋宗勇.瘦肉型猪营养需要研究进展[M].北京:中国农业科学技术出版社,2002.
[17] 冷静,戴志明,杨国明,等.日粮锌水平对断奶仔猪免疫球蛋白及补体变化的影响探讨[J].中国畜牧杂志,2005,41(11):20-22.
[18] 李凯年.当前仔猪营养的主要研究进展[J].饲料广角,2010(4):42-44.
[19] 李朕杰,柴磊,戴志明.小肽对超早期断奶(SEW)仔猪生长表现的影响[J].中国饲料添加剂,2005(6):5-9.
[20] 李孝娟,包军.营养与仔猪免疫力的关系[J].中国畜牧杂志,2008,44(24):58-64.
[21] 林映才.第二届全国高档乳猪教槽料研发与经验交流大会[C],2011.4:15-17.
[22] 刘朝干,李永义.净能体系和可消化氨基酸体系在养猪生产中的应用[J].饲料工业,2008,29(22):51-54.
[23] 刘宝山.猪理想氨基酸平衡模式及其在生产中的应用[J].今日畜牧兽医,2008(7).

[24] 刘金萍，魏文康，余永鹏. 小肽生物学功能及在仔猪营养中的应用研究进展[J]. 广东饲料，2006，15(1)：18 - 19.
[25] 李职，秦江帆，甘清云. 在乳猪教槽料中应用不同类型小肽对乳猪生产性能的影响. 饲料研究，2004(10)：5 - 6.
[26] 吕明斌，张炳利. 以常规养分分析值修订原料能量数据库[J]. 饲料广角，2004(21)：24 - 26.
[27] S. Khajarern 等. 半胱胺盐酸盐在断奶仔猪日粮中的效果[J]. 吕维远，刘志华译. 饲料博览，2006(12)：22 - 23.
[28] 马黎，郭荣富. 猪乳中的限制性氨基酸[J]. 饲料博览，2005(1)：34 - 36.
[29] 邝声耀，唐凌，张纯，等. 猪日粮中色氨酸的研究与应用. 四川畜牧兽医，2010(10)：31 - 33.
[30] 普拉斯克. 断奶仔猪[M]. 谯仕彦，郑春田，管武太译. 北京：中国农业大学出版社，2009.
[31] 孙献忠，熊本海. 用饲料化学成分预测猪饲料能值的研究进展[J]. 中国畜牧兽医，2006，33(11)：19 - 23.
[32] 涂威，方热军. 能量蛋白比在动物营养上的研究进展. 广东饲料，19(11)：32 - 35.
[33] 王琰，于怀敬. 提高断奶仔猪免疫功能及健康水平的营养措施[J]. 中国猪业，2009(7)：52 - 54.
[34] 王启军，唐明红，欧阳燕译. 不可溶性和可溶性日粮纤维对早期断奶仔猪肠道食糜的理化性质及微生物区系的影响[J]. 饲料广角，2010(5)：26 - 29.
[35] 王恬. 小肽营养素对断奶仔猪生产性能及小肠发育的影响[J]. 上海畜牧兽医通讯，2003，35(6)：4.
[36] 王恬，钟翔. 仔猪肠黏膜营养与肠道修复[J]. 饲料工业，2008，29(2)：2 - 7.
[37] 吴琛，刘俊锋，孔祥峰，等. 仔猪内源性精氨酸合成研究进展.

动物营养学报,2011,23(1):5-9.

[38] 徐建雄,崔立,陈鲁勇.非淀粉多糖酶对仔猪早期生产性能和消化性能的影响[J].山东饲料,2004(8):21-22.

[39] 徐雪松,吴金节,李健,等.半胱胺对仔猪生长性能及小肠内容物消化酶活性的影响[J].中国兽医学报,2008.28(9).

[40] 姚康,褚武英,邓敦,等.不同精氨酸添加水平对哺乳仔猪生长性能的影响.天然产物研究与开发,2008,20:121-124.

[41] 印遇龙,等.猪氨基酸营养与代谢[M].北京:科学出版社,2007.

[42] 余佳胜,陈晓辉,曾邦藩.对乳措料配制特点及原料选用要点的探讨[J].广东饲料,2008,17(2):21-24.

[43] 岳隆耀,谯仕彦.仔猪低蛋白日粮研究总结[J].氨基酸科技,2008(2):1-8.

[44] M. A. Varley and J. Wiseman.断奶仔猪营养与饲养管理新技术[M].张宏福,唐湘方译.北京:中国农业科学技术出版社,2006.

[45] 张红芬,赵国先,张建云,等.断奶仔猪营养中小肽的应用研究[J].饲料研究,2009(11):19-20.

[46] 郑世学,孙继国.仔猪营养与疾病防治[M].北京:中国农业出版社,2006.

[47] 朱立鑫,谯仕彦.猪净能体系及其研究进展[J].饲料工业,2009,45(15):61-64.

[48] A. J. Lewis, L. L. Southern. SWINE NUTRITION[M]. 2001 by CRC Press LLC.

[49] Crystal levesque. M. sc 等.高能饲料对断奶仔猪生长性能影响的研究[J].动物保健,2006(6):27-29.

[50] Chung, T. K., and D. H. Baker. 1992. Ideal Amino Acid Pattern for 10-Kilogram Pigs[J]. J. Anim. Sci. 70:3102-3111.

[51] C. F. M. de Lange a, J. Pluske b, J. Gong a, c, C. M. Nyachoti. Strategic use of feed ingredients and feed additives to stimulate gut health and development in young pigs[J]. Livestock Science 134(2010)124 - 134.

[52] D. van der Heide, E. A. Huisman, E. Kanis. et al. Regulation of Feed Intake[C]. Proceedings of the 5th Zodiac Symposium. 22 - 24 April 1998. Wageningen, The Netherlands. 1999.

[53] J. Heger. Essential to Non-essential Amino Acid Ratios [A]. in: Amino Acids in Animal Nutrition(Second Edition) [M]. USA: CABI Publishing. 2003.

[54] Jacela JY, DeRouchey JM, Tokach MD, et al. Feed additives for swine: Fact sheets-high dietary levels of copper and zinc for young pigs, and phytase[J]. J Swine Health Prod. 2010, 18(2): 87 - 91.

[55] J. M. DeRouchey, R. D. Goodband, M. D. Tokach et al. , Nursery swine nutrient recommendations and feeding management[A]. IN: National Swine Nutrition Guide[M]. 2010. US Pork Center of Excellence; http://www. usporkcenter. org/home/projects/national-swine · nutrition'guide. aspx. 2011.

[56] Neville F. Suttle. Mineral Nutrition of Livestock[M], 4th Edition. CAB International, UK. 2010.

[57] Noblet J, Fortune H, Shi X S, et al. Prediction of net energy value of feeds for growing pigs[J]. J Anim Sci, 1994, 72: 353.

第3章　饲料配方设计原理

饲料是养殖业的物质基础，饲料配方设计是配合饲料生产的核心技术之一，也是动物营养学与饲养学有机结合的结晶与媒介。饲料配方设计水平决定企业效益和形象，饲料配方设计技术的普及决定全国饲料资源的合理利用与畜牧业生产的持续发展。配方师要把饲料配方的设计目标放在经济、社会与生态三个效益的结合点，充分考虑品种、性别、日龄、体重、生理状况、饲养条件、饲喂方式等影响饲粮配制效果的因素，才能设计出合理利用饲料资源、提高产品质量、降低饲养成本的高质量饲料配方。

第1节　饲料配方设计原则和程序

动物为维持正常生理活动，满足生存、生长、发育、繁衍、和生产需要，必须不断从外界取得多种营养物质。饲料(Feeds)就是这种以供给动物营养为目的而使用的物质。配合饲料(Formula Feed)是根据动物营养需要和饲料原料营养价值，把多种原料按饲料配方加工生产的饲料。

§1.1　仔猪饲料配方的种类

配合饲料包括预混料、浓缩料、全价配合料等形式。

仔猪饲料目前利润并不高，由于仔猪采食量小，所以仔猪饲料销售量一般不大，然而，仔猪饲料对饲料厂整个猪饲料产品系列的形象影响最大，对饲料配方设计技术的要求也最高，仔猪体重小，饲料质量高低易于观测，成为不同品牌饲料竞争的焦点。

(1)目前市场和猪场使用的仔猪配合饲料产品有粉状料、颗粒料、碎粒料(把颗粒料再粉碎)、膨化料等。粉状配合饲料优点是易加工,使用方便,缺点是运输过程分层,仔猪能挑食,造成浪费。粉状料饲喂时可直接喂给或拌水饲喂。颗粒料可避免挑食,减少长途运输中分层。目前生产的仔猪配合饲料多数为颗粒饲料。在制粒过程中挤压的高温高压能破坏某些养分,尤其是维生素,再者加工费用高。碎粒状配合饲料是把粉状料先压制成颗粒然后破碎。使用碎粒料的较少,且碎粒料一般只用于开食。

仔猪需要高营养浓度的日粮,所以一般地说,破碎料、颗粒料比粉状料的效果好。目前粉状料一般用于小型猪场和养猪户,不要求很高档的饲料时使用,实际上粉状料加水易,规模化猪场对仔猪采用流食饲喂方案时也要采用粉料。仔猪浓缩饲料是粉状料的一种,通常浓缩饲料占配合饲料的10%~40%,能量饲料原料占60%~90%。浓缩饲料的优点是不含能量饲料原料,减少了这一部分的收购和运输费用,方便了猪场。

市场上还见有仔猪预混料。一般占配合饲料的1%~5%。

(2)仔猪饲料配方。根据仔猪营养需要,饲料原料营养成分和营养价值,原料的供给和价格等数据,科学地确定参与构成配合饲料的各种饲料原料的用量比例,这种饲料原料的配比就是饲料配方(Feed Formula);实际生产中,还要根据饲料配方的特点给出关键制作工艺参数等配套技术资料。饲料配方是指导饲料生产的依据,直接关系到饲料产品的质量和成本;是饲料厂和养殖场制定饲料原料采购计划的依据;是进行生产性能估测的重要参考资料;饲料配方是一种高技术含量的产品。

所谓饲料配方设计,就是应用一定算法,根据原料的营养成分和配方的规格、要求,产生配方中各原料比例的一种运算过程。生产上饲料配方经常变动,包括各种原料的比例、原料种类等,但要保证使用效果不变,例如料肉比、日增重等,好的配方应该是市面上同类性能产品中成本最低的。

参与构成饲料配方的各种饲料原料的成本之和就是饲料配方的成本。设计饲料配方的总原则是使整个畜牧业利润最大，饲料厂＋用户利润最高，或饲料厂＋经销商＋用户＋消费者利润最高。

线性规划法是目前应用最广泛的一种优化饲料配方技术。线性规划最低成本配方的优化结果是产生一个满足约束条件的最低成本配方，它受原料的营养成分、饲养标准（约束条件值）、原料价格等的影响。

由于仔猪的特殊性，设计仔猪饲料配方技术性极高。要求配方师既掌握仔猪的生理特点和营养需要，又要掌握仔猪常用的饲料原料的可消化性和营养价值，及其加工特性。

饲料是各种养分的载体。饲料配方是否能达到设计目标的关键在于：①对动物营养方案的认识是否准确；②对饲料原料的有效养分含量或生物学效价掌握的准确程度；③对配合饲料加工贮藏过程中养分损失的准确预测；④饲料配方设计技术。所以这些研究是营养学、饲料学和配方师的首要目标。

(3)饲料配方的种类。①典型配方：由典型原料组成，或为典型饲养方式设计的配方；反映某地区的饲养方式，或为科学研究提供简化的营养模型；适用范围小，灵活性差。②经验配方：总结实际饲养经验获得的量化表达；能维持动物健康和一定的生产能力，但不能保证营养供应和饲养成本的优化；多见于尚无饲养标准的非常规畜禽品种，或野生动物的养殖。③试验配方：一是饲料厂最新设计尚未大面积生产的饲料配方，二是为科学研究专门设计的饲料配方。④生产配方：实际生产中使用的配方。兼顾营养性、市场性、可行性等多方面因素，集中体现饲料与营养学科的最新知识和经验，灵活多变。⑤操作配方：根据生产配方制定的指导具体车间实际操作的配方；随饲料厂机械设备和工艺流程而变。⑥宣传配方：饲料厂对外宣传所用的配方；一般都隐秘了核心技术参数，参考时应注意。

§1.2 仔猪饲料配方设计原则

设计饲料配方有多种方法，一般要遵从科学、经济、合法、卫生四项基本原则；作为仔猪饲料，又有其特殊要求，这都是设计仔猪饲料配方必须遵循的准则。

(1)经济性与市场性原则。经济性和市场性是任何商品生产者必须考虑的原则，设计饲料配方也必须经济实用。生产中采用高投入高产出或低投入低产出的饲养策略，主要取决于市场。对地方品种和散养户可设计较低档配方，对外来良种、改良品种和规模养殖场则应设计高中档配方。当市场饲料原料价格低廉而畜产品售价较高时，则应设计高档饲料产品，追求好的饲养效果和饲料转化率；当市场饲料价格坚挺而畜产品销售不畅、价格走低时，则可设计较低档次的饲料产品，实现低成本饲养，保持一般生产成绩。

(2)安全性与合法性原则。安全性和合法性也是任何商品生产者必须考虑的原则。设计饲料配方必须遵守国家有关饲料生产的法律法规，如《饲料卫生标准》、《允许使用的饲料添加剂品种目录》、《饲料药物添加剂使用规范》、《饲料和饲料添加剂管理条例》、《食品动物禁用的兽药及其他化合物清单》以及《禁止在饲料和动物饮水用水中使用的药物品种目录》，《兽药停药期规定》、《生猪(肉鸡、蛋鸡、奶牛、鱼……)饲养准则》、《中华人民共和国兽药管理条例》、《饲料标签》等。严禁使用瘦肉精等违禁药品，控制使用高铜高锌，尽量使用无公害饲料添加剂(如复合酶、酸化剂、益生素、寡聚糖、中草药制剂等)，提高饲料产品的内在质量，使之安全、无毒、无药残、无污染，完全符合营养指标、感观指标、卫生指标。国家明确不准添加的东西如盐酸克伦特罗(瘦肉精)、三聚氰胺、己烯雌酚坚决不在饲料中违法添加。

重点是尽量减少对动物的毒害。要注意原料自身含有的有毒有害物质和贮存过程中产生的微生物次生代谢产物污染；饲料添加剂要合理使用；要保证新鲜、合理加工、适量使用。

(3)科学性和实用性原则。首先是产品要有科学先进性，在配方中运用动物营养领域的新知识、新成果；要有可操作性，满足市场需求的前提下，根据企业自身条件，充分运用多种原料种类，保证饲料质量稳定；要在合法性前提下提高产品市场竞争力。

配方营养水平最关键。既要考虑养分浓度又要考虑养分的比例，重点是营养平衡、全价、有效。要注意蛋白能量比、氨基酸能量比、理想蛋白质、钙磷比例、矿物质元素和多种维生素的平衡，微生态平衡、酸碱平衡、离子平衡等。

国家标准对仔猪、生长肥育猪配合饲料(GB/T 5915—2004)，实行的都是推荐性标准。新《饲料标签》(GB 10648)标准对饲料标准提出了更高要求，对产品的分析保证值要求配合饲料除常规成分外，要标示氨基酸含量，浓缩饲料要标示氨基酸、主要微量元素和维生素含量。饲养标准是经研究和实践总结制订出来的，具有“特定动物＋环境”的平均保障性质。尽管动物自身有某些营养调节能力，但应用时还是要根据“特定动物＋环境”对饲养标准进行必要调整。在调整饲养标准时要注意遵守物质不灭定律。养分可以转化为动物产品，但转化效率最高也不会达到100%。某著名饲料品牌曾经发布过一则广告：“吃××料四两，增重斤半以上”，忽悠住许多养猪人，因为他们迷信添加剂有“灵丹妙药”式的“神奇”效果。

每个育种公司每推出一个动物新品种，就会有一整套的标准相应推出，一般讲，育种公司为其自身利益考虑，制订的饲料标准相对而言往往较高。

企业标准必须以国家标准为指导，指标不得低于国家标准。《饲料卫生标准 GB 13078》企业不得自己制订，属于强制性标准。

§1.3 饲料配方设计程序

(1)搜集市场信息,确定产品档次。设计饲料配方前一般应收集如下信息:①市场情况,市场需求量?对手的产品结构、产品质量、销量、售价、特点、经营策略和用户反映、所处市场位置和发展潜力?摸清楚其优缺点。②销售区域的养殖业结构、饲养方式、水平、畜产品价格、饲养对象的遗传性能。③各层次用户的情况,用户的心理和偏爱:最关心产品的哪些特征?哪些特点最受欢迎?市售产品的哪些特点不能使用户满意?用户的饲养管理水平?④产品的营养功能,生产全价料还是浓缩饲料?预混料?用户喜欢什么料?⑤产品物理形状,市场需要颗粒料还是粉状料?用户喜欢什么包装?⑥生产过程,加工工艺对饲料营养的影响?产品贮存期多长?⑦国家法律,饲养标准、产品标准?是强制执行标准还是推荐执行标准?⑧饲料原料的供应,质量和价格的稳定性。

目前我国一般市场对高档仔猪料的基本要求是:①高浓度的、平衡的、仔猪可消化的养分和料重比;②通过营养手段而不是添加药物使饲料具有提高仔猪抗病力的作用;③作为商品的饲料产品还要求产品外观,例如添加油脂、香味剂、着色剂等。

(2)研究每一种可用饲料原料的特性。要掌握每一种饲料原料的可消化性和对仔猪的营养作用,同时要考虑每种原料的负作用,注意限制用量。高档仔猪饲料要求原料多样化、品种数量多,然而采购能力和费用、仓储能力和费用、生产工人的操作水平、出现差错的概率等因素则要求原料种类要少。

在确定可用哪些原料及其用量限制时,一般考虑如下几点:①有哪些原料可用?质量和价格如何?本厂存货有多少?可用原料的供应情况是否稳定?各种原料的质量、数量和产地、来源?②可用原料的营养成分、理化特性,例如消化率、适口性如何?体积是否过大?可用原料对动物有什么影响?可以在饲料数据库中查出各种可用原料的营养成分和营养价值，或者根据回归公式估计有关的有效养分。③可用原料是否含抗营养因子或有害物质，是否卫生？是否会对仔猪和环境造成危害？各种原料的最大用量范围是多少？最少用量是多少？④可用原料的营养质量，加工特性，养分在加工过程中的变化情况？⑤各种原料在现在使用的饲料配方中的用量是多少？⑥各种原料的营养成本高低？哪些原料物美价廉？

(3)根据市场信息，确定产品质量标准。在确定商品性仔猪饲料产品的质量标准时，首先评估用户饲养的品种、饲养环境、饲喂模式等因素，调查用户对饲料效果的评价指标，摸清竞争对手的设计标准，在此基础上制定自己的营养标准。确定一个产品的质量标准时应考虑的最重要的问题是日粮类型与饲养方式。全价饲料还是浓缩饲料？预混料？颗粒饲料还是粉状饲料？预期日采食量？自由采食还是限制饲养？综合上述信息，确定自己的产品质量和价位，应当怎样调整饲养标准？

产品的质量水平和价位直接决定产品在市场上的竞争能力，即市场占有率。不同客户喜欢不同价位的饲料，我们的产品面向什么客户群？一般把确定产品的类型、质量水平和价位的过程称为产品定位。根据收集的信息资料确定自己的产品标准，是饲料厂最重大的决策。

就仔猪饲料而言，高档饲料的成本往往很高，只要稍微调整某些原料的用量，就会大大降低饲料成本，而饲养效果差异并不明显，不经过专门的对比试验常难以发觉。所以就目前的状况而言，商品性“高档仔猪饲料”往往与养猪场自配的高档仔猪饲料有很大差别。

饲料产品质量的定位或设计目标是决定饲料产品质量最重要的因素。饲料企业饲料产品的定位取决于多种因素，如企业技术力量、工艺技术条件、市场情况、饲养者和消费者的需求等。确定产品质量标准时，既要满足客户的合理要求，又不要一味地迎合客户的不正当要求。例如一度在饲料生产上乌烟瘴气的黑风，拉黑分，就需要向客户解释其原理，普及有关科学道理，这就是引领市场。

在调查研究的基础上，根据本厂的技术力量、生产条件和市场定位，确定适合本厂的饲料产品标准，这是配方师的最高境界之一。

(4)设计饲料配方。在确定了产品质量标准后，就要与销售部讨论产品贮藏期，考虑各种养分在贮藏过程中的损失。要根据饲料原料中可利用的养分含量设计饲料配方。用可利用营养素为指标(如标准回肠可消化氨基酸、有效磷等)设计饲料配方的基础是要有各种饲料原料的可利用营养素含量数据。目前中国饲料数据库提供的最新版中国主要饲料原料营养成分与价值表中已经提供了回肠末端可消化氨基酸含量和有效磷含量。

配方师应在分析所用饲料原料的基础上，根据其基本物化特性、加工方法、条件等和相关回归公式及一切可用手段来具体确定其可利用营养素含量，并在此基础上进行配方设计。仔猪配合饲料的利润潜力一般为 30～80 元/t。设计好饲料配方后要向销售部进行讲解和说明，并确定市场价格和策略；如果销售部对预期价格或性能有异议，请公司进行仲裁，是否可有新条件出现？是否有应急措施？原则上是要与销售部达成一致才可进行生产。

(5)分析养殖场与饲料厂的经济效益。这里强调的是，配方师考虑的是“养殖场＋饲料厂”的总效益，至于这个总效益在养殖场与饲料厂之间如何分配，也就是利润分割问题，不是配方师的权限，而是饲料厂或公司的权限。

(6)饲料生产加工与饲养试验。①通知生产部按照加工参数要求和操作说明生产出适量样品。②与市场部讨论：产品成色如何？成本状况？外观上有哪些可以攻击的缺点？③产品管理部对产品使用效果进行评价，进行饲养试验，对生产工艺要求，操作说明，使用期限等提出改进方案。

(7)进行饲养试验。一个好的饲料配方，在大面积生产之前，要进行饲养试验，鉴于内容复杂，我们单列一节介绍这个问题。

以上程序循环进行，直到大家满意才可批量生产。

(8)饲料市场反馈信息的使用。任何一个产品设计都包含了设计人的观念和对市场的看法，也是一种经验，而一个人的经验和习惯往往很难改变。所以配方师经常下市场和参加交流会是有益的。产品投放市场后跟踪调查，搜集用户反应及推广效果，考察产品对市场的适应性，据此改进产品定位或修改饲料配方。对配方的整体评估是根据产品性能表现在市场上的统计分布，不同市场用户的使用结果和同一市场相对于竞争对手而言自己产品的优劣。

所以，制定饲料配方是个循环过程，每次循环都会使产品质量及其市场竞争力提高一步。

(9)饲料配方的管理。饲料配方属于饲料厂的绝密技术资料，配方师设计出新的饲料配方交技术部，由技术部监督和指导生产部生产。饲料配方上要注明配方名称、有效期、原料的名称和质量、加工工艺要求。饲料配方用后，由生产部主任交给品管部主任，品管部主任亲自交给技术部，由技术部登记造册密封存档。过期饲料配方要求保存一年，以备查阅。

第2节　仔猪饲料加工技术

设计饲料配方时，由于饲料市场、饲料原料质量和设计饲料配方的方法等影响，使得饲料配方实际上并不是“最佳饲料配方”。这是配方失真的一方面原因，发生在饲料配方设计过程，所以严格地说这部分影响不该算作是“饲料配方”的失真。

自设计饲料配方到仔猪采食饲料产品，需要经过饲料加工和贮藏过程，这个过程造成一些养分数值变化，尤其是仔猪饲料，因为原料比较特殊，例如活菌制剂或酶制剂等，更易受加工和贮藏影响，导致配方设计目标与仔猪实际采食的饲粮之间的误差，这个是实在的配方失真，应该在设计饲料配方时加以考虑。

§2.1　仔猪饲料加工工艺

目前市场上的仔猪饲料有多种形态。饲料的熟化程度对乳猪消化率至关重要。常见的熟化方式有调质制粒、膨化、膨胀、蒸汽压片等。

乳猪的教槽料多数是颗粒饲料，少数是粉状的。

颗粒料加工的最佳工艺是：玉米豆粕—粉碎—膨化—冷却—粉碎—与其他配料混合—低温制粒(70℃)—冷却—计量包装。具体如下：

玉米＋豆粕粉碎后进仓，配料，适当热处理(膨胀最佳)，冷却，粉碎后进仓；→大豆膨化，冷却，粉碎后进仓→配料(膨胀原料＋膨化大豆＋鱼粉＋热敏性物质(血制品＋乳糖＋葡萄糖＋多维＋酶制剂＋微生态制剂＋微量元素＋其他添加剂)，混合→低温制粒，冷却，成品。

这种工艺加工乳猪料的最大优势是淀粉糊化(熟化)度高、仔猪采食后的消化率高(见表3.1)，对其他添加剂不产生任何不利影响，配方调整方便，极大地提高了生产高档乳猪料的可行性。

粉状料适合于流食饲喂。断奶前后饲喂流食可以提高饲料消化率，使肠绒毛萎缩最小化，有利于肠道健康的调节。但是不要很稀，要浓些，以水∶料比在(1.3～1.5)∶1为好。整个断奶阶段使用流食可提高日增重12％。

粉料适合乳猪的采食行为，具有更好的开食效果，断奶应激小，采食量大。要注意原料预加工熟化，产品不黏槽、不结块。

制粒对饲料能值的影响，是很大的。

表 3.1 猪料加工工艺对能量消化率的影响 %

	加工工艺	
	粉碎	制粒
小麦-豆粕型日粮($n=2$)	88.6	89.2
玉米-豆粕型日粮($n=3$)	88.4	90.3
玉米($n=5$)	87	90
全脂油菜籽	35	83
亚麻籽(压榨)	51	84

颗粒料要求制粒工艺中调质和制粒尽可能一次完成,避免二次糊化和制粒,减少原料变性、有效成分损失的问题。粒料产品的理化性质要求是糖粉不焦化,酥脆不扎嘴。制粒后破碎设备精度要求高,产品介于粉料和颗粒料之间。

膨化也叫做膨胀。膨化也是通过加热加压处理,与制粒对饲料的作用相似。一般饲料厂的膨化加工工艺参数见表 3.2,膨化对饲料的质量的影响见表 3.3 至表 3.7。

表 3.2 膨化工艺参数表

品种	调质压力 /MPa	调质温度 /℃	喷头出口温度 /℃	冷却时间 /min	备注
膨化大豆	0.2～0.4	80～90	130～140	7～9	不高于室温 5℃

表 3.3 膨化对乳猪饲料原料的影响

	表观消化率				
	干物质 /%	粗蛋白 /%	粗脂肪 /%	粗纤维 /%	表观消化能 /(Mcal/kg)
普通豆粕	85.77	86.56	51.09	46.2	3 289.07
膨化豆粕	88.24	89.89	61.39	55.05	3 311.93

原料膨化比配合后膨化好,以玉米-豆粕-油原料膨化最好。

表 3.4　仔猪对膨化后的玉米 - 豆粕型日粮的消化率　%

作者	干物质的消化率			氮的消化率		
	粉碎	制粒	膨化	粉碎	制粒	膨化
Cao et al.	—	76.3	80.0	—	63.6	74.4
Cao et al.		78.8	80.3	—	62.3	76.6
Johnston et al.	86.3	87.5	89.0	85.2	85.1	88.2
Traylor et al.	81.8	83.3	86.1	78.5	79.3	82.8
Traylor et al.	84.5	86.9	87.2	79.2	81.5	83.1
作者	**总能利用率**			**饲料/仔猪比**		
	粉碎	制粒	膨化	粉碎	制粒	膨化
Cao et al.	—	75.9	80.3	—	3.62	2.07
Cao et al.	—	—	—	—	3.04	1.65
Johnston et al.	87.2	88.4	90.2	1.61	1.52	1.45
Traylor et al.	81.9	83.5	87.6	1.47	1.36	1.28
Traylor et al.	83.9	87.4	88.4	1.47	1.33	1.29

注：①引自程宗佳，2010；②乳猪颗粒、膨化和浓缩教槽料的加工和操作技术比较。

日粮配合后膨化，将导致仔猪日增重、料肉比全面下降。

表 3.5　日粮配合后膨化与原料膨化的效果

指标	膨化饲料组分			
	玉米	玉米 - 大豆粉	玉米 - 大豆粉 - 油	配合后膨化
ADG/g	346	359	420	193
ADFI/g	333	338	382	257
G/F	1.04	1.06	1.10	0.75
表观消化率				
DM/%	85.1	86.4	85.1	85.5
N/%	80.2	82.4	81.1	79.9

膨化后再制粒效果不一定好。

表 3.6　膨化后制粒不提高生产性能

指标	标准调质		膨化调质	
	不制粒	制粒	不制粒	制粒
ADG/g	241	253	146	154
ADFI/g	282	201	176	186
G/F	0.86	1.26	0.85	0.83
淀粉糊化率/%	48.6	52.9	48.6	68.6

表 3.7　不同加工方法对仔猪日粮熟化度的影响

	加工方法				
	粉碎	制粒	膨化	膨胀	蒸汽压片
熟化度/%	18～30	25～40	80～100	40～80	60～70

表 3.8 比较了不同形态的饲料的使用效果。

表 3.8　不同乳猪料的使用表现

教槽料性状	早期采食	14 日龄采食量	断奶 7 d 抗痢性能	断奶重	断奶应激	断奶期皮毛	28～35 d 断奶期日增重/(g/d)
粉料	好	好	优	大	小	好	100～300
颗粒料	中	中	良	中	中	中	50～200
破碎料	中	中	良	中	中	中	50～200
一般保育料	游戏行为	开食	差	自然体重	大	差	下痢、失重

§2.2　乳猪料的制粒技术

乳猪颗粒料的适口性、消化率和颗粒硬度是做乳猪料需要注意的。

(1)原料粉碎粒度：饲料粉碎粒度越小消化率越高，但是粉碎成本也高。仔猪饲料推荐的粒度是玉米粉碎至 600～750 μm。

(2)颗粒硬度。制粒使饲料容积降低,颗粒大小一致,胃内容积性反射减少、采食量提高。大量试验结果表明断奶仔猪喜欢吃软颗粒饲料,硬度过大影响采食量,5%～25%的粉度为好,断奶仔猪采食碎末过多的饲料影响生长性能。

饲料配方和原料品质对颗粒质量影响极大。能量饲料和蛋白饲料是主要原料,也是影响颗粒质量的主要因素。蛋白质含量高时制粒受热后物料可塑性大,黏性增加,制粒产量高。可是各种替代蛋白原料例如 DDGS、啤酒糟、玉米蛋白粉、菌体蛋白、饲料酵母、菜粕、棉粕、血粉、肉(骨)粉、蚕蛹粉等,品质相差较大,可使饲料吸收蒸汽的能力下降,表现为颗粒松散、表面无泽、硬度差、粉化率高,为改善颗粒质量,经常需要在配方中添加增加黏结成分,如小麦、次粉或膨润土等,见表 3.9。加适量的小麦或次面粉效果较好,主要因其富含面筋蛋白和可溶性纤维素,较易于吸收蒸汽而熟化,从而提高颗粒质量。

表 3.9　常见饲料原料的制粒特性

原料	摩擦力	制粒性	原料	摩擦力	制粒性
脱水苜蓿	高	低	鱼粉	中	中
大麦	中	中	花生粕粉	低	高
甜菜渣	中	低	稻糠	高	低
血粉	低	低	小麦	低	高
啤酒糟	中	低	豆粕	低	高
玉米	低	高	麦麸	低	低
玉米面筋粉	低	低	乳清粉	低	高
棉粕粉	中	低	乳糖	低	高
酒糟	中	低			

注:引自 Boerner,1992。

谷物类淀粉含量高,在高温、高水分下容易制粒,产量也高。老式加工制粒机械调质温度应在 80℃以上,否则淀粉糊化程度差而产生脆性颗粒，甚至不能成形。若谷物在调质前已经熟化(如烘干玉米)，则制粒产量下降。因此，采购原料时不选择烘干的为好。

添加少量的油脂(0.5%～1%)，有利于减少机器部件磨损，并使颗粒容易通过模孔，提高制粒产量。然而当添加量超过3%时，会使颗粒松散，难以成形。因此，在添加高剂量油脂时，宜在混合机处添加全量的30%，制粒机处喷涂全量的70%。可用脂肪粉解决脂肪添加量的问题。

含脂肪高的原料提高生产效率，含纤维高的原料会降低生产效率。脂肪和纤维还影响制粒的质量，玉米、大麦、鱼粉、小麦细麸、大麦等的成粒能力中等；不过也有例外，例如玉米油粕粉含粗纤维11.5，而成粒能力很好，脱水苜蓿含粗纤维20%左右，而成粒能力中等，小麦粉含脂肪1%左右，而成粒能力也在中等。所以，设计饲料配方时应考虑各种原料的成粒能力大小和营养特性进行互补，选择合适的原料相互搭配。

适当的粗纤维含量(3%～5%)，有利于颗粒料的黏结，减少颗粒的粉化率，提高制粒产量，但粗纤维含量超过10%时，则会因黏结性差而影响颗粒的硬度和成形率，增加机械磨损，降低制粒产量。

矿物质等无机质饲料几乎无黏结力，制粒性能差，影响制粒产量。向物料中加入少量黏结剂(如糖蜜)可改善制粒性能，提高产量。

热敏感饲料乳糖、乳清粉等受热后黏性增加，有利于提高产量，但温度超过60℃，就易出现焦化，堵塞模孔，影响制粒产量。因此对这类饲料调质时可采用温水。调质时间和温度是影响调质效果最重要的两个因素。影响颗粒耐久性的因素中，饲料配方的影响占40%，粉料粒度占20%，调质占20%，环模特征占15%，冷却占15%。

物料容重大的原料一般比容重小的原料制粒产量高，能耗少。通常当原料容重$r>0.55$ kg/L时制粒性能好，小于这个值时制粒性能下降。

(3)颗粒大小。更精确地讲是颗粒的直径(表3.10)。市场观念是仔猪需要小颗粒饲料才能长得健壮。然而研究表明,小至14～21日龄的仔猪能够很容易地采食直径为1～12 mm的颗粒饲料,不过采食颗粒大于3～4 mm的颗粒饲料时浪费现象可能会很严重。

表3.10　颗粒直径对仔猪生长性能的影响

项目	日粮	2 mm	4 mm	6 mm	12 mm
日增重/(g/d)	358	362	371	362	364
采食量/(g/d)	537	510	516	541	532
饲料转化率/%	1.50	1.41	1.39	1.49	1.46

注:试验中的试验动物为断奶后29 d的仔猪(Traylor等,1996)。

(4)在乳猪料生产中,玉米经粉碎后与其他物料直接混合搅拌加工成配合料或制粒(或经膨化机熟化处理的锅巴料)。这种生产工艺的主要问题:一是没熟化或糊化度(熟化度)低;二是熟化处理中温度不便太高,因为各种添加剂已经加好,温度高了会对某些添加剂产生不利影响,温度低了熟化度无法提高,所以难以生产出高档饲料。即便最后用膨化机进行熟化加工也只能采用环隙出料方式,生产出片状料(锅巴料),然后经破碎、筛分。这种加工工艺生产的所谓的"锅巴料"存在着熟化度低、消化吸收率低等致命弱点,目前,此种料有被市场淘汰的趋势。

表3.11给出了膨胀低温制粒工艺生产乳猪教槽料的一般工艺参数。

表3.11　膨胀低温制粒工艺生产乳猪教槽料的工艺参数

粉碎机筛片/mm	1.5～2.0	颗粒直径/mm	2.0～2.5
出模温度/℃	45～58	粉化率/%	5%～7%
环模压缩比	(8～6):1		

§2.3 制粒过程中的常见问题

在制粒机颗粒料生产中，有时会出现外观不正常的颗粒料。有些是饲料加工上的技术问题，有些是饲料配方设计的问题。爱畜牧论坛（http://www.ixumu.com/thread-5711-1-1.html）曾给予介绍。

(1)颗粒料弯曲且一面呈现许多裂纹。这种现象通常是在颗粒料离开环模时产生的。在生产中，当切刀位置调得离环模表面较远并且刀口较钝时，颗粒从模孔挤出时是被切刀碰断或撕裂而非被切断，此时有部分颗粒料弯向一面并且另一面呈现许多裂纹。这种颗粒料在进入冷却器冷却或运输过程中，往往会从这些裂纹处断裂，造成生产出的颗粒料粉料过多。

改进办法：ⓐ增加环模对饲料的压缩力，即增大环模的压缩比，从而增加颗粒料的密度及硬度值；ⓑ将饲料原料粉碎得更细些，如果添加了糖蜜或脂肪，应改善糖蜜或脂肪的散布均匀度并且控制其添加量，以提高颗粒料的密实度，防止饲料松软；ⓒ调节切刀离环模表面的距离，通常刀口离环模外表面的距离不大于所生产的饲料颗粒的直径值，或者更换使用较锋利的切刀片，对于小直径的颗粒料也可采用薄刀片，并使薄刀片紧贴环模表面生产；ⓓ使用黏结类的制粒助剂，有助于改善颗粒内部的结合力。

(2)水平裂纹横过整个颗粒料。与签署介绍的情形类似，裂纹发生于颗粒的横切面，只是颗粒没有弯曲。当将含有较多纤维的蓬松饲料制粒时，就有可能发生此种情况。这种颗粒料往往是在将饲料挤入环模的造粒孔时，由于其中含有比孔径长的纤维，当颗粒被挤出后，因纤维的膨胀作用使颗粒料在横截面上产生横贯裂纹，产生枞树皮状的饲料外观。

改进办法：增加环模对饲料的压缩力，即增大环模的压缩比；

控制纤维的粉碎细度，其最大长度不能超过粒径的 1/3；降低产量以减低饲料通过模孔时的速度，增加密实度；加长调质的时间，使用多层调质器或釜式调质器；当粉料水分过高或含有尿素时，亦有可能产生枞树皮状的饲料外观，应控制添加的水分和尿素含量。

(3)颗粒料产生垂直裂纹。在有些饲料配方中含有蓬松而略具弹性的原料，这种原料在经过调质器调质时会吸水膨胀，在经过环模压缩制粒后，会因水分的作用及原料本身所具有的弹性而弹开，产生了垂直裂纹。

改进办法：更改配方，但这样做有可能增加原料成本；控制调质时使用的蒸汽质量，尽量采用较饱和的干蒸汽，以使添加的水分尽可能减至最低；降低产量或增加模孔的有效长度，尽可能使饲料在模孔中滞留的时间增加；添加黏结剂也有助于减少垂直裂纹的发生。

(4)颗粒料由一源点产生辐射式裂纹。此种外观表明颗粒料中含有大的颗粒原料，此等大颗粒原料在调质时，很难充分吸收水蒸气中的水分与热量，不像其他较细的原料那么容易软化，而在冷却时，由于软化程度不同，导致收缩量的差异，以致产生辐射式裂纹，使得粉化率增加。

改进办法是：妥善控制粉状饲料原料的粗细度与均匀度，从而在调质时能使所有的原料都能够充分均匀软化。

(5)颗粒料表面凹凸不平。此种情况在于用于制粒的粉料中，含有没有粉碎过或半碎的大颗粒原料，由于在调质过程中未能充分软化，颗粒比较硬又比较大，在通过制粒机的模孔时就不能很好地和其他原料结合在一起，使颗粒显得凹凸不平。另一种情况可能是调质后的原料中夹杂有蒸汽泡，蒸汽泡使饲料在压制成颗粒的过程中产生空气泡，当颗粒被挤出环模的一瞬间，由于压力的变化导致气泡破裂而在颗粒表面产生凹凸不平现象。任何含有纤维的饲料皆可能发生此种情况。

改进办法：妥善控制粉状饲料的粗细度，从而在调质时使所有原料都能充分软化;对于含纤维比较多的原料,由于容易夹杂蒸汽泡,因此不要在这种配方中加入太多的蒸汽。

(6)腮须状颗粒料。在生产颗粒料时,如果加入的蒸汽量过多,过多的蒸汽会储积于纤维或粉料中,而在颗粒挤出环模时,因压力的急剧变化使颗粒爆裂而将纤维或颗粒原料凸出表面,形成扎手的腮须,尤其在生产高淀粉、高纤维含量的饲料时,使用的蒸汽越多,情况越严重。

改进办法:良好的调质。当我们将高淀粉、高纤维含量的饲料制粒时,应使用(0.1～0.2 MPa)的低压蒸汽,以便让蒸汽中的水分与热量能充分释放给饲料吸收。假若蒸汽压力太高,或减压阀后的下游管路距离调质器太短,一般应大于4.5 m,则蒸汽必然不会很好地释放出其中的水分和热量,于是有部分蒸汽储积在调质后的饲料原料中,当制粒时就导致上面所述的腮须状颗粒效应,总之应特别注意蒸汽的压力调节和减压阀的安装位置是否正确。

(7)单个颗粒或个体间颗粒颜色不一致,俗称"花料"。这种情况在生产水产饲料时较为常见,主要表现为从环模挤出的个别颗粒的颜色比其他正常颗粒的颜色深或者浅,或者单个颗粒的表面颜色不一致,从而影响整批饲料的外观质量。该现象产生的原因主要有以下几个方面:

a)由于水产饲料配方成分复杂,原料品种多,有的成分添加量又比较小,在进行原料混合时,如果混合机的混合效果不理想,就很难保证进入制粒机的混合原料是均匀的,从而在调质和制粒过程中,在水分、温度和压力的共同作用下,原料发生物理和化学变化,导致不同组分的原料颜色变化不一致,产生"花料",这种情况在饲料配方中含有对温度和水分的变化原料颜色变化比较敏感时更为突出。

b)用于制粒的原料水分含量不一致。在水产饲料生产工艺中,时常为了弥补超微粉碎后原料水分的损失,要在混合机中加入一定量的水，混合后再进入调质器进行调质。有的饲料生产厂家工艺较简单，直接在混合机中倒入一定量的水，而不是采用专用喷头均匀喷入，这样就很难使饲料在混合后水分能够均匀分布。当这种混合原料进入调质器调质时，由于调质器也不可能在短时间内使水分进一步分布均匀，在蒸汽的作用下，饲料各个部分在调质后熟化效果不一致，制粒后颜色变化也就不一致。

c)待制粒仓中具有重复制粒的回机料。制粒后的颗粒料经过冷却和筛分后，才能成为成品料，筛分后的细粉或小颗粒料时常会进入工艺流程中重新进行制粒，通常是进入混合机或待制粒仓，由于这种回料是重新进行调质和制粒，在调质后如果和其他原料混合得不均匀或夹杂有回机小颗粒料，对于某些饲料配方，有时会产生“花料”。

d)环模孔径内壁光洁度不一致。由于模孔光洁度不一致，颗粒在挤出时受到的阻力和挤压力就不一样，颜色的变化就不一致。另外有的环模小孔壁上具有毛刺，颗粒在挤出时会划伤表面，致使单个颗粒的表面颜色不同。

对于上面列出的四种产生“花料”的原因，改进的办法已很清晰，主要在于控制配方中各组分的混合均匀度以及所添加的水分的混合均匀度；改善调质性能，必要时控制调质温度，采用低一些的调质温度以减少颜色的变化；控制回机料，对于易产生“花料”的配方，尽量不用回机料直接制粒，应该把回机料和原料混合后重新进行粉碎；采用质量有保障的环模，控制模孔的光洁度，必要时对模孔进行砂磨后再使用。

总之，对于饲料生产中出现的异常外观的颗粒料，上面讨论了七种具有代表性的表现形式，还有一些颗粒的外观异常现象由于不具有代表性，在这里没有列出讨论。从以上讨论可以看出，产生这些现象的原因是多方面的，相互之间也不是完全孤立的，这就要求我们在实际工作中处理此类问题时，应该多加分析，抓住问题的关键，才能够解决问题。

§2.4 膨化和制粒对养分的影响

在仔猪日粮中常使用大量的膨化玉米和膨化豆粕，在制定饲养标准时必须考虑加工参数对各种养分的影响。

(1)膨化、制粒对淀粉的影响。淀粉在有水时加热可破坏其结晶结构，转变成α-淀粉，易被淀粉酶作用。淀粉受热超过糊化温度时吸水膨胀，淀粉分子间键断裂，淀粉分子产生水化作用，导致淀粉的糊化。温度越高，糊化度越大。有报道说，制粒可使高油玉米的消化能值增加0.45 MJ/kg。

膨化对淀粉物理性能的影响：淀粉的有效膨化是高温瞬时(HTST)调质过程，最佳“变性”温度在110～130℃范围内，这是关键，同时淀粉热变性的特点也决定了其结合与吸附液体的能力，例如脂肪和液体添加剂等。小麦碎粒的糊化率，在130℃时，糊化率55%；当温度达到160℃时，糊化率达到90%，蛋白质与淀粉融为一体，这种情况在配合饲料的膨化中应当避免。

膨化对淀粉化学性能的影响：膨化对淀粉还有水解作用。淀粉水解增加仔猪体内乳酸含量，乳酸能抵抗致病菌侵袭。

(2)膨化、制粒对蛋白质的影响。膨化调质处理有降低蛋白质在水中溶解度的趋势，但糊化淀粉与蛋白质的结合是物理性质而非化学结合，消化酶可以很容易地溶解这种淀粉基质而把蛋白质释放出来。膨化工艺不影响膨化饲料中的蛋白质数量，在130℃时，氨基酸总量与有效性都没有变化。

蛋白质受到加热或加压等物理作用，或者酸、碱、有机溶剂等化学作用时会发生变性。适度变性能够钝化蛋白酶抑制剂和其他抗生理物质，伸展肽链结构，增加其接触酶的机会，提高蛋白质的消化率。但如果变性过度，反而会降低其消化率。

(3)膨化、制粒对脂肪的影响。脂肪受制粒、膨化技术的影响较大。优点表现在：使原料中微生物分泌的脂肪酶完全失活，提高饲料的贮藏性能;使油细胞破裂,油脂浸到细胞表面,可以改善饲料适口性和外观,并对制粒过程起到润滑作用,增加产量,延长压模寿命。不过对高油脂的饲料需要加一定量的抗氧化剂。

脂肪在膨化过程中发生的变化与热的作用条件有关。有氧条件下,除了非氧化性的热解反应外,同时还发生氧化反应。菌体脂肪酶是引起饲料原料和成品中脂肪氧化和重组的主要原因,但这种脂肪酶在 50～70℃时即被灭活。膨化过程引起的脂肪变化对控制成品饲料中脂肪的哈变有重要作用。

(4)膨化、制粒对粗纤维的影响。纤维素、半纤维素对热处理较稳定,但在膨化过程中,因机械研磨、压力增加后突然降低,破坏了纤维的空心结构,使分子间键破裂,纤维被磨细,容积密度增加,粗纤维含量减少,有利于其他养分消化吸收。大豆中粗纤维在膨化后减少 65.4%,平均含粗纤维量为 4.51%,对单胃动物意义重大;玉米、麦麸和其他饼、粕类也有类似结论。

(5)膨化、制粒对维生素的影响。膨化和制粒过程中水分、温度、压力、摩擦和调质时间等加工条件使维生素的损失很大,摩擦和压力使较多的维生素分子暴露于化学破坏作用中,温度和湿度对多数化学反应有加速作用,调质时间延长了氧化还原及其他化学反应。在制粒过程中维生素 C 损失达 15%～20%,维生素 A、视黄醇、维生素 K、抗坏血酸、胡萝卜素、维生素 E、硫胺素都对制粒较敏感(表 3.12),配方师调整饲养标准时应重点考虑维生素在制粒过程中的损失,例如维生素 A,一般提高 15%～18%的添加量。BASF 公司研究表明,在较低温度下(60～75℃)和在较高温度下(105～120℃)膨化,除维生素 K、维生素 C、维生素 E 外,其他维生素的保留率均在 90%以上;当制粒(90～105℃)、膨化(120～160℃)温度增高时,维生素的保留率明显下降。同时,调质过程中的摩擦(研制)作用不利于维生素稳定,因为摩擦会使维生素晶体结构保护层破碎,使维生素暴露而遭受氧化 - 还原反应。

表 3.12　调质制粒对维生素稳定性的影响　%

	温度/℃								
	66～70	71～75	76～80	81～85	86～90	91～95	96～100	101～105	106～110
维生素 A 胶囊，交联	98	97	96	95	94	91	88	86	83
维生素 A 胶囊，非交联	87	85	81	78	73	69	64	60	57
维生素 D_3 交联	97	96	95	94	93	92	91	90	89
维生素 D_3 喷雾冷凝	96	95	94	93	91	89	86	84	83
维生素 D_3 矿物稳定态	95	94	92	91	88	86	82	80	77
维生素 D_3 滚筒干燥	94	93	90	88	85	82	78	76	73
维生素 E 乙酸酯	97	96	95	94	93	92	91	90	88
维生素 E 乙醇	75	70	65	60	54	49	43	30	23
MSBC	80	76	72	70	65	60	56	51	44
MSB Coated	85	83	81	77	75	72	70	67	60
MSB	70	66	62	59	53	48	44	39	31
MNB	86	84	82	80	78	75	72	69	62
MPB	82	79	77	75	72	68	65	62	55
盐酸硫胺素	93	91	89	86	82	78	74	68	63

续表 3.12

	温度/℃								
	66～70	71～75	76～80	81～85	86～90	91～95	96～100	101～105	106～110
一硝酸硫胺素	96	94	93	90	89	87	84	80	78
核黄素	95	94	93	91	89	87	84	80	78
吡哆醇	94	93	92	90	87	85	82	78	75
维生素 B_{12}	99	98	97	97	96	96	95	95	94
泛酸钙	95	94	93	91	89	87	84	80	78
叶酸	95	94	93	90	89	87	84	80	77
生物素	95	94	93	90	89	87	84	80	77
尼克酸	96	95	94	91	90	89	86	82	80
尼克酰胺	94	93	91	88	87	86	82	78	76
抗坏血酸	65	60	55	50	45	40	35	30	25
乙基包被抗坏血酸	67	62	57	53	47	44	39	34	30
脂肪包被抗坏血酸	85	83	81	77	75	72	70	67	60
抗坏血酸磷酸酯	97	96	95	94	93	92	91	90	89
氯化胆碱	99	99	98	98	97	97	96	96	95

有报道，膨化饲料中维生素 A、维生素 D_3、叶酸、单硝酸硫铵素的损失率为 11%，维生素 K 与维生素 C 的损失率为 50%，制粒损失率减半。饲料在 120℃ 膨化后贮存 1 个月，损失最多的几种维生素是：维生素 K_3 80%，维生素 C 75%，维生素 D_3 25%，维生素 A 和维生素 E 各 20%。高温和高湿条件下维生素 A 3 个月损失率可达 98%。

对付维生素在加工和贮存过程中损失的方法是多添加，或者采用后喷涂以减少损失，或者采用包被以提高维生素的稳定性。最好的解决方法有 3 个：一是使用制粒专用多维素；二是使用新的加工工艺，降低制粒温度；三是使用粉料，不制粒。

(6)膨化、制粒对矿物质微量元素的影响。添加于饲料中的无机态矿物质微量元素的利用率一般不受加工过程影响，膨化或制粒也不影响饲料中矿物质微量元素的含量，但是有机态微量元素的利用率有可能受影响。

(7)膨化、制粒对酶制剂的影响。酶是蛋白质，制粒加工时的温度(60～90℃)能使饲料中或添加于饲料中的各种酶受到不同程度的破坏，破坏程度受制粒温度、酶制剂类型和酶的复活性能的影响。用含有不同酶制剂的大麦-豆饼型日粮，在 60℃、70℃、80℃、90℃和 100℃制粒温度的研究表明：纤维分解酶、真菌淀粉酶和戊聚糖酶，在制粒温度达 80℃，细菌淀粉酶达 90℃时，可不考虑酶活性的损失。制粒温度达 100℃时，细菌淀粉酶活性保留率为 60%，其他酶活性损失较大。所以制粒过程中(60～90℃)添加酶制剂是可行的。75℃和 95℃的制粒温度，可使 β-葡聚糖酶的活性分别降低 40%和 70%。在膨化制粒温度达 105～150℃，并伴有高湿、高压时，大多数酶制剂的活性都将损失殆尽。制粒温度为 79℃时，植酸酶活性下降 45.8%，80℃时下降 87.5%。110℃时植酸酶活性存留率为零，β-葡萄糖酶和纤维素酶活力已无法测得；淀粉酶在 80℃下活力明显大度下降。

(8)膨化、制粒对活菌制剂的影响。活菌制剂承受加工过程的能力很低。乳酸杆菌比较脆弱，芽孢杆菌比较稳定，酵母和连球菌介于两者间。有报道，制粒温度从 52℃到 102℃，芽孢杆菌的活力只有少量损失，并在储存 60 d 后，其活菌数几乎没变；而酵母菌，在 72℃条件下制粒时，活性损失达 47%(以 Log 10 计)，活性酵母细胞数损失 99.97%；乳酸杆菌和连球菌在 85℃条件下制粒时，活性损失几乎 100%。所以在膨化和制粒过程中要添加包被的活菌制剂，或者在制粒后喷涂。

(9)膨化、制粒对饲料中某些生长抑制素的影响。高温膨化与制粒过程能杀死饲料中的有害细菌和微生物，例如大肠杆菌、沙门氏菌等，并可使某些有害酶灭活到允许程度。但是膨化和制粒加工过程对饲料中的有益微生物和有益酶也一并杀死。

目前玉米 - 豆粕型饲粮中的生长抑制因子，主要指大豆或其饼、粕中的胰蛋白酶抑制因子(TI)和尿素酶(UA)，大豆或其饼、粕中其他抗营养因子的负作用较小，而且一般加工条件都可破坏它。TI 和 UA 被破坏的程度取决于加工最高温度、加热时间、压力和原料的初始水分含量等因素。据测定，生大豆的 TI 活力为 12.5 mL/g 干物质，当生大豆在 116℃、138℃、160℃温度下膨化后，大豆的 TI 活性降低，分别降低到 3.75 mg/g，3.07 mg/g 和 1.20 mg/g 干物质；尿素酶活性也明显下降。在 80℃、100℃、115℃、125℃、130℃的条件下，膨化全脂大豆和豆粕，其营养组成不变，但某些抗营养因子有不同程度的下降。据报道，大豆中的 TI 只要失活 85%就可达到最高营养价值，生长猪就能达到最高生产性能。可见，膨化温度(105～140℃)对 TI 灭活率和 UA 值的降低是切实有效的。

设计饲料配方时，一定要充分考虑各种养分在加工和贮存过程中的损失，一般是 5～10 倍添加复合维生素。但有些养分不能过多添加，例如维生素 D 超量过多会阻止动物生长，维生素 A 过多会造成中毒,胆碱过多会破坏其他维生素,等等。总之,既要考虑加工损失和贮藏时间长短,又要考虑养分之间的互作,以求达到理想的平衡。

(10)贮存方式和期限对饲料质量的影响。粉状饲料在贮存过程中也会损失一些养分,在常温、通风良好时,贮存期一个月的配合饲料一般应当增加15%的复合维生素。

§2.5 饲料厂饲料品质控制

随着规模化猪场和饲料厂的蓬勃发展,饲料产品的市场竞争日趋激烈。其主要表现为产品质量、价格和服务的竞争,但究其实质乃是人才和管理的竞争。为确保饲料产品满足规定要求,并对直接影响产品质量的生产制造过程实施有效的控制和追溯,现就大中型饲料企业的生产管理过程予以简述。

优良的产品质量除需要有先进的设备、科学的工艺设计、领先的技术支持、完善的管理作保证外,还需要每一名岗位操作人员都有责任心、主动性、良好的理论基础和充分的实践经验,这才是我们生产优质饲料产品的根本保证。

目前仔猪饲料市场上有很多误区。例如普遍要求颗粒饲料的水溶性高,其实并不科学。不少配方师为了迎合市场,在原料粉碎粒度、原料种类的选择、调质时间、调质温度和环模压缩比上下了很大工夫。有人说,要做好教槽料,工艺第一、原料第二、配方第三,那么教槽料做成粉料,是不是就一定有问题呢?

(1)产前准备。

1)指令接收。根据市场反馈,由营销部门或生产计划部门的指定人员填写生产计划单,经核准签字后,直接送达车间调度(一般兼任电脑操作员,同时也是唯一的指令接收人员)。

2)指令分解。中控员按照饲料配方单要求,检查或输入当日生产品种的配料参数,核对无误后进行确认,并做好记录。这里的控制要点是检查输入电脑的配料参数与配方是否一致，品控员与中控员核对配方，确认无误后执行。

中控员根据当日生产品种、数量和上班结束时的查仓记录，按顺序逐一填写原料领用单和手加料通知单，并分别传递给原料保管员和手添料操作工。

通知各岗位操作工、设备巡视员、巡仓工到岗；通知司炉工做好供汽准备（在生产颗粒饲料时），通知制粒工选择安装孔径符合要求的环模；通知粉碎工检查筛片规格和锤片的磨损程度。

（2）生产过程控制。

1）原料投入。此指令实际上是由中控室操作员、原辅料保管员（兼投料监检员）、巡仓工以及从事具体投料操作的人员共同完成的指令。

中控室操作员下达投入某一种原料的指令后，分别通知巡仓工和原辅料保管员，当输送设备及收尘脉冲启动后，延时 2～3 min 开始投料操作。

由保管员按照要求的品种、数量（包数）和质量标准，安排投料工到指定的垛位，在核对垛头卡并确认无误后，再拆垛取料，并按要求快速推运到投料口处。

拆线后比照核定的输送能力，快速均匀地投放物料，以防止过快堵机或过慢影响生产效率。抖净料袋并在结束该品种原料的投料操作时，把投料口、垛位周边、通道和垛位根部清理干净，并将包装物按要求整理后，交到指定地点存放。

投料结束后，投料员立即通知中控室操作员，当延时换仓后再进行下一品种的投料操作，直到全部结束。由原辅保管员填写饲料原料耗用记录和饲料原料库存日报表。

每个品种的物料投料结束后，都由固定的兼职人员检查初清筛的杂物出口，并将杂物与大粒度的原料分开，分别放到指定位置。大粒度的原料经处理后再做使用。

在每个班次结束后或下一班次开始前(如单班运行只取其一即可)清理永磁筒,并将磁性物质放到指定地点。待日后集中处理,切勿随意乱扔。

这一阶段饲料品质控制要点是:①在投料过程中,投料员全程监督检查原料在储存过程中的质量变化情况。如发现问题应及时停止投料并立即通知中控室操作员和品质管理人员,待问题解决后而恢复作业。②投料过程中,巡仓员首先需确认物料是否按照中控室电脑操作员的指令进入指定的配料仓或粉碎仓。③确认进入料仓的物料品种是否与指令要求的一致,以及经粉碎以后的物料粒度是否达到标准要求。发现问题及时通知中控室操作员。

2)原料粉碎。在粉碎机启动前检查所配置的筛片孔径,确定是否需要调换;检查锤片的磨损程度,确定是否需要更新,检查并清理粉碎机磁盒。

粉碎机启动后检查空载运行时电流是否平稳、运转是否正常、噪声是否超标、负压吸尘脉冲工作是否正常、脉冲布袋有无破损而导致的粉尘。

粉碎机正常工作时,加强巡视,注意将粉碎机的工作电流控制在额定值以内,并保持运行平稳;巡仓工要注意观察物料的入仓情况(入仓速度和粒度的变化)。

玉米和豆粕等一般使用 2～2.5 mm 的筛片。

3)配料与混合。配料与混合是饲料加工的核心所在,配料系统的精确与否直接影响饲料的质量。为减少配料时间,提高配料精度,大中型饲料加工企业都采用计算机配料控制技术,并尽可能将人为添加部分减少到最小程度。采用组合配料系统,即“大秤配大料”,“小秤配小料”,保证了配料精度。

预混料、添加剂以及其他需要手工添加的组分,由原辅料保管员监督领料工人,按照要求的品种和数量领料送到指定位置,交手添料工人配制操作。

手加料的添加品种、数量和添加时间，必须与操作指令一致。投料前做好称重，注意观察投料信号指示，当计算机发出投料指令后，手添料工便会在小料投放处接到信号指示，如准备妥当应立即回复，以示“知晓”，并开始投料。在投料中注意沟通，按照先预混料（含药物、添加剂）再投放食盐，最后投放不宜进入配料系统的原辅料和回料。

投料完成后应立即回复“完成”信号，电脑接到该指令后开始干混合工作计时（一般设定 30 s）。之后液体添加装置开始动作，并在动作完成后混合机开始湿混合工作计时（一般设定 150～180 s）。设定的时间完成后打开机门开始卸料（卸料时间为 10 s 左右），进入一下个批次工作。

这个阶段的品质控制要点是：①检查配料秤是否准确。②称量维生素、矿物质、药物时，需要用专用工具，防止污染。③检查手添料重量与理论值是否一致。④检查手添原料质量，发现问题应立即通知品质管理人员。⑤称料完毕，原料袋口需立即封好，以免吸潮。⑥投料前应熟知生产品种的顺序，核对料号、数量。⑦在实际生产中，操作人员应根据本企业的产品配方，围绕混合机的设计能力、装载系数（充满系数一般为 0.6～0.8）进行反复试验，从中找到最佳的混合时间和混合量。⑧对有液体添加的配料过程，应注意流量计量装置的工作状况。⑨检测混合均匀度（一般每季度测一次）。

影响饲料混合质量的因素。①物料的物理特性：密度、粒度、流动性、表面粗糙度、水分含量和黏附性；②混合机的混合性能：机型、结构和制造精度；③混合操作条件：混合时间、进料顺序、物料在机内的充满程度等（无重力式的双轴桨叶混合机对物料充满系数的范围要求相对较宽）。

（3）制粒、冷却。

1）准备。制粒工安排更换满足产品要求的环模（考虑孔径、压缩比、磨损程度及喂入倒角挤压变形等因素)。调整模辊间隙在0.1～0.4 mm为宜。此间隙可使模辊间形成摩擦且不产生撞击，压辊呈现被动运转状态。可用塞规进行测量，但在实际生产中，一般用手搬转环模几圈，压辊在环模的带动下似转非转即可。

启动主机，空载运转30～60 s，观察模辊匹配情况，运转是否平稳，电流是否稳定。

观察机前的蒸汽压力是否达到0.3～0.4 MPa。

2)调质。调质是使饲料中淀粉糊化、物料软化和熟化，并提高制粒质量和饲料利用率的一道工序。一般非水产饲料的调质时间设定在10～30 s即可使饲料达到规定的工作温度和黏合力。蒸汽的质量直接影响调质的效果和成品质量，因此在系统中必须安装疏水器，以达到供给平稳、干燥、饱和蒸汽的目的。

干饱和蒸汽加入量过大或使用湿蒸汽时：物料含水量偏高，易堵塞环模孔径，冷却后有裂纹，手感硬。干饱和蒸汽加入量不足时：物料糊化差、不易成形，调质温度偏低，饲料产品的营养吸收效果差。

调质压力(MPa)一般为0.2～0.4；调质温度75～85℃。一般情况下，仔猪料调质温度要求大于75℃。在冬季，由于外界温度低、锅炉老化、原料水分高，特别是小规格粒径很难达到要求，但最低不能低于70℃。

3)制粒。制粒过程中，根据物料的品种、粉碎粒度和含水率的不同，其饱和蒸汽的加入量也不尽相同。一般加入量在3%～4.5%(畜禽饲料)，使制粒前的物料含水率达到16.5%～17.5%，温度达到70～85℃，制粒后的颗粒料温度达到75～88℃(因季节不同会略有差异)。对高蛋白质饲料或添加乳清粉等热敏性原料的饲料制粒时，应适当降低调质温度，不低于60℃即可。一般调质以后在环模入口处物料的感观特征为：用手握紧物料时发烫，形成与拳形相同的块状体；松开时用手略施压力自然松散，且在手上无水珠、无黏合物。

环模孔径(ϕ):教槽料 2.5 mm,保育料 3.0 mm。颗粒长度一般为粒径的 1.5～2.0 倍。

环模压缩比:需要根据饲料配方的原料组成决定。一般在 1∶(1.3～8)。如果原料的膨化成分多,乳清粉等量较大,则制粒温度可低,压缩比可低。

4)冷却。饲料经调质、制粒后应充分冷却,否则由于颗粒内部较热的水分转移到表面,霉菌污染和料仓腐蚀等问题都会发生。应控制颗粒冷却后温度为环境温度±5.5℃范围内,水分含量降至 13%～14%。

合适的冷却,依赖于足够的风量和冷却时间,所以必须选择适宜的冷却参数。兼顾风量、时间和料层厚度三者关系,保证饲料分布均匀、风量充足,而且不会造成风短路,达到冷却效果为原则。

在北方的冬季,因为室外温度很低,而制粒机出口处的饲料温度达到 75℃左右,水分又在 16.5%以上,宜适当加大风量,略微缩短一些冷却时间,避免因结冻而导致的冷却效果不理想。

冷却时间一般在 5～7 min。

5)影响颗粒质量的因素。饲料配方的影响约占 40%,其次为粉碎粒度和饲料调质程度的影响各占 20%,第三则是制粒机性能和环模参数的影响占 15%,最后是冷却及其他因素的影响只占 5%。也就是说:影响颗粒质量的 80%因素源自进入制粒作业程序之前的工序,只有 20%的因素在于制粒本身。

(4)破碎与筛分(表 3.13)。分级筛的配置一般为三层四个通路。

第一层筛筛上物:大杂(以设备上的挂壁料居多)。一般采用短路形成直接排出流程,其量很小。

第二层筛筛上物:未被破碎或没有满足粒度要求的大粒破碎料,一般通过流程进入破碎机重新破碎;如若最终产品为不需破碎的颗粒饲料，则直接进入成品仓。

第三层筛筛上物：破碎料成品，直接进入成品料仓；如若最终产品为不需破碎的颗粒饲料，则进入待制粒仓。

第三层筛筛下物：过小颗粒和粉状饲料。一般通过流程返回待制粒料仓。

表 3.13 分级筛筛网工艺参数表

品种	第 2 层筛网/目	第 3 层筛网/目	成品含粉率/%
颗粒料	4	10	≤2.0
破碎料	8	12	≤3.0

品质控制要点：

颜色：色泽均匀、无花粒、少黑粒。

气味：有良好的诱食效果、无霉味。

粒度：粒度均匀，80%以上的颗粒长度为直径的 1.5～2 倍；破碎料无完整的圆柱面；饲料含粉率≤4%。

视觉：颗粒表面光滑、手感柔和，颗粒表面无裂纹。

粉化率：≤10%，用粉化率专用测定装置。

含水率：≤14%，用快速水分测定仪。

温度：≤环境温度+8℃，用点温计测量。

(5)成品包装。根据生产的品种和数量定量准备包装袋、缝包线及标签，并在标签上加盖检验专用章和产品生产日期。校对包装秤的包装重量设定值、计量误差及灵敏度。

为保证成品饲料的感观质量，质检员需对待包装物料的“料头”和“料尾”料，逐包进行认真检查，绝对不允许放宽检查标准。核对待包装的物料品种、包装袋（品名和规格）及标签，做到三统一。

更换品种时必须把料斗内的余料打空，落地料清理干净，并对料仓、料斗做敲仓处理，收回剩余的包装袋和标签。

包装重量误差需控制到±2‰以内，但必须保证净重误差的平均值大于零。

包重(kg)	10	20	40	50
允许误差(g)	±20	±40	±80	±100

缝包口质量要求：缝口平整、光滑、无跳线；缝口线距袋口 40 mm±5 mm；两端线头长 40 mm±20 mm；杜绝二次缝口。

(6)成品化验。当感官检验合格后，由质检员将采集的样本，送化验室做常规八大项的检测(水分、粗蛋白、粗灰分、盐分、钙、磷、粗脂肪、粗纤维)。样品重量不少于 500 g。

按要求规定：化验人员首先用四分法将样品缩减至 200 g 左右，然后粉碎至 40 目，再用四分法取试样 100 g 于密闭容器中保存。根据国家标准检验方法，进行规定项目的化验检测。化验结束后，根据企业产品标准，评定产品的生产质量，出具检验报告单。

第 3 节 仔猪饲料产品标准的设置

设计仔猪饲料产品标准是配方师的最高境界，既要考虑仔猪特点，又要考虑不同猪场的需要和成本要求，所以设计饲料产品标准应采取不同策略，与市场结合才可设计出市场需要的产品。这里的关键问题是准确的市场定位和创新产品模式。按我国目前商品猪料的研究、制作及应用状况，从饲料性价比的角度来看，哺乳母猪料和乳猪料最难做好。尤其是乳猪饲料，是目前饲料厂竞争的标志性产品。

与其他猪料比，仔猪饲料产品设计重点：一是满足仔猪骨骼(体型)和胃肠道健康生长发育需要；二是提高仔猪免疫功能和抗病力，消弭断奶应激；三是提高有效养分的采食量，有效养分浓度高，营养平衡性好；适口性好，有效养分采食量高；原料易消化、吸收；有保健功能。四是根据体重和日龄划分饲养阶段，根据饲养阶段调整饲养标准。

§3.1　仔猪饲养模式

仔猪的营养需要随日龄增加变化很快，所以制定仔猪饲养标准就必须针对市场上的仔猪饲养模式。目前国内保育结束之前仔猪的阶段划分和用料归类比较混乱。

各国饲养标准上的仔猪一般是 20 kg 以下，而养猪界说的仔猪是从初生到保育阶段结束。目前一般是在 65～70 日龄，体重 20 kg 以上时结束保育期。欧盟仔猪断奶时间平均为 25 d，饲料分为三阶段：教槽料 5～7 kg，断奶料 7～14 kg，仔猪料 14 kg 以后，平均断奶重 6.5 kg。国内一般是在 28 日龄断奶，范围在 21～28 日龄至 28～35 日龄。断奶后，母猪赶出产房，有些猪场会让仔猪继续呆在产房，但更多猪场会在这天将仔猪转入保育舍。

10～21 日龄断奶的隔离式早期断奶（SEW）仔猪料（见表 3.14），分三个阶段：第一阶段，诱食料（断奶后 1 周）；第二阶段，断奶后 2～3 周；第三阶段，断奶后 4～6 周；10 周龄体重可达 30～35 kg，与常规 20 kg 相比，提高增重 10 kg 以上，但是就我国养猪状况和科学技术的普及水平，SEW 在中国普及还有待时日。

我们推荐一般猪场 0～24 日龄为哺乳期，25～35 日龄为断奶期，36～63 日龄为保育期，70 日龄结束保育料见图 3.1。21 日龄时即使体重达标 6.9 kg 以上，在中国的商业养猪条件下，仔猪在断奶后的过渡期出现问题的可能性远远大于 25 日龄后断奶的情况。

哺乳期和断奶期用教槽料，保育期 36～63 日龄用保育料，63～70 日龄过渡到生长猪饲料，也就是，70 日龄后完全更换保育料为生长期料。在出生后第 1 周（1～7 日龄），为救活体重偏轻的弱仔，可以在出生后 24 h 内给仔猪提供配制的流体状的人工初乳（富含抗体和营养物质），直接挤入口腔让其吞食，而其他的体重正常的新生仔猪则依赖母乳获得营养和免疫力。这个阶段饲喂以配方奶粉为基础的代奶粉虽然不能提供初乳，但是同样可以提高弱仔的生产表现。

表 3.14　早期断奶仔猪的三阶段饲养方案

阶段	饲养方式	日粮形式与饲养标准
Ⅰ	6～21 d 断奶的仔猪饲喂至断奶后 7～10 d，22～28 d 断奶的仔猪饲喂至断奶后 3～4 d	高档颗粒料(2.5 mm)：消化能 3.56 Mcal/kg，粗蛋白 20.83%，钙 0.87%，总磷 0.69%，有效磷 0.54%，赖氨酸 1.55%，蛋氨酸＋胱氨酸 0.76%，苏氨酸 0.94%，色氨酸 0.27%。中高档颗粒料(3 mm)：粗蛋白质 20%～21%，总赖氨酸 1.50%，DE＝3.45 Mcal/kg
Ⅱ	始于断奶后 4～10 d 的仔猪，一般开始主动采食干饲料，开始恢复生长	颗粒料或干粉料，消化能 3.40 Mcal/kg，CP 19%～20%，总赖氨酸 1.3%～1.4%，遗传性能好的仔猪可给予更高的赖氨酸
Ⅲ	始于断奶后 3～5 周，体重 11～20 kg，这时的仔猪很容易采食干饲料	颗粒料或干粉料，消化能 3.30～3.35 Mcal/kg，CP 17%～20%，总赖氨酸 1.15%～1.2%，遗传性能好的仔猪可以给予更高的赖氨酸

注：其他必需氨基酸按照理想蛋白质模型来设计。

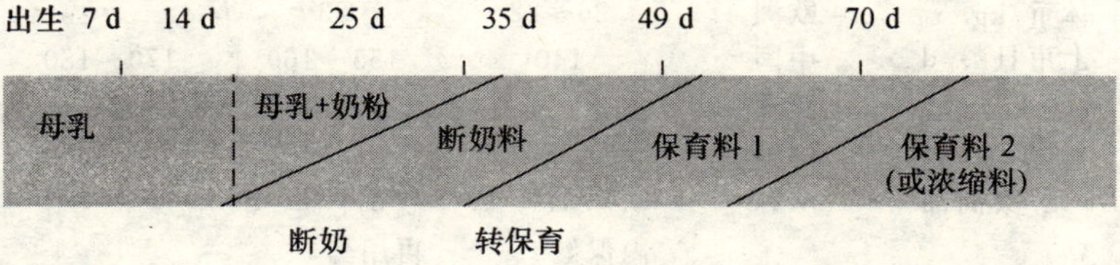

图 3.1　推荐的仔猪饲养模式

断奶前喂教槽料目的是学习采食固体饲料，促进消化系统发育，教槽料对断奶前生长的贡献不超过 10%，28 d 断奶的小猪 90%以上的出生后增重源自奶水。过渡期比哺乳期更重要，断奶后不同质量的饲料表现很大差异：优质饲料日增重超过 250 g/d，劣质饲料负增长，断奶后腹泻的危害大，严重的导致死亡，更关键的是断奶后一周内生长与出栏时间的相关性很高。

早期保育料在整个商业猪生产阶段具有明显经济影响，一系列商业试验均证明保育猪喂高能量高消化性饲料能够得到早期保育猪额外 3.16 磅的增重，在扣除增加的饲料成本后，从保育到肥育期间得到的净利润回报超过 2 倍的饲料投入增加量。

§3.2 乳猪饲料产品的档次

市场上的仔猪饲料产品可以划分为高、中、低三个档次（参见表 3.15），饲料厂的最重大决策就是关于本厂产品的价位或市场定位，做最好的，还是做最好卖的饲料产品？这是任何产品入市的第一决定因素。

表 3.15 中国与欧洲养猪生产性能比较

	地区	好	中	差
21 日龄体重/kg	中国	7～7.2	5.5～5.8	<5.5
	欧洲	7～7.5	5.5	
65 日龄体重/kg	中国	26～27	22	16～18
	欧洲	26～28	23	
上市日龄/d (90 kg)	中国	140	155～160	170～180
	欧洲	150～160	170～180	
兽药投入/(元/头商品猪)	中国	8.2～20	20～40	>40
	欧洲	断奶后 2 周内保健	产前产后不再用药	
母猪年生产力/头	中国	20～21	15～18	12～14
	欧洲	27	18～20	

仔猪料进入市场的敲门砖是产品性能特色，一般要求是“随便吃，不下痢”，这是仔猪料产品入市的第一道门槛；不过笔者以为，饲料厂有义务对于市场上的一些误区做正确引导，饲料不是兽药，仔猪拉稀问题不能通过饲料完全解决。此外还有对饲料产品色、香、味的不正确要求，尤其是像“拉黑粪”这样的误区，不可刻意迎合。在决策本厂饲料产品的市场定位时还要考虑本厂的技术和设备条件，例如加工工艺，这也是产品质量的重要决定因素，做配方要适合本厂条件。

仔猪料的市场定位首先要考虑市场：①销售对象是专业化母猪场还是散养户？“仔猪”是母猪场的最重要“产品”，仔猪晚 15 d 上市，增加保育舍面积一倍，或损失 10% 的仔猪收益。②早期断奶提高了母猪的效益和饲料效率，晚 7 d 断奶，每头母猪增加饲料成本 200 元以上，另损失养殖效益 8% 左右。③断奶应激腹泻或死亡，死亡一头仔猪，母猪效益损失 15%～20%，断奶应激损失表现为下痢、失重、病毒侵袭、死亡。④解决断奶应激是教槽料的关键。建议的断奶时间 25～35 日龄，持续饲喂教槽料。⑤据 Gardner(2001)报道，对于 14～18 d 断奶后仔猪，教槽料高档的与低档的差别仅出现在断奶后第一周，此后就没有差别了。所以实践中要考虑经济效益决定仔猪的饲养标准。

配方设计的理念决定饲料产品的档次。“不拉稀”、“皮红毛亮”、“适口性”、“物美价廉”是目前一般养猪场对教槽料的基本要求；采食有效养分多，能消弭断奶应激，日增重和饲料效率好，是对教槽料的高档要求；笔者以为，仔猪饲料纯粹用于长体重是极不划算的，仔猪饲料的成本那么高，尤其是早期增长的体重需要后来的饲料来维持，对于整个饲养期是负担！所以用仔猪增重为最重要的标准来衡量仔猪饲料是不科学的。笔者以为，上述市场上两个档次的饲料产品设计理念（指导思想）都是只注重了表象，最高境界的配方师要考虑仔猪的发育规律，设计的仔猪饲料既要能够满足仔猪的生理需要，主要是骨骼(体型)、肠道、免疫功能等的发育需要，为其一生的生存和生产奠定厚实的基础，又要成本最低。不能只看体重的生长，要琢磨生长的内容，是骨架的生长？肠道的生长？

随着饲料科学的普及和养猪技术水平的提高，我国饲料厂和养猪场会同时向养猪营养科学技术的本真回归，一切表象的、不科学的市场行为都会被市场抛弃。然而就目前的市场来看，配方师不得不考虑饲料的商品性，尽量设计好用又好卖的饲料产品。

(1)高档乳猪料。高档乳猪料是伴随早期断奶技术，2000 年左右开始在国内推广。笔者以为，高档乳猪料应具有以下几大特点：①适口性好，乳猪爱吃；②易消化，易吸收，不腹泻；③营养水平高，生长速度好；④消弭断奶应激，断奶后能平稳快速生长；⑤满足肠道、骨骼(体型)和免疫系统的快速健康发育。

为满足以上要求，从配方设计角度考虑，一般情况下就会在配方中使用膨化玉米、膨化大豆等膨化基本料，尤其是发酵豆粕的使用，都已经熟化；一般还用大量乳清粉，血浆蛋白粉、酵母抽提物等优质原料。这些原料常有很高黏性，特别是高乳清粉的料，使得制粒比较困难。困难之处是制出的颗粒硬，达不到乳猪要求的酥脆松软的要求；尤其是一些热敏性添加剂更是不利于制粒。而粉料的加工就相对容易实现，只要把相应的原料粉碎到要求的细度，然后充分混合就能实现；尤其是为了减轻颗粒饲料对仔猪肠道的伤害，饲喂时以流食为好，这就更支持粉料。

高档乳猪料的设计目标强调保健功能，有效养分含量高，重点满足肠道和骨骼发育。首先是饲养标准高，美国 NSNG(2010)标准的有效能，可消化氨基酸等一系列营养指标都比 NRC1998 年版的各项指标大大提高。用这个标准设计的乳猪饲料，仔猪生产性能会有很大提高。这个标准的有效营养值高且平衡，有利于仔猪保健。这个标准要求高，以教槽料为例，要达到它规定的有效能，可消化氨基酸等指标，绝非常规的玉米 - 豆粕原料可以实现。这样的产品标准，必须额外添加油，血浆蛋白粉、优质鱼粉。

当然，设计饲料配方时还要考虑系酸力，可以添加活菌制剂和其他保健性或诱食性饲料添加剂，尤其是，添加小肽类制品来提高产品的保健功能，以适应其他设计标准上的高档性。按照这个标准设计的饲料配方会明显增加饲料成本，不过从整个养殖收益来看，这个配方设计标准目前应该有很好回报。

2～3 日龄断奶仔猪用纯牛奶饲喂，能增加自由采食量，改善小肠黏膜结构，0～21 日龄的平均日增重可达 400 g(Harrell 等，1993；Dunshea 等，2002)。目前市售高档教槽料日增重低于 242 g，所以假设教槽料与牛奶的饲料效率相等，从经济学考虑，当牛奶价格与教槽料价格之比低于 400/242＝1.652 9 时，就可以考虑用牛奶代替教槽料。目前高档教槽料价格达 10 元/kg，折合 11.364 元/kg 干物质；而牛奶价格 1.5 元/kg，折合 14.70 元/kg 干物质。牛奶价格与高档教槽料价格之比为 14.7/11.364＝1.293 6，所以，可以用牛奶，而不该使用教槽料了。以上分析的目的是为设置高档仔猪教槽料的饲养标准参考，然而市场上养猪人常不考虑经济效益，他们不知道仔猪饲料与牛奶的比价问题，饲料厂可以根据市场允许情况调整饲养标准。

(2)中高档乳猪料。考虑到成本问题，饲料厂可以降低美国 NSNG(2010)标准中的能量，蛋白质和氨基酸指标，例如都乘以 0.928 7，这就是美国 NRC(1998)给出的饲养标准，这使得可以使用的饲料原料范围扩大，虽然仍然要求以高质量原料才可以设计出满足仔猪生长发育需要的饲料产品，但是价格昂贵的原料可以少用很多，例如血浆蛋白粉。有经验的配方师都知道，饲料产品的质量标准稍稍降低，常可以大大扩展原料选择的空间，大大降低配方成本。这种产品设计策略，虽然产品的饲养效果不及高档仔猪料，但是除非专业的观测，一般与高档乳猪料的饲喂效果差别并不很大。

表 3.16 示出了断奶体重与猪全期生长发育的关系，可参考。

表 3.16　断奶体重与猪全期生长发育相关

断奶体重/kg	上市日龄/d	断奶体重/kg	上市日龄/d
5.4～5.9	182	7.3～7.7	174
6.3～6.8	179	8.2～9.1	172

（3）中低档乳猪料。为满足中下端市场需要，可用中国（2004）标准，这就使得可以使用的饲料原料范围更大，成本最低。不过为满足仔猪饲料产品设计的三个重点，即有效养分高，满足骨架、肠道、免疫系统发育，消弭断奶应激，所以仍然要求以膨化玉米、油、单糖或双糖为主要能源，一般只使用奶制品、优质鱼粉、发酵豆粕和膨化大豆为蛋白质原料而不使用血浆蛋白粉。仔猪对单体氨基酸的利用效率低于小肽，可是只要在设计配方时保证足够的有效氨基酸含量，达到中等蛋白质，对蛋白质原料的选择性就很大了，减少昂贵的小肽类原料的用量可以显著降低饲料成本；这样设计的饲料产品，虽然价格降低很多，其饲养效果的降低并不很大。尤其是中低端产品的用户，往往是中小型猪场和散养户，缺乏严格比较饲料产品质量的技术和条件，对于仔猪生长发育速度的要求也不那么高，他们的猪场设备折旧和人工费用低，所以晚出栏几天他们也可以接受。中低端用户重点观察的常常是仔猪成活率，对仔猪饲料产品重点要求的是保健功能，所以只要可消化氨基酸和蛋白质不差，严格把握产品的营养平衡，掌握好饲料的系酸力，离子平衡，并合理使用国家允许使用的抗病促长类饲料添加剂，生产中仍可达到中等偏上的生产性能。这个方案的真正优势是饲料成本，仔猪生产中常见的很多困难都因此减少了很多。采用这个方案，要注意想尽一切办法增加“有效养分”的采食量（而不是简单的

采食量)，这样才有良好的生产性能。

需要指出，设计物美价廉的中低档饲料产品时对配方师的技术要求更高，或者说，设计三流饲养效果的产品，往往要求是一流的配方师，要求真正的配方专家；而实践中与此相反，不是靠饲料产品的质量来保证低成本下的产品使用效果，包括仔猪生长速度和健康状况，而是大量使用低档蛋白质原料，靠超量添加兽药来降低仔猪拉稀的出现，甚至宣传"即使正在拉稀的仔猪，只要改换我们的饲料也可以止住拉稀"，这种配方师是在欺负养殖户。

不同客户群对仔猪料的关注重点不同：猪场关注点依次为腹泻、采食量、料肉比、外观，散养户依次为腹泻、外观、生长速度。猪场重在采食量和生长速度，可放宽外观要求，散养户重在外观要求，可适当降低生长速度。

配方设计必须遵循国家的《产品质量法》、《饲料和饲料添加剂管理条例》、《兽药管理条例》、《饲料标签》、《饲料卫生标准》、《饲料药物添加剂使用规范》、《禁止在饲料和动物饮用水中使用的药物品种目录》等有关饲料生产的法律法规，绝不违规使用药物添加剂，不超量使用微量元素和有毒有害原料，正确使用允许使用的饲料原料和添加剂，确保饲料产品的安全性和合法性。

§3.3　哺乳仔猪营养指标的设置

确定仔猪日粮的氨基酸，碳水化合物和脂肪的水平与来源时必须注意仔猪的生物学特点及其快速变化。要重点考虑仔猪的如下特点：①体组成中蛋白质比例高；②采食量低；③免疫系统不完善；④乳糖酶活性高，淀粉酶、麦芽糖酶和蔗糖酶在出生时活性低；⑤利用日粮脂肪的能力较低。

(1)能量。能量是影响早期断奶仔猪生长性能的关键，可提高基础代谢率。首先，饲粮能量水平影响免疫细胞功能。营养限饲能降低外周血液中单核细胞的增生能力，抑制 B 淋巴细胞的分化。其次,饲粮中不同脂肪类型影响机体不同部位免疫细胞的免疫活性。另外,饲粮脂肪酸组成也影响免疫抗体的生成。

初生仔猪已有较高量的胰脂肪酶,但 3 周龄前胆汁分泌量少,不能激活胰脂肪酶和乳化饲料脂肪,这时仔猪消化脂肪的能力有限,直到 16 日龄仔猪的胃仅能消化 25%~50%的饲料脂肪。母乳中的脂肪是以乳化状态存在,所以其脂肪利用率较高,据报道,仔猪对母乳中脂肪的表观消化率约 95%。3 周龄后随胆汁分泌逐渐增加,对饲料脂肪的消化吸收才逐渐加强。断奶仔猪摄入代谢能用于生长、蛋白质能量沉积和脂肪能量沉积的效率分别为 0.72、0.66 和 0.77,与生长猪的相应值接近。

哺乳仔猪蛋白质沉积与能量摄入量呈正相关,因此要获得最大蛋白质沉积率,就需要为哺乳仔猪提供最大的能量摄入。考虑到我国能量饲料原料状况,乳猪料的能量设计达到美国 NSGN(2010)推荐的标准,代谢能 3.53 Mcal/kg,造价会很高,而达到 NRC(1998)推荐的代谢能含量 3.265 kcal/kg 不难。实践中能量指标设计到什么水平,主要看生产 - 市场系统。美国的人工和猪舍折旧费远远高于中国,所以,也许我们不必像美国那样急着考虑仔猪的生长速度。或者说,我们的仔猪饲料营养浓度也许不做到美国 NSNG(2010)那么高,对我们的养猪场和饲料厂都有利。尤其是高档仔猪饲料,质量稍微降低,就可以大大降低原料成本。我国制定饲养标准时,各种营养指标的制定规则是仅仅考虑了我国猪的营养需要量,没有考虑各项生产措施在养猪生产 - 市场系统中的边际效益,更没考虑饲料营养指标的边际效益,我从未见到国人有研究此类课题的报道,我见到的各种市售饲料配方软件也没有这个功能,不能根据当前的养猪生产 - 市场系统中饲料营养的边际效益制定相应的饲养标准,所以不是"最佳营养标准"。这个问题涉及到较多的数学技术,笔者认为:一个动物科技人员,数学造诣的深浅,决定了你在学术上能走多远。

这里介绍《断奶仔猪》给出的一个例子。用非线性模型拟合表 3.17 的数据，确定在这个生产 - 市场系统中日粮赖氨酸的最佳水平。用联系数十年的原料价格和商品猪价格来估计每个月单位增重消耗的饲料成本最低、饲料成本边际效益最大化的日粮。可以看出，含赖氨酸 1.40% 的日粮与 0.8% 的日粮相比，可获得2.57～2.93 美元的额外利润。

表 3.17　增加日粮中赖氨酸水平对 40～80 磅猪的经济价值

经济核算	日粮总赖氨酸/%				
	0.80	0.95	1.10	1.25	1.40
日粮成本/(美元/t)	147.52	154.53	161.55	168.82	176.05
饲料成本/(美元/头)	4.65	4.67	5.18	5.27	5.40
28 d 增重/磅	15.7	16.9	18.6	18.5	18.9
饲料成本/(美元/kg 增重)	0.295	0.276	0.280	0.287	0.284
增重价值/(美元/头) (1.025 美元/kg 增重)	16.13	17.30	18.99	18.86	19.38
弥补饲料成本后的收益/(美元/头)	13.58	14.88	16.28	16.05	16.51
与 0.8%赖氨酸相比的额外收益/美元		1.30	2.70	2.57	2.93

根据为能而食的理论，采食量取决于日粮能量浓度，日粮能量浓度的改变会影响到其他营养物质的摄入量，包括蛋白质。所以蛋白质相对于能量的比例非常重要，需要根据能量浓度调整蛋白质水平。如果日粮中单位能量所含的养分浓度不变，日增重和饲料转化效率会随日粮能量水平提高而逐渐改善，不过仔猪根据日粮能量调节采食量的能力不完善。

能量和蛋白质互作使得如何有效利用能量和蛋白质问题变得非常复杂。这些潜在的互作包括：蛋白质能提供部分日粮能量；蛋白质的周转和沉积需要能量；体蛋白是能量沉积的一部分。所以，从饲养标准角度看,能量水平决定着饲料产品的定位,是确定仔猪饲养标准的"定盘星"。

(2)蛋白质和氨基酸。仔猪出生后生长快速、生理变化急剧,对蛋白质和氨基酸营养需要高。而且,仔猪出生后蛋白质和脂肪沉积迅速增加。在出生至21日龄断奶期间,仔猪蛋白质和脂肪含量呈线性增加,平均增速分别为25～38 g/d和25～35 g/d,所以不考虑母乳营养供给时,日粮需要的回肠真可消化赖氨酸(以38 g/d计)为61.29～70.37(38/0.54～38/0.62)g。实践中常不这样计算氨基酸的需要量,简单的办法是根据赖氨酸:能量比和理想蛋白质模型确定的。

能量可看作是机体的能源,而蛋白质可看作是构造肌肉组织的原料。饲料能量浓度确定后,其他营养物质与能量间的平衡关系至关重要。要首先考虑蛋白能量比(g/MJ或g/Mcal),因为生长猪蛋白质和脂肪沉积所需的能量占机体总需要量的2/3。当日粮蛋白能量比不当时,会影响各营养物质的利用率。必要的日粮营养物质与能量保持一致时,日增重和饲料转化效率随日粮能量水平的提高而逐渐改善。

乳猪消化系统发育不完善,例如胰蛋白酶含量在5周龄前维持在相对较低的水平,到6周龄才开始增加,因此,在5周龄前仔猪对饲料蛋白尤其是植物性蛋白的消化吸收能力有限。断奶后营养源从母乳转向固体饲料,饲粮中高蛋白质水平往往导致仔猪腹泻和生长抑制,因此确定仔猪饲粮适宜蛋白质水平尤为重要。一般认为,在我国目前饲养条件下,哺乳阶段乳猪和断奶后10～20 d的仔猪用乳猪配合饲料,蛋白20%～22%(体重7 kg以前用22%,7 kg以后用20%),消化能3 400 kcal/kg比较合适。由于我国和美国的饲料原料种类不同,完全采用美国乳猪营养标准不切实际,而我国的仔猪饲养标准(2004)规定的营养指标相对较低。

仔猪氨基酸需要分为维持需要和蛋白质沉积需要,维持和蛋白质沉积的理想氨基酸比例不同。仔猪维持需要的氨基酸所占比例与生长猪不同，不同阶段体组织蛋白质的氨基酸组成不同，仔猪尤其断奶仔猪免疫、抗氧化、抗应激、维持肠道功能等对某些氨基酸有特殊需要，因此，仔猪的理想氨基酸模式不同于生长肥育猪阶段。这也可以从美国 NSNG(2010)推荐的饲养标准看出，应用时可参考其蛋白模式灵活调整。

氨基酸主要用于蛋白质合成。过量吸收的氨基酸被脱氨基以尿素形式排出，而碳架被代谢产生能量。合成尿素需要能量，并且尿素也含能量(每克尿素含能量 10.53×10^{-3} MJ 或每克氮折合能量 22.78×10^{-3} MJ)，因此，蛋白质过多或氨基酸不平衡时日粮能量利用率低于含足够蛋白质而氨基酸平衡的日粮；氨基酸平衡而蛋白总量缺乏的日粮会导致脂肪沉积，这是由相对过多的能量转化来的。低蛋白日粮能导致日粮热增耗效应增加，这种增加可解释为代谢能中维持需要所占比例增加而生长需要的比例减少。

有报道说，当蛋白水平低于 12%时，蛋白中必需氨基酸和非必需氨基酸的消化率增加。不同蛋白水平累积的采食量与蛋白生成效率(蛋白的生成效率＝来源于蛋白增加的胴体积累的能量/来源于采食蛋白部分的能量)一致，就是说，在累积采食量最大时最大比例的氨基酸用于蛋白质合成，而最小比例的氨基酸用于转氨基和脱氨基。当日粮蛋白的水平超出这点时就会导致更多的氨基酸用于氨基酸转氨基和脱氨基。

所以，制定饲料产品标准时，要保持蛋白能量比和氨基酸能量比，在计算时，首先确定蛋白质和赖氨酸需要量，再按理想蛋白质模型确定其他必需氨基酸的量。

一般来讲，蛋白能量比保持恒定时脂肪沉积是不变的。影响脂肪沉积的四个因素是：提高蛋能比一般可以阻止过多的脂肪沉积；氨基酸不平衡可引起脂肪沉积；日粮脂肪对胴体组成的特殊作用;日粮能量水平对脂肪沉积的作用。

(3)矿物质需要与维生素需要。断奶仔猪对添加食盐有积极反应,因此 NRC(1998)调高了仔猪钠和氯的需要量。饲粮中的钾、钠、氯是相互作用的,应考虑电解质平衡,尤其是乳猪饲粮中往往钾含量较高。仔猪适宜的电解质平衡值为 200～300 meq/kg。

微量元素,目前典型的商业饲料、2004 年国标、NRC1998 和美国猪营养指南(2010)的实际添加或推荐水平对比见表 3.18。通过对比可以看出,典型商业饲料实际添加量均高于国内外权威机构的推荐水平,主要是考虑到基层实际生产环境的应激因素。例如:锰的添加量超过国家标准 10 倍以上。

表 3.18 微量元素实际添加量和推荐水平 mg/kg

	铁	铜	锰	锌	碘	硒
典型商业饲料	170	180	50～100	150～180	0.2	0.4
GB 2004	105	6	4	110	0.14	0.3
NRC 1998	80	5	2	80	0.14	0.25
NSNG(2010)	80～150	5～15	3～30	80～150	0.15～0.5	0.3

NRC(1998)对维生素的推荐量是基于不出现缺乏症的最低需要量,未考虑快速生长、断奶、免疫、应激等需要,而这些对于仔猪非常关键。相关研究表明:①NRC 对脂溶性维生素的推荐量可满足仔猪正常生长的需要,但要获得最佳免疫功能和抗氧化能力,需要 2～5 倍于 NRC 需要量。②为满足仔猪最佳生长的需要,二倍于 NRC 推荐的水溶性维生素量是必要的,特殊情况下需要更高。我国大部分配合饲料产品中维生素添加量远高于 NRC(1998)标准,因而在这方面较少存在问题。③《美国猪营养指南 2010》推荐了一组剂量适中的核心料预混料配方示例(表 3.19),可以参考。

表 3.19　核心料预混料推荐配方示例

	乳仔猪 3.6～20.4 kg	生长猪 20.4～59 kg	育肥猪 59～113.4 kg	种猪（后备、妊娠、哺乳、公猪）
微量元素				
铜/(mg/kg)	10	8	6	10
碘/(mg/kg)	0.25	0.2	0.15	0.25
铁/(mg/kg)	125	100	75	125
锰/(mg/kg)	15	12	9	30
硒/(mg/kg)	0.3	0.3	0.3	0.3
锌/(mg/kg)	125	100	75	125
维生素				
维生素 A/(IU/kg)	5 500	4 400	3 300	6 600
维生素 D_3/(IU/kg)	550	440	330	660
维生素 E/(IU/kg)	30.8	24.2	18.7	66
维生素 K/(mg/kg)	4.4	3.52	2.64	4.4
维生素 B_2/(mg/kg)	11	8.8	6.6	11
烟酸/(mg/kg)	33	26.4	19.8	33
泛酸/(mg/kg)	22	17.6	13.2	22
胆碱/(mg/kg)	0	0	0	550
生物素/(mg/kg)	0	0	0	0.22
维生素 B_{12}/(mg/kg)	0.033	0.026 4	0.019 8	0.022
叶酸/(mg/kg)	0	0	0	1.65

§3.4　断奶仔猪料产品设计策略

由于断奶仔猪与哺乳仔猪的生理特点和营养需要都不一样，所以设置饲料产品的标准也不一样。断奶仔猪消化腺发育尚未完善，消化功能不正常，消化酶分泌不足，排空速度相对较快，必须在相对短的时间内尽量多吸收养分。早期断奶仔猪严重的应激反应往往给实际生产带来极大危害。在配制断奶仔猪日粮时，应从宏观和微观两方面对仔猪的生理变化（消化道的生理变化和免疫状态）进行调控，不但要尽量提高日粮消化率，降低酸结合力，而且兼顾仔猪消化生理、肠道环境和免疫状态的变化，采取多种营养手段，使猪处于低应激反应和低免疫状态的环境中，才能更多地使饲料养分用于生长发育，而不是用于免疫和抵抗应激。

具体地讲有如下几个要求：

第一要求是与乳猪饲料的衔接。无论是产品标准、原料、添加剂，还是加工方法，都不要将断奶仔猪料与乳猪料的质量档次拉得太大，这是降低断奶应激，平稳过渡的关键技术之一。

第二要求有效养分浓度高。断奶应激仔猪面临的首先是能量缺乏，应选用消化性好、对仔猪消化道刺激小的饲料原料。为让仔猪快速生长不停顿，控制腹泻是手段，而不是目的；要求配方营养平衡合理，原料质量高，易消化吸收，新鲜、优良、无变质。

第三要求适口性好。这也取决于原料，一般地说，动物性原料适口性比较好；可适当选用饲料风味剂，如甜味剂、鲜味剂、酸化剂、香味剂等；要注意影响适口性的矿物质原料和微量元素添加剂以及药物。

第四要求具有保健功能。要注意保护肠上皮细胞的完整性及促进其繁殖，避免肠上皮细胞受损；要能够促进肠上皮细胞增殖，维持肠黏膜免疫系统的正常功能。这就要求日粮能够调控微生态平衡、酸碱平衡、离子平衡、渗透压平衡等。

第五按周龄配制饲粮。仔猪生长快，体成分变化也快，尤其是对蛋白质和氨基酸的需要，随年龄增长，所需蛋白质和氨基酸在饲粮中的百分比下降速度比大猪快。按其实际需要配制饲粮，有利于提高仔猪的生长速度和降低生产成本，但是饲料厂常难以做到这一点。

第六要求是满足仔猪长骨、中猪长肉、大猪长膘的天性，注意骨架发育而不是体重生长，这个问题还没有引起业界的关注。

当前国内市场，比较好的教槽料在正常饲养条件下，一般瘦肉型品种仔猪 21 d 断奶后 3 d，采食量及生长速度可恢复到断奶前水平；自断奶日起，10 d 内营养性腹泻率低于 21%，饲料转化率为 1.2 左右，日均增重 280 g 左右，采食量日均为 330 g 左右。高档仔猪料要求换料后采食量继续增加，生长速度继续增加，腹泻率不增加；到 42 日龄时体重达到 15 kg，饲料报酬为 1.5 左右。

§3.5　断奶仔猪饲料产品标准设计技术

断奶使仔猪日粮性质和采食量发生巨变。断奶前，仔猪每天吮乳 16～24 次。日粮为液体的乳汁，营养物质是易于消化的乳糖、乳脂和乳蛋白。以干物质计算，母乳中大约含 35%脂肪、30%蛋白质、25%乳糖。所有仔猪都在同一时间吃奶。断奶后，仔猪必须适应固体的植物性饲料，仔猪消化生理变化很大，因此设计仔猪日粮必须适应仔猪消化生理，尤其应考虑仔猪断奶日龄和体重，以减少不利仔猪生长的营养因素。

仔猪断奶后采食量低而蛋白质沉积能力巨大，所以日粮须由高可消化的原料组成，消化率低的原料会把未消化的氮传递给肠道微生物。健康仔猪生长快，所以需要的蛋白质和氨基酸较高。

多数研究表明，提高断奶后采食量可以增加仔猪生长速度，而且这一体重优势可以保持到育肥期结束；同时，提高采食量还可以显著降低仔猪肠道疾病的发生。断奶后要尽快把仔猪日粮调整到最低成本日粮，使仔猪进入育肥阶段，调整日粮的速度慢了会增加饲料成本，所以要理解仔猪性能与日粮成本之间的关系。

理解日粮复杂性与采食量关系的要点是：①日粮采食量促进早期断奶仔猪生长；②复杂日粮可以改善断奶后前几周的采食量；③随年龄增加，应该迅速降低日粮中那些以诱食为目的的昂贵原料，有效控制单位增重的饲料成本。

合理的营养水平是根据日龄和体重决定的，国内市场仔猪日粮的能量，蛋白质和氨基酸可以做到国家标准的规定。目前比较先进的仔猪料营养水平标准，可以参考 NSNG(2010)，NRC(1998)和中国(2004)国家标准，见表 3.20。

表 3.20 仔猪料的营养水平

NSNG(2010)			NRC(1998)			中国(2004)	
日龄							
<21	21～28	28～70	<21	21～28	28～70	3～8	8～20
体重/kg							
<7	7～11.5	11.5～23	<5	7～11	11～23	3～8	8～20
代谢能/Mcal/kg							
3.48	3.30	3.30	3.265	3.265	3.265	3.215	3.120
粗蛋白/%							
24.0	20.8	19.9	26	23.7	20.9	21	19
可消化赖氨酸/%							
1.51	1.31	1.25	1.34	1.19	1.01	1.29	1.04

注：表中 NSNG(2010)的粗蛋白质指标为王继华补充值。

(1)日粮能量浓度的确定。能量是影响早期断奶仔猪生长性能的关键(见表 3.21)。仔猪断奶后，由于饲料类型和管理条件的改变，使大脑皮质糖苷分泌增加，要求饲粮能量浓度有所增加。适当提高日粮能量水平，可保证猪每日所需能量的绝对摄入量，减少应激。

新断奶的仔猪采食量不能满足其沉积蛋白质所需的能量，这是需要高能量的时期，所以，为仔猪提供可利用的能源可改进生长速度和瘦肉沉积量。强调这一认识有助于理解不同情况下仔猪对日粮复杂性的各种反应。

饲料采食量高度依赖环境。如果因健康状态、环境、管理或其他因素使采食量降低，则可添加各种特殊的成分或诱食剂以促进采食。一般使用乳糖,喷雾干燥的动物血浆粉,和其他适口性好的原料以提高早期断奶仔猪的采食量。但是如果由于改进环境和减少病原而使仔猪采食量很高,就可少用复杂而昂贵的原料。另外,有些原料例如喷雾干燥血浆粉可以改进仔猪免疫功能。

表 3.21　能量水平对 21 日龄断奶仔猪达到 20 kg 体重的影响

饲料消化能水平/(Mcal/kg)	消化能摄入量/(Mcal/d)	达到 20 kg 天数/d	饲料消耗/kg
3.25	2.55	44	35
3.42	2.65	38	30
3.75	2.75	35	27
3.63	2.77	35	26
3.94	2.75	35	25

营养素和能量摄取都取决于饲料能量水平,动物采食量直到能满足能量需要为止,即动物为能量而采食。由于采食量有限,所以要求用消化率高的碳水化合物原料,这在断奶后更重要。出生时乳糖酶分泌量和活性都高,乳糖消化率高,所以,乳糖、乳清粉等是乳猪的良好能源。添加一定量的乳糖可以促进其他碳水化合物的消化和吸收。不过要注意,10 日龄内的仔猪消化蔗糖的能力有限,35 日龄前利用脂肪的能力也有限。使用的其他谷物类能源原料要粉碎到 600～750 μm,可改善消化率和仔猪健康。刚断奶时仔猪利用脂肪的能力也不高。但是从饲料加工看,添加脂肪有润滑作用,可改善含奶产品多的仔猪教槽料的质量。利用脂肪的能力随年龄而增加,所以,从策略上看断奶后的日粮应该把脂肪作为辅助能源而不是作为主要能源。四周龄后,随仔猪消化酶系统的发育和脂肪代谢的改善,脂肪作为能源的重要性上升。提高断奶仔猪日粮能量浓度的措施一般是加油,以植物油为好(比动物油消化率高 13%),但要注意在仔猪断奶后一周内仔猪胃肠脂肪消化

酶活性很低，这时添加脂肪不宜消化。

最新的美国 NSNG(2010)饲养标准推荐的各项营养指标比较高，断奶仔猪日粮 ME 高达 3.33 Mcal/kg，商品饲料做到这个水平会成本很高。断奶仔猪的营养需要量也应该随仔猪生产性能提高和市场目标而变化。

(2)蛋白质和氨基酸水平的设置。一般认为，可以按蛋白质/能量比，氨基酸/能量比的原则设置蛋白质和赖氨酸水平(见表3.22)，然后根据理想蛋白质模型或理想氨基酸模型设计其他氨基酸的水平。我们认为，应该按照第 3 章我们给出的公式确定可消化蛋白质的需要量。

表 3.22　能量及赖氨酸能量比对仔猪生产性能的影响

赖氨酸和消化能之间的比率	消化能含量/(Mcal/kg)		
g/Mcal DE	3.17	3.34	3.51
3.04	450	455	464
3.47	461	492	491
3.91	487	517	501
4.37	488	490	470

限制仔猪生长的主要氨基酸是赖氨酸，所以设计仔猪饲料产品标准时应先确定日粮中赖氨酸的含量，然后按理想蛋白质模式确定其他氨基酸的比例，这样才能获得最佳生产效果。一般以可消化赖氨酸水平为 100%，确定其他氨基酸的水平，例如根据 NSNG(2010)推荐的标准，可消化苏氨酸应是可消化赖氨酸含量的 62.116%，可消化蛋氨酸应该是 28.122%，可消化异亮氨酸应为 55.081%。不过据报道，哺乳仔猪和早期断奶仔猪的苏氨酸需要量高于这个比例，Thr:Lys 须达到 0.65，甚至达到 0.72，在有市售的苏氨酸添加剂时要尽量抬高这个指标；色氨酸的需要量也可能高于 NSNG(2010)这个标准，需要达到 Trp:Lys=0.22。

谷氨酸虽不是必需氨基酸，但断奶时经常出现的肠道萎缩也许与谷氨酸缺乏有关。有报道血浆中的谷氨酸含量在断奶时明显下降，说明内源谷氨酸不能维持血液中的正常含量，而谷氨酸是维持肠道细胞正常的必需物质，所以谷氨酸可认为是一种断奶仔猪必需的氨基酸。

美国NSNG(2010)推荐标准，不仅能量浓度高，每兆卡代谢能含可利用赖氨酸0.393 393～0.375 375 g，远高于NRC(1998)推荐的标准。

(3)有人建议提高断奶仔猪第一阶段日粮中的粗纤维水平来促进肠道功能发育，以减少食糜排空时间，从而减少用作细菌生长底物的有效率，这是不科学的。目前使用的21 d断奶的仔猪日粮，虽没限制粗纤维含量，但是高营养浓度要求的原料种类限制了粗纤维含量(<3%)。表3.23示出了日粮消化率对仔猪采食的影响。

表3.23 日粮消化率对体重10 kg仔猪采食量的影响

日粮消化率/%	采食量/(kg/d)
90	0.8
80	0.4
75	0.32

(4)其他养分指标的设置。确定有效的抗生素和在日粮中添加的时间很关键，采用定期轮换的方式使用抗生素可避免产生耐药性。美国NSNG(2010)推荐的标准中，维生素和微量元素水平可以取其上限值。

(5)关于通过模型计算的需要量。现在不断推出一些模型，以预测或计算在某一生产条件下动物的营养需要。现在的推算已扩大到总氨基酸或有效氨基酸的需要量。在明确品种等各相关因素较为接近的条件下，这些公式在辅助确定执行标准时有重要参考价值。但计算值仍需加上安全系数，并考虑加工因素的影响。公式很多，有时计算结果相差很大，设计时需了解其权威性、建立公式的基础条件，并与经验值进行比较(见表 3.24)。

表 3.24 断奶仔猪日粮的典型营养水平

营养水平	阶段Ⅰ 第一周	阶段Ⅱ 第 2，3 周	阶段Ⅲ 第 4，5 周
粗蛋白/%	21.30	20.80	20.70
赖氨酸/%	1.50	1.40	1.14
蛋氨酸/%	0.37	0.35	0.32
有效磷/%	0.50	0.45	0.35
钙/%	0.85	0.80	0.71
添加锌 Zn/(mg/kg)	3 000	2 000	100
添加铜 Cu/(mg/kg)	8.0	8.0	210.0
代谢能/(kcal/kg)	3 065	3 106	3 339

注：Illinois 大学试验猪场，2000。

第4节 最佳饲料配方

饲料不是兽药，靠一个“经典”配方解决所有问题不现实，以不变应万变的饲料配方不可能完美。饲料原料的质量、价格不断变动；饲养管理方式各不相同；仔猪品种、发育阶段、健康状况、环境等常有不同；猪遗传性能每年会有改良，营养需要也变化，新的研究成果不断涌现；特殊情况，例如季节变化，或发生某些传染病以及营养代谢性疾病时，都要适当调整饲料配方中有关原料的配合比例或某一营养指标的水平。

离开市场的饲料配方设计是研究者的工作，不是商品饲料的产品目标。对饲料配方适时调整的目的，就是为使所设计的饲料配方能调制出在营养方面可满足需要，在价格方面比较低廉，性能方面适应市场的配合饲料。所以制作饲料配方的依据主要有：

①动物营养需要参数(饲养标准):确定关键营养指标及其容许变动范围,作为在数学规划中营养约束条件。②饲料营养价值资料:关键营养指标的化学含量或可利用量;各种饲料用量的适宜范围。③添加剂使用说明:有效成分含量、用量、配伍禁忌和特殊使用方法等。④原料价格:设计最低成本配方时必备。⑤饲料生产加工对饲料营养的影响:这是调整饲养标准所必须考虑的。

§4.1 实际例子

现有玉米、大麦、小麦三种饲料原料各 900 kg,一些基本数据见表 3.25。要为猪、牛、鸡三种动物各配合 900 kg 饲料,怎样才能获得成本最低而有效能最高的饲料呢?

表 3.25　几种高能量饲料原料的基本数据

原料名称	动物	价格/(元/kg)	有效能/(MJ/kg)	营养成本 C/N
玉米	猪		3.45(DE)	0.348
	牛	1.2	2.20(NE)	0.545
	鸡		3.36(ME)	0.357
大米	猪		3.50(DE)	0.640
	牛	2.24	2.00(NE)	1.120
	鸡		3.37(ME)	0.655
小麦	猪		3.50(DE)	0.411
	牛	1.44	2.00(NE)	0.720
	鸡		3.08(ME)	0.468

注:DE—消化能;NE—产奶净能;ME—代谢能。引自《配合饲料配方计算手册》。

第一种分配方案:平均分配。每种动物各分给 300 kg 玉米,300 kg 大米和 300 kg 小麦,则猪获得消化能 3 135 Mcal(3.45×300+3.50×300+3.50×300);牛获得净能 1 860 Mcal(2.20×300+2.00×300+2.00×300);鸡获得代谢能 2 943 Mcal(3.36×

300＋3.37×300＋3.08×300）。三种动物共可获有效能7 938 Mcal，合计成本4 392元，每兆卡有效能成本为4 392/7 938＝0.553 3元（即550.3元/kMcal）。

第二种分配方案：把玉米分配给牛，把大米分配给鸡，把小麦分配给猪。结果是：猪获消化能3 150 Mcal（3.50×900）；牛获净能1 980 Mcal（2.20×900）；鸡获代谢能3 033 Mcal（3.37×900）。三种动物共获有效能8 163 Mcal，合计成本仍是4 392元，每兆卡有效能成本为0.538元（即538元/kMcal）。

通过上述计算可以看出，两种分配方案第二种较好，每千兆卡有效能的成本比第一种分配方案低15.3元。当然，在资源丰富时全用玉米最好。如果猪、牛、鸡都用900 kg玉米，则共可获有效能8 109 Mcal，总成本3 240元。每千兆卡有效能合399.56元，比上述第二种分配方案还低138.44元/kMcal。

通过实例可看出，不同配方有不同成本。所谓最佳饲料配方是指，在一组给定的饲料原料中，通过最佳搭配，使配方既满足饲养标准，又成本最低，同时充分利用资源。

§4.2　最佳饲料配方的概念

（1）一般把用线性规划法设计的，既满足动物对多种养分的需要，又使饲料成本达到最低的饲料配方称为最佳饲料配方。

（2）饲养标准一般都给出动物每天的最大、最小采食量，例如我国的猪饲养标准（2004），15～30 kg的生长育肥猪日平均采食量可以在1.28～1.36 kg之间变动。先把饲养标准换算为各种养分与能量的比例，即以能量为单位的养分浓度，然后，再根据单位有效能量成本最低的原则确定饲养标准。这里需要强调的是，能量不可过低，否则因为日粮采食量的限制而得不到足够的每天养分需要量。一般地说，在饲养标准给出的采食量上、下波动5%是没问题的。

(3)“日粮营养平衡”要求的是“多项指标”,包括蛋白能量比、氨基酸能量比、必需氨基酸与非必需氨基酸之比、钙磷比、酸碱平衡、离子平衡和渗透压平衡等。

由于不同地点、不同时间所能获得的饲料原料及其养分含量、营养价值和价格不同,所以,随时间、地点和价格的变化,最佳饲料配方也随之改变。换句话说,没有永远最佳的饲料配方。

(4)在“多配方”规划模型中的数学原理不变,只是应用上有了新的策略。所以在讨论“最佳饲料配方”的概念时,可以暂不考虑多配方模型问题。

§4.3　饲料配方线性规划法的数学模型

饲料配方数学模型的一般化形式如下。

假定在饲料配方中第 j 种饲料原料的用量为 X_j ($j=1,2,\cdots m$),显然有 $X_j \geqslant 0$。假定在设计饲料配方时考虑的营养指标有 n 项,第 j 种饲料原料的第 i 个养分的含量记为 a_{ij},则显然有 $a_{ij} \geqslant 0$,不过实践中,a_{ij} 多是化验结果,或从国家公布的饲料数据库查取。假定在设计饲料配方时选择的饲养标准中的 n 项营养指标,例如能量、粗蛋白质、钙、磷、赖氨酸、蛋氨酸等,分别记为 $b_1, b_2, \cdots b_n$,则显然有 $b_i \geqslant 0$。如果记第 j 种饲料原料售价为 c_j,则饲料配方的成本为:

$$C = c_1 X_1 + c_2 X_2 + \cdots + c_m X_m \tag{1}$$

我们设计饲料配方就是要求在满足下述方程组(2)的约束条件的情况下使式(1)的 C 最小。

$$\begin{cases} a_{11} X_1 + a_{12} X_2 + \cdots + a_{1m} X_m \geqslant b_1 \\ a_{21} X_1 + a_{22} X_2 + \cdots + a_{2m} X_m \geqslant b_2 \\ \cdots\cdots\cdots\cdots \\ a_{n1} X_1 + a_{n2} X_2 + \cdots + a_{nm} X_m \geqslant b_n \\ X_i \geqslant 0, i = 1,2,\cdots,m \end{cases} \tag{2}$$

在线性规划中显然有 $a_{ij}\geqslant 0, b_i\geqslant 0, c_j\geqslant 0$，且 a_{ij}、b_i 和 c_j 都是常数。

这就是设计饲料配方的线性规划法的数学模型。

实践中，配方师常是假定了原料价格、质量和饲养标准等为常数，然而事实远非如此。为有效驾驭线性规划模型参数的波动，需要进一步研究影子价格和灵敏度分析问题。合格的配方师要懂数学，要明白饲料配方线性规划模型对应的对偶模型问题、模型应用及其经济学含义。

利用线性规划的优化方法设计饲料配方时，得到的最低成本配方是在一组特定条件下的结果。当这些条件包括原料的养分含量、饲养标准、有限制的原料用量及原料价格等任何一个发生变化时，一般会影响到最终配方成本。而配方师不能控制原料质量和价格，只能控制配合饲料或浓缩饲料的营养指标和对应的配方成本，即所谓的产品质量与成本控制。

这里指出线性规划法的两个实际问题。

第一是假定的“a_{ij}、b_i 和 c_j 都是常数”并不成立，实际上这些参数都是变量或随机变量而非常数，只是由于目前一般配方师没有所需要的数据库，不得不把它们看作常数；如果有了相应的数据库，那么就可以在更高把握（可信度）的基础上设计饲料配方，但是所用的“饲料配方规划方法”要改用随机规划法而不再用线性规划。

第二是规划目标追求的是单位重量的成本最小，这显然不能保证满足前述最佳饲料配方概念里要求的“日粮营养平衡”时的“多项指标同时达到平衡”，也不能保证“单位有效能量成本最低”的原则要求。“日粮营养平衡”要求的是“多项指标”（如蛋白能量比、氨基酸能量比、必需氨基酸与非必需氨基酸之比、钙磷比、酸碱平衡、离子平衡和渗透压平衡等）都达到平衡，在营养平衡前提下，使“单位有效能量成本最低”，这就要使用“目标规划法”。

怎样把随机规划法与目标规划法结合起来，以全面考虑设计饲料配方的实际问题，是每位配方师需要考虑的问题。

第 5 节　影子价格

目前多数配方师是用线性规划法设计饲料配方，但是研究营养的人常对线性规划的数学原理所知甚少，尤其是其中的影子价格及其灵敏度分析，以至于常见有很多曲解或误用。本节目的是，以配方设计示例，由简单到复杂，探讨影子价格及其在饲料配方设计中的意义和作用。

§5.1　饲料原料的影子价格

常有根据原料的可消化干物质或可消化蛋白质含量来评价饲料价格高低者(见表 3.26)。这种评价标准不合理，因为在线性规划中一种原料的价格高低是相对于可用的原料 - 市场系统而言的。

表 3.26　猪对饲粮养分回肠表观消化率(以风干物质基础)　%

项目	粗蛋白/%	DM 消化率/%	CP 消化率/%	价格 元/kg	可消化粗蛋白/%	可消化 CP/元/kg	可消化 DM/元/kg
日粮	15	82	74	3	11.10	27.03	36.59
棉粕	43.50	61	41	1.9	17.84	10.65	31.15
菜粕	38.60	52	39	1.8	15.05	11.96	34.62
玉米	8.70	77	57	2.1	4.96	42.35	27.28

根据线性规划模型对影子价格的基本定义，某种原料的影子价格是指：在得到最佳配方后，配方中某种原料的用量增加一个单位，使饲料配方成本增加的量。例如棉粕有毒，在饲料配方中的用量一般要限制。如果在用线性规划法设计好的最佳配方的基础上

修改饲料配方，饲料配方中再多用一个单位的棉粕（当然就要相应地降低其他原料的用量）可使配方成本增加－0.05 元/kg，则这个－0.05 元/kg 就是棉粕的影子价格。可由下列简化方式理解：

$$\Delta S_i = x_i \text{ 的影子价格} \times \Delta x_i$$

式中：S 为目标函数，ΔS_i 为由于第 i 种原料改变一个单位导致的目标函数的改变量；x_i 为第 i 种饲料原料；Δx_i 为第 i 种饲料原料的改变量。所以，某种原料的影子价格就表示该原料对目标函数的影响度。

为便于理解影子价格的实际意义，下面举一最简单的配方设计例子。

设有玉米和棉粕两种原料，其粗蛋白含量分别为 8.7% 和 37.0%，价格分别为元 $c_1 = 1.2$ 元/kg 和 $c_2 = 1.5$ 元/kg。现在要用这两种原料配制含粗蛋白为 16% 的配合饲料，问：怎样设计饲料配方才能既满足粗蛋白需要又成本最低？

设玉米用量为 x_1，棉粕用量为 x_2，则按题意可得下列方程组

$$\begin{cases} \text{目标：} \min S = c_1 x_1 + c_2 x_2 & (1) \\ \text{约束条件：} 8.7x_1 + 37x_2 = 16 & (2) \end{cases}$$

把式(2)改写为 $x_2 = 16/37 - (8.7/37)x_1$，即

$$x_2 = 0.432\,4 - (8.7/37)x_1 \qquad (3)$$

此式表明，玉米用量（x_1）与棉粕用量（x_2）呈反比例关系。玉米用量 x_1 每增加 1 个单位时，棉粕用量 x_2 就下降(8.7/37.0)个单位。就是说，玉米对棉粕的边际代替率为(8.7/37.0)。如用 Δx_1 和 Δx_2 分别表示 x_1 和 x_2 的微小变化（增量），则可写出：

$$\Delta x_2 / \Delta x_1 = 8.7/37$$

所以我们可把式(3)写为：

$$x_2 = 0.4324 - (\Delta x_2 / \Delta x_1) x_1 \quad (4)$$

把此式代入目标函数式(1)可得：

$$\begin{aligned} S &= c_1 x_1 + c_2 x_2 \\ &= c_1 x_1 + c_2 [0.4324 - (\Delta x_2 / \Delta x_1) x_1] \\ &= c_1 x_1 + 0.4324 c_2 - c_2 (\Delta x_2 / \Delta x_1) x_1], \text{即} \end{aligned}$$

$$S = 0.4324 c_2 + [c_1 - c_2 (\Delta x_2 / \Delta x_1)] x_1 \quad (5)$$

由此式可看出，当$[c_1 - c_2(\Delta x_2/\Delta x_1)]$为正值时，降低玉米用量 x_1 就可降低配方成本 S，把 x_2 增至最大限度，就可求得最小化的配方成本 min$S$；当$[c_1 - c_2(\Delta x_2/\Delta x_1)]$为负值时，提高玉米用量 x_1 可降低配方成本 S，把 x_1 提高到最大限度，就可求得最小化的配方成本 min$S$。

所以不难看出，因子$[c_1 - c_2(\Delta x_2/\Delta x_1)]$决定了玉米用量 x_1 多了好还是少了好。如果用 ΔZ 表示$[c_1 - c_2(\Delta x_2/\Delta x_1)]$，记为

$$\Delta Z = [c_1 - c_2 (\Delta x_2 / \Delta x_1)] \quad (6)$$

则实践中就可把 ΔZ 当作判别式使用。当 Δz 为正值时，降低玉米用量 x_1 可降低配方成本 S；当 Δz 为负值时，增加玉米用量 x_1 就可降低配方成本 S。这里的 Δz 就相当于一般饲料配方线性规划中的影子价格。

例中，把已知数据代入式(6)可得：$\Delta z = 1.2 - 1.5 \times (8.7/37) = 0.8473$，所以，应尽量降低玉米用量 x_1，这样可降低配方成本。在本例中：x_1 取最小值是 0，这时不用玉米，而全用棉粕。

§5.2　饲料养分的影子价格

在线性规划的数学理论上，影子价格还包括规划模型右手侧约束值的影子价格，在饲料配方规划模型中就是饲养标准中各养分指标的影子价格。假定在设计饲料配方时考虑的营养指标有 n

项，例如能量、粗蛋白质、钙、磷、赖氨酸、蛋氨酸等，记为 b_i，$i=1,\cdots,n$，线性规划理论中约束值的影子价格就是指饲养标准中各养分指标 b_i 的影子价格。根据线性规划模型对影子价格的基本定义，饲料配方中某个营养指标的影子价格指的是，在得到最佳配方后，该营养指标的约束值改变一个单位，导致配方成本的改变量。也可由简化方式理解：

$$\Delta S_i = b_i \text{ 的影子价格} \times \Delta b_i$$

式中：S 为目标函数，ΔS_i 为由于第 i 个养分指标改变一个单位导致的目标函数的改变量；b_i 为第 i 个养分指标；Δb_i 为第 i 种养分指标的改变量。所以，某种养分指标的影子价格就表示该养分指标对目标函数的影响度。

假设要设计断奶仔猪的饲料配方。要求营养水平为可消化蛋白 16.5 g，钙 8.7 g，有效磷 0.45 g。已知有四种原料，玉米(x_1)、豆粕(x_2)、骨粉(x_3)和贝壳粉(x_4)的价格分别为 0.48(元/kg)、0.94(元/kg)、0.75(元/kg)和 0.11(元/kg)，它们的养分含量可从《中国饲料数据库》查到。问：四种原料各用多少，才能使配合饲料成本最低，又能满足产蛋鸡对粗蛋白质、钙和有效磷的需要？

这个问题的线性规划模型为：

$$\min S = 0.48x_1 + 0.94x_2 + 0.75x_3 + 0.11x_4$$

$$s.t.\begin{cases} 85x_1 + 450x_2 + 0.0x_3 + 0.0x_4 \geqslant 165 \\ 0.2x_1 + 3.2x_2 + 280x_3 + 350x_4 \geqslant 87 \\ 1.2x_1 + 3.1x_2 + 100x_3 + 0.0x_4 \geqslant 4.5 \\ x_j \geqslant 0, j = 1,2,3,4 \end{cases}$$

一般情况下，假定有 n 种饲料原料，第 j 种原料的价格为 c_j；假定设计饲料配方时要考虑的营养指标有 m 个，第 j 种饲料原料的第 i 种养分含量是 a_{ij}；记饲养标准中第 i 个营养指标的饲养标

准值为 b_i。则规划饲料配方的数学模型可一般地写作

$$(LP)\min S=\sum_{j=1}^{n}c_jx_j$$

$$s.t.\begin{cases}\sum_{j=1}^{n}a_{ij}x_j\geqslant b_i,i=1,\cdots,m\\x_j\geqslant 0,j=1,\cdots,n\end{cases}$$

式中：x_j 为第 j 种饲料原料在饲料配方中的用量，是决策变量。

上述线性规划（LP）问题的对偶线性规划问题可以写为：

$$(DLP)\max G=\sum_{i=1}^{m}b_iy_i$$

$$s.t.\left\{\sum_{i=1}^{m}a_{ij}y_i\leqslant c_j,j=1,\cdots,n\right.$$

对原线性规划问题（LP）引入松弛变量 $x_{n+1},x_{n+2},\cdots,x_{n+m}$，化为标准形

$$(LPI)\min S=CX$$

$$s.t.\begin{cases}AX=b\\X\geqslant 0\end{cases}$$

式中：$X=(x_1,x_2,\cdots,x_n,x_{n+1},x_{n+2},\cdots,x_{n+m})^T$，$C=(c_1,c_2,\cdots,c_n,0,0,\cdots,0)$，

$$b=(b_1,b_2,\cdots,b_m)^T,A=\begin{bmatrix}a_{11}&a_{12}&\cdots&a_{1n}&1&0&\cdots&0\\a_{21}&a_{22}&\cdots&a_{2n}&0&1&\cdots&0\\\vdots&\vdots&\vdots&\vdots&\vdots&\vdots&\vdots&\vdots\\a_{m1}&a_{m2}&\cdots&a_{mn}&0&0&\cdots&1\end{bmatrix},$$

如果矩阵 A 行满秩，即 $rank(A)=m$，则 A 的任一非奇异子矩阵 B（即行列式 $|B|\neq 0$）都是 LPI 的一个基。把变量的顺序及

其相应的系数重新排列，可用分块矩阵记为：

$$X=\begin{bmatrix}X_B\\X_N\end{bmatrix},A=(B,N),C=(C_B,C_N),$$

则有 $AX=[B\quad N]\begin{bmatrix}X_B\\X_N\end{bmatrix}=[EX_B+NX_N]=b$，所以只需要令 $X_{m+1},X_{m+2},\cdots,X_n=0$，即可解出在此基下的唯一解（基本解）：$X_B=B^{-1}b-B^{-1}NX_N$。如果此解既满足 $AX=b$ 又有 $X_i\geqslant0$，则此解基本可行（故称为可行解或基本可行解）。把基本可行解带入目标函数：

$$\begin{aligned}S&=[C_B\quad C_N]\begin{bmatrix}X_B\\X_N\end{bmatrix}\\&=C_BX_B+C_NX_N\\&=C_B(B^{-1}b-B^{-1}NX_N)+C_NX_N\\&=C_BB^{-1}b-(C_BB^{-1}N-C_N)X_N\end{aligned}$$

可见，只有 $B^{-1}b\geqslant0$ 且 $C-C_BB^{-1}A\geqslant0$，才有 $\min S=C_BB^{-1}b$，这时基 B 称为线性规划问题 LPI 的最优基 B，所以，LPI 的最优解为 $X_B=B^{-1}b,X_N=0,\min S=C_BB^{-1}b$，由此舍去松弛变量就可得到原线性规划问题 LP 的最优解。

根据对偶定理，原 LP 问题的 DLP 问题有最优解：

$$Y=(y_1,y_2,\cdots,y_m)=C_BB^{-1},\max G=\min S=C_BB^{-1}b$$

这里的 $y_i(i=1,2,\cdots,m)$就是第 i 种养分资源的影子价格。

§5.3　影子价格的意义

如果 B 是线性规划问题 LPI 的最优基，DLP 的最优解 $Y=(y_1,y_2,\cdots,y_m)=C_BB^{-1},G=S=C_BB^{-1}b$，则 $G=S=C_BB^{-1}b=$

Yb，求矩阵导数，有$\partial S/\partial b=\partial G/\partial b=(y_1,y_2,\cdots,y_m)$，所以变量 y_1，y_2，…，y_m 的经济意义是：在其他条件不变（最优基也不变）的情况下，单位养分变化引起的目标函数最优值的改变；或求偏导数$\partial S/\partial b_i=\partial G/\partial b_i=y_i(i=1,2,\cdots,m)$，表示在其他条件不变时，第 i 个营养指标的单位变化引起的配方成本改变量。这说明 y_i 代表第 i 种养分指标在最优决策下的边际价值。

由于影子价格是养分在最优决策下边际价值的反映，所以没有最优决策就没有影子价格。同一养分在不同的原料市场限制和不同决策下影子价格可能不同，因此影子价格是受原料市场和质量本身客观条件制约的。由问题 LP 与问题 DLP 的最优解之间的关系 $\min G=\max S=C_BB^{-1}b=Yb$，说明养分的影子价格定量反映了养分在最优决策下应为配方成本（总收益）提供的价值。

值得指出的是，若某种养分的影子价格等于零，则说明这个养分指标在给定条件下适当改变不影响配方成本。

上述理论分析表明，影响影子价格的因素主要有：配合饲料产品定位、原料质量、原料市场价格结构和配方设计时的约束条件等。

第 6 节　影子价格在饲料配方设计上的应用

§6.1　根据影子价格调整饲料配方

原料的影子价格揭示了当增减参与计算的饲料原料时对最终配方成本的影响程度。某原料影子价格的绝对值越大，表明其对配方的最低成本影响越突出；而影子价格为“零”的原料是指其在特定取值范围内，该指标的达成对最低成本不构成影响。从经济上讲，某原料（养分）的影子价格，是对每单位该原料在特定条件下最优配置时的边际效益的估价，所以可根据影子价格有把握地调整饲料配方。一般说来，当某原料影子价格为负值时，增加该原料在饲料配方中的用量，可降低配合饲料成本；当某原料影子价格为正值时，降低该原料在饲料配方中的用量，可降低配方成本。

利用 EXCEL2000 以后的版本设计饲料配方时，可以在筛选出最低成本配方的同时，直接在原料价格的灵敏度一栏中得到参选原料影子价格的信息。

值得注意的是，设计饲料配方时各原料的影子价格不是固定不变的，当参与规划饲料配方的各种原料的价格、质量、用量限制和饲养标准有任何变化时，各种原料的影子价格都有可能发生变化——也就是说有可能规划出另外一个饲料配方及其影子价格，甚至原来为正的影子价格改变为负的影子价格。

再就是，在设计饲料配方时，影子价格分析只对那些设计饲料配方之前设置了限制用量的饲料原料有实际价值，而那些没有对用量设置限制的原料，其影子价格只有理论意义。因为在优化过程中，已把那些没用量限制的饲料原料用到了最佳量。或者说，规划结果就是在给定的约束条件下，各种饲料原料(包括设置了约束和没设置约束的原料)的最佳配比，也就是最佳饲料配方。

§6.2　根据影子价格调整饲养标准

各种养分指标即资源的影子价格，能从量上指导配方师有针对性地调整饲养标准。在配合饲料中最重要的营养指标是能量和蛋白质，其他指标常以这两个指标为基础而定。所以配合饲料的成本主要取决于这两个指标，及与之相对应的原料。这两个指标常允许在一定范围内变动，即是说，蛋白能量比在一定范围内变化时不影响动物生产性能，所以在设计饲料配方时，可根据影子价格在营养平衡允许的范围内调整蛋白能量比和其他营养指标。

一般可通过计算能量和蛋白质的影子价格大致确定。理论上说，当某养分的影子价格为负值时，可把配方标准中该养分的指标调整到最高限度，当某养分的影子价格为正值时，可把配方标准中该养分指标调整到最低限度。氨基酸指标按理想氨基酸模式中各种氨基酸与蛋白质的比例确定。然而实际与理论常有巨大差异。据笔者经验，在设计饲料配方时，多数养分指标的影子价格都是正数。所以在实践中通常可以遇见的情况是，降低任何一个养分指标都会降低饲料配方的成本，当然，按照营养平衡原则，把全部营养指标都按平衡比例降低时，饲料配方的成本一定是会随着降低的，不用复杂的数学规划。

出现这种现象的原因，一方面是由饲料原料的性质决定，另一方面，是由饲料配方的规划原理决定的。首先，各营养成分不是单独存在的资源，而是以多种成分同时存在于一种饲料原料中，我们不可能孤立地“买”、“卖”或投入某一养分（市场上有售的氨基酸和维生素例外）。其次，在约束的营养成分之间，尤其是能量和其他营养成分间存在密切关系。如果把能量视为依变量，其他营养成分则是自变量。就饲料配方而言，它必须是营养平衡的。只有能量和其他营养成分在配方中保持一定比例关系，这个饲料配方才有使用价值。对于多数饲养标准来说，各营养成分需要量之间的相互关系已经确立。一个合格的配方师在设定营养指标时，已将各养分需要量之间的相互平衡关系考虑在内，只不过是在建立最低成本配方的线性规划模型时，将各营养成分约束条件“简化”或“假设”为独立变量。许多实际问题都是经过简化后，再建立起数学模型，因此，线性规划所提供的数学原理，在用于实际问题时，还要注意具体问题具体分析。

不过有时候会出现某种养分指标的影子价格为负值。如果根据这个数学分析的结果来调整饲料配方的营养指标，往往导致饲料配方营养不平衡，降低饲料使用的效果，尤其是饲料转化率，这将导致资源浪费。例如，笔者曾注意到精氨酸的影子价格有时为负值，如果仅仅根据数学原理，孤立地提高精氨酸的约束值（而不相应地提高蛋白质、赖氨酸等的约束值），必然导致氨基酸不平衡。

但是对养分的影子价格进行数学分析依然有巨大经济价值，至少对饲料配方设计有理论指导意义。因为家畜对日粮各种养分的需要量及其相互比例不是不可改变的，其中蛋白能量比最有经济价值。例如在仔猪饲料生产中，蛋白能量比（g/Mcal）至少可在58～65之间变化，而市场上蛋白质资源（典型代表是豆粕）和能量资源（典型代表是玉米）的相对价格经常变化，当能量资源贵时就可提高蛋白能量比，当蛋白质资源贵时就可降低蛋白能量比。当然，不同蛋白能量比的饲料会影响采食量甚至料肉比，所以要权衡饲料成本的降低与仔猪性能的关系，根据具体情况作出决策，这就为配方师提供了发挥技术优势的空间。

值得注意的是，饲料配方设计标准中各养分的影子价格也不是固定不变的，会随着各种养分指标的消长而发生位置的更换，或不构成影响的资源变成有影响的，有如人们熟悉的限制性氨基酸顺序的变化。因此，还必须研究资源影子价格的有效区间，体现影子价格的相对稳定性。

§6.3 根据影子价格评价原料

评价饲料原料的传统方法是计算饲料原料中每种主要营养指标（如蛋白质、限制性氨基酸、ME等）的价格，这种方法往往不能表明饲料原料在配方中的真实价值。因为一种饲料原料的实际价值取决于一定的原料质量——价格环境，与其他原料的质量－价格有关，当然还与前已述及的营养指标和全部可用原料的约束条件有关，在规划配方的动态运算中是以各种原料满足约束条件的能力为依据。影子价格指的是原料之间的"相对价格"，即一种原料与另一种或几种原料相互取代所导致的优化配方成本差异。

某个原料的影子价格还受饲养标准的影响，在同一原料质

量 - 价格环境中，对于不同产品定位的配合饲料，某个原料的影子价格可能会有变化。例如，对于营养浓度较高的配合饲料，规划结果可能是选用鱼粉，对于营养浓度较低的配合饲料，在同样的原料质量 - 市场价格条件下，规划结果可能是选用豆粕，甚至是棉籽粕或菜籽粕。

所以，评价某个饲料原料时，最好是把它的质量 - 价格放在本厂可用原料和产品定位结构中进行分析，或者模拟设计一下饲料配方，根据其影子价格决定是否购入。

饲料添加剂属于饲料原料的一种，完全适合于影子价格分析。不过对于单项添加剂原料，不需要使用线性规划方法就可以评比哪种原料的性价比更好。

根据影子价格原理有针对性调整饲料配方，可以有效降低饲料配方成本。

由于配合饲料产品定位、原料质量、原料市场价格结构和配方设计时的约束条件等都可以影响影子价格，所以还需要深入探讨这些因素影响配方设计结果的规律，影子价格的灵敏度分析可以解决一些问题。

§6.4　线性规划方法的重要缺陷

饲料配方的线性规划模型是建立在一些与实际不符的基本假定之上的，例如假定某种饲料原料的某种养分含量、饲料原料的市场价格和配合饲料的质量等都是常数，这与实际不符，所以用线性规划法只能设计出近似最佳的饲料配方。

饲料配方规划时的养分数据误差，主要来自配方中量大的主要组分的营养素数据取值。说白了就是玉米（占 50%～70%）和大豆粕（占 15%～20%）的营养指标数据取值。一般而言，粗蛋白质可以造成正负 1%的误差，能量可以造成正负 1 MJ/kg 的误差。表 3.27 示出了回肠标准可消化氨基酸的变异。

表 3.27 回肠标准可消化氨基酸的变异

	赖氨酸			蛋氨酸		
	平均	标准差	CV	平均	标准差	CV
玉米	0.19	0.02	11	0.15	0.03	20
豆粕	2.44	0.25	10	0.55	0.06	11
菜籽粕	1.38	0.34	25	0.58	0.05	9
肉骨粉	2.20	0.63	29	0.69	0.22	32
羽禽粉	1.34	0.25	19	0.45	0.11	24
鱼粉	4.38	0.77	18	1.64	0.31	19

有四种措施可解决饲料原料营养价值变异对配方质量稳定性的影响：一是实测有效含量，但多数情况下，尤其是中小型饲料厂此措施难以实现。二是利用回归公式，根据实际情况监测的指标估计有效含量。三是根据安全限量设计配方或设计概率饲料配方。四是添加酶制剂等生产调节剂，提高饲粮营养物质利用率。

理论上说，不仅饲养标准 $b=(b_1,b_2,\cdots,b_m)^T$ 中的各分量不相互独立，或者表示为其协方差不为零，记为 $\mathrm{Cov}(b_1,b_2)\neq0$；而且更重要的是，饲料原料养分数据矩阵 $A=\begin{bmatrix}a_{11} & \cdots & a_{1n}\\ \vdots & \vdots & \vdots\\ a_{m1} & \cdots & a_{mn}\end{bmatrix}$ 中的每一个行向量的方差－协方差矩阵也不是对角矩阵，换言之，各种饲料原料中，不同养分都是随机变量而不是常数，每种饲料原料内各种养分之间存在相关而不是相互独立，这其实也是我们根据某些化验的饲料养分指标预测另外的营养指标的理论依据。每种饲料原料内各种养分指标之间不独立，可以记为 $Cov(a_{ij},a_{ij})\neq0$；再就是饲料原料的价格向量 $C=(c_1,c_2,\cdots,c_m)^T$，其元素也不是相互独立的常数，而是有很大的相关，例如在豆粕涨价时，其他蛋白质原料常常是跟着涨价的，这就是说，$Cov(c_1, c_2) \neq 0$。

而线性规划方法的基本假定是饲料原料养分数据矩阵 A，饲养标准向量 b 和饲料原料价格向量 C 都是常数，暗含的基本假定就是：

$$\begin{cases} Cov(a_{ij}, a_{ik}) = 0 \\ Cov(b_j, b_k) = 0 \\ Cov(c_i, c_l) = 0 \end{cases}$$

根据上面的分析，这些假定显然是不成立的。这就是说，线性规划方法设计饲料配方，在理论上存在着原则性的缺陷。为了解决线性规划法在设计饲料配方时的不足，可以采用随机规划法（王继华等，2003），以某种概率保证设计的饲粮能满足动物的营养需要，将在本书后面章节详细讨论。

参考文献

[1] 范玉妹，徐尔，周汉良. 数学规划及其应用[M]. 北京：冶金工业出版社，2003.

[2] 胡迪先，王立常，夏先林，等. 配合饲料配方计算手册[M]. 成都：四川科学技术出版社，1987.

[3] 李凯年，孟丹，孟昱。关于对仔猪最佳断奶日龄的再认识. 猪业科学，2010(11)：97 - 99.

[4] 【美】S. S. Rao 著. 工程优化原理及应用[M]. 祁载康，等译。北京：北京理工大学出版社，1990.

[5] 王继华，张乐颖，梁立军. 影子价格/灵敏度分析与饲料配方调整[J]. 邯郸农业高等专科学校学报，2005，22(1)：1 - 4.

[6] 王继华，范聚芳，董瑞玲. 制定饲料配方数学方法的发展(J). 兽药与饲料添加剂，1999.

[7] 王继华,邢海军,张凤仪.饲料配方模糊规划和随机规划原理[J].邯郸农业高等专科学校学报,2003,20(2):1-4.
[8] 熊易强.饲料配方中影子价格的定义及其应用[J].饲料工业,2006(23).
[9] 熊易强.饲料配方基础和关键点[J].饲料工业,2007,28(7):2-7.

第 4 章　用 Excel 优化饲料配方

目前饲料厂都使用计算机和专用饲料配方软件设计饲料配方。专用饲料配方软件价格较高，尤其是其功能常常滞后于营养科学的发展，不能及时吸收最新科研成果。现在只要电脑上安装 Excel 2000 及其以后版本，就可利用其“规划求解”功能求得最佳饲料配方。而且能够自己设计规划内容，简单、准确。

我们先介绍 Excel 规划求解工具的安装和使用，以及各种功能的选择和不同求解结果的处理；并且通过实际例子，逐一说明如何应用“规划求解”工具解决饲料配方设计问题；最后介绍“规划求解”工具在饲料配方设计时影子价格和灵敏度分析技术。

第 1 节　“规划求解”工具的安装和使用

下面通过实例叙述“规划求解”的操作方法。

§1.1　Microsoft Excel 2000 的安装

“规划求解”是 Office 2000 及其以后版本提供的一个应用程序(加载宏)，可对有多个变量的线性和非线性规划问题进行求解，省去了人工编制程序和手工计算的麻烦。利用 Mcrosoft Excel 2000 及其以后版本设计最佳饲料配方，要使用 Microsoft Excel 的“规划求解”功能。

这个加载宏一般安装在“工具”菜单的“加载宏”中，显示为“规划求解”选项。如果要使用这一程序，只需在“工具”菜单中单击“规划求解”选项，就可进入该选项的对话框。

如果“工具”中没有“规划求解”选项，通常是由于在“加载宏”中没选定该选项，可以先用鼠标左键单击“工具”菜单，再单击“工具”菜单中的“加载宏”，就出现如图 4.1 所示的对话框。

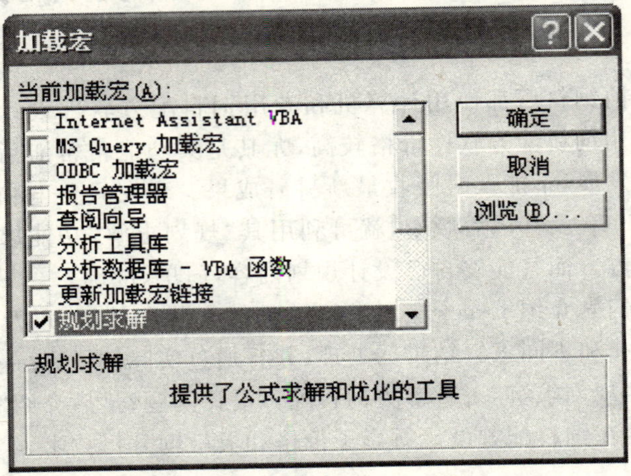

图 4.1　“加载宏”对话框

在“当前加载宏”二级菜单中单击“规划求解”选项前的小方格，就可看见框前出现对号“√”，表示选定，如图 4.1 所示，然后用鼠标左键单击“加载宏”对话框内的“确定”按钮，这样就激活“规划求解”功能了。这时再击“工具”菜单，就可见在“工具”菜单中出现“规划求解”选项。

如果在“加载宏”中也找不到“规划求解”选项，则说明这台电脑在安装 Office 2000(或其以后版本，下同)时没选择加载宏。您必须重新启动 Office 2000 安装程序，并且选择 Excel 选项，在加载宏区段中选择“规划求解”，然后安装。具体可这样操作：在重新启动 Office 2000 安装程序后，搜索已安装的组件，列出 4 项维护程序，打开“添加/删除”项，选定“Excel”，单击“更改选项”按钮，再选择“加载宏”，找到“规划求解”，再单击“更改选项”按钮，开始安装。安装完毕即可使用。

§1.2　Microsoft Excel 2000 的使用方法

利用“规划求解”工具，可对 Excel 工作表上与目标单元格中的公式直接或间接有联系的一组单元格的数值进行调整，最终为目标单元格中的公式找到优化结果。这些在求解过程中可修改其数值的单元格，叫可变单元格。对于这些可变单元格，可引用影响目标单元格公式的其他单元格数值，作为约束条件。下面用一个简单的实例来说明“规划求解”工具的使用。

【例 1】　要设计一个仔猪饲料配方，饲养标准为代谢能 12.0 MJ/kg，粗蛋白质 16.5%，钙 0.5%，有效磷 0.23% 和食盐 0.37%。已知有 7 种饲料原料，玉米、豆粕、小麦麸、磷酸氢钙、石粉、食盐和添加剂的价格（元/kg）分别为 1.2、3.3、0.9、1.35、0.12、0.5 和 8，它们的养分含量可从《中国饲料数据库》查到。现在要配制 100 kg 配合饲料。问：7 种原料各用多少，才能使配合饲料成本最低，又能满足猪对粗蛋白质、钙和有效磷的需要？

各种饲料原料的用量都应大于或等于零。饲养标准要求的养分浓度指标代谢能、粗蛋白质、钙和有效磷等是最低值或下限值。所以，在设计饲料配方时应使其代谢能、粗蛋白质、钙和有效磷等养分含量等于或大于饲养标准规定的下限值。这个问题可用 Excel 的“规划求解”工具解决，其操作步骤如下：

2.1　饲料配方数据库的建立

第 1 步：先按照图 4.2 的格式把原始资料输入好。

图 4.2 中 B3 至 F3 是饲养标准值；C6 至 G12 是各种饲料原料的养分含量；B6 至 B12 是各种原料的价格。

2.2　饲料配方规划表的建立

第 2 步：编制饲料配方规划表（“饲料配方优化计算”函数关系表），建立目标单元格，可变单元格和约束条件之间的数量对应关系。为便于介绍，这里先把建好的规划表给出，见图 4.3，然后再介绍规划表的制作。可在上述饲料数据库下方建立“饲料配方规划表”，也可以重新打开一张工作簿建立。

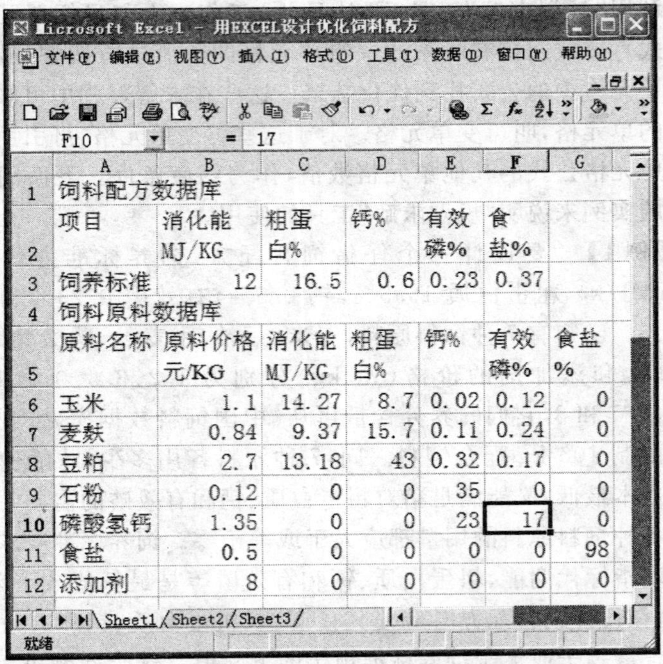

	A	B	C	D	E	F	G
1	饲料配方数据库						
2	项目	消化能 MJ/KG	粗蛋白%	钙%	有效磷%	食盐%	
3	饲养标准	12	16.5	0.6	0.23	0.37	
4	饲料原料数据库						
5	原料名称	原料价格 元/KG	消化能 MJ/KG	粗蛋白%	钙%	有效磷%	食盐%
6	玉米	1.1	14.27	8.7	0.02	0.12	0
7	麦麸	0.84	9.37	15.7	0.11	0.24	0
8	豆粕	2.7	13.18	43	0.32	0.17	0
9	石粉	0.12	0	0	35	0	0
10	磷酸氢钙	1.35	0	0	23	17	0
11	食盐	0.5	0	0	0	0	98
12	添加剂	8	0	0	0	0	0

图 4.2　饲料配方规划方案依据的原始资料

在图 4.3 所示饲料配方规划表中，配方成本（即目标函数）所在的单元格为 H23，它是各种原料成本的总和，即 H66，H67，…，和 H22 各个单元格数值的总和。各种原料的成本是各自的价格与其用量的乘积，这个乘积的数值大小取决于该原料在配方中的用量，即：

H16＝B16×B6；H17＝B17×B7；H17＝B18×B8；…

而各种原料在配方中的用量则取决于所需原料总量，包括各原料的价格(元/kg)与用量(kg)的乘积。所以各种原料的最佳用量 B16∶B21 是可变单元格，饲料添加剂在配合饲料中的用量一般是固定的，所以不是可变单元格，C16∶G21 单元格是约束条件。

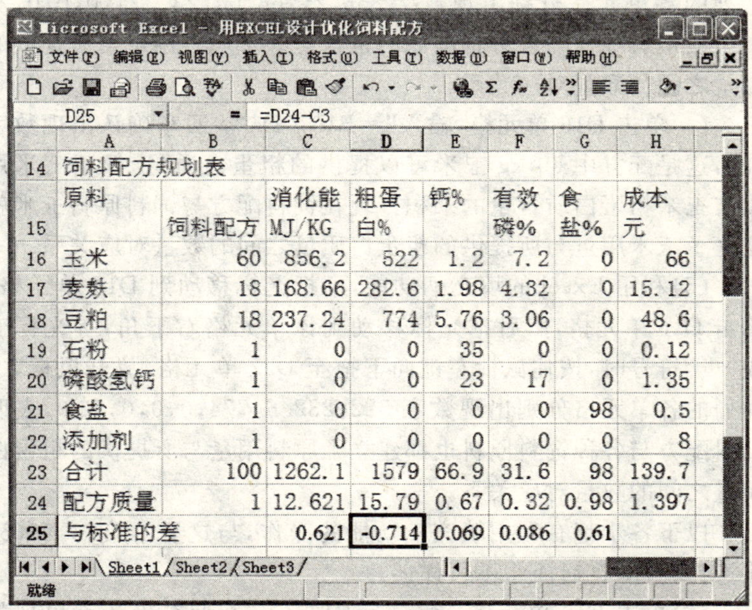

	A	B	C	D	E	F	G	H
14	饲料配方规划表							
15	原料	饲料配方	消化能 MJ/KG	粗蛋白%	钙%	有效磷%	食盐%	成本元
16	玉米	60	856.2	522	1.2	7.2	0	66
17	麦麸	18	168.66	282.6	1.98	4.32	0	15.12
18	豆粕	18	237.24	774	5.76	3.06	0	48.6
19	石粉	1	0	0	35	0	0	0.12
20	磷酸氢钙	1	0	0	23	17	0	1.35
21	食盐	1	0	0	0	0	98	0.5
22	添加剂	1	0	0	0	0	0	8
23	合计	100	1262.1	1579	66.9	31.6	98	139.7
24	配方质量	1	12.621	15.79	0.67	0.32	0.98	1.397
25	与标准的差		0.621	-0.714	0.069	0.086	0.61	

图 4.3　饲料配方规划表

为建立这些数量对应关系，即给这些数量关系下定义，需要在有关单元格中输入以下计算公式：

(1)先在 B16∶B22 单元格内输入一个经验配方，例如图 4.3 中的配方。我们先暂时把这个配方作为规划方案的起点，即初值。

(2)单击 C16 单元格，输入"＝B16×C6"，回车，就出现数字 856.2，这是配方中 60 kg 玉米可以提供的能量，即玉米用量与其能量含量的乘积。现在饲料配方与饲料原料玉米就建立了玉米用量与所提供的能量之间的数量对应关系。

(3)利用 Excel 的填充柄功能，即把光标移动到 C16 单元格，单击 C16 单元格，然后把光标移动到该单元格右下角，等光标变成“十”符号时，按住鼠标左键向下拖至 C22 单元格，放开鼠标，这一列的各单元格分别出现数字 856.2，168.66，237.24，0，0，0，和 0，表明饲料配方与各种饲料原料也都建立了原料用量与所提供的能量之间的数量对应关系。

(4)单击 D16 单元格，输入“＝B16×D6”，回车确认出现数字 522，这是配方中 60 kg 玉米可以提供的粗蛋白质量，等于玉米用量与玉米粗蛋白质含量的乘积。现在饲料配方与饲料原料玉米就建立了玉米用量与所提供的粗蛋白质量之间的数量对应关系。

(5)利用 Excel 的填充柄功能，即把光标移动到 D16 单元格，单击 D16 单元格，然后把光标移动到该单元格右下角，等光标变成“十”符号时，按住鼠标左键向下拖至 D22 单元格，放开鼠标，这一列的各单元格分别出现数字 522，282.6，774，0，0，0，和 0，表明饲料配方与各种饲料原料也都建立了原料用量与所提供的粗蛋白质量之间的数量对应关系。

以下各步都有利用填充柄功能的操作，与这里的第(3)和(5)步操作一样，在后面将不再详述。

(6)单击 E16 单元格，输入“＝B16×E6”，回车确认就出现数字 1.2，这是配方中 60 kg 玉米可以提供的钙量，等于玉米用量与玉米钙含量的乘积。现在饲料配方与饲料原料玉米就建立了玉米用量与所提供的钙量之间的数量对应关系。

(7)利用 Excel 的填充柄功能，为饲料配方与各种饲料原料建立原料用量和所提供的钙量之间的数量对应关系。

(8)在 F16 单元格输入“＝B16×F6”，回车确认就出现数字 7.2，这是配方中 60 kg 玉米可以提供的有效磷量。现在饲料配方与饲料原料玉米就建立了玉米用量与所提供的有效磷量之间的数量对应关系。

(9)利用 Excel 的填充柄功能,为饲料配方与各种饲料原料建立原料用量和所提供的有效磷量之间的数量对应关系。

(10)在 G16 单元格输入"=B16×G6",回车确认就出现数字 0,这是配方中 60 kg 玉米可以提供的食盐量。现在饲料配方与原料玉米就建立了玉米用量与所提供的食盐量之间的数量对应关系。

(11)利用 Excel 的填充柄功能,为饲料配方与各种饲料原料建立原料用量和所提供的食盐量之间的数量对应关系。

(12)单击 H16 单元格,输入"=B16×H6",回车确认就出现数字 66,这是配方中 60 kg 玉米的成本,等于配方中玉米用量与玉米价格的乘积。现在饲料配方与饲料原料玉米就建立了玉米用量与玉米成本之间的数量对应关系。

(13)利用 Excel 的填充柄功能,为饲料配方与各种饲料原料建立原料用量和所需成本之间的数量对应关系。

第 3 步:总和行的建立。第 23 行是总和行。这一行的每个单元格内的数字都是该单元格上面的各个单元格内的数字之和。具体建立这种和函数关系的方法如下:

(1)单击 B23 单元格,然后把光标移动到表头上的"Σ",双击鼠标左键,本例中出现数字 100,这是经验配方中各种原料用量的总和。一般把配方总和给为 100,也可以是 1 或 1 000。

(2)单击 C23 单元格,然后把光标移动到表头上的"Σ",双击鼠标左键,本例中出现数字 1 262.1,这是经验配方中各种原料提供的代谢能的总和。这时再利用 EXCEL 的填充柄功能,即把光标移动到 B23 单元格,单击 B23 单元格,然后把光标移动到该单元格的右下角,等光标变成"+"符号时,按住鼠标左键向右拖至 H23 单元格放开鼠标,这一行各单元格分别出现数字 100,1 262.1, 1 579,66.9, 31.6,98,和 139.7,表明饲料配方与各种饲料原料所提供的养分也都建立了饲料配方与配方营养水平的对应关系。最后一个单元格即 H23 单元格内的数字 139.7 是配方成本。

第 4 步:配方营养水平行的建立。一般饲养标准给出的都是每 kg 配合饲料中的各种养分的含量。为便于操作,我们把第 23 行给出的合计数据改为每单位配合饲料中各种养分的含量。也就是把第 23 行的各个单元格内的数据都除以 B23 单元格内的数据,具体操作方法为:

在 B24 单元格内输入"=B23/B23",在 C24 单元格内输入"=C23/B23",在 D24 单元格内输入"=D23/B23",在 E24 单元格内输入"=E23/B23",在 F24 单元格内输入"=F23/B23",在 G24 单元格内输入"=G23/B23",在 H24 单元格内输入"=H23/B23".这时第 24 行的各单元格内分别出现数字 1,12.621,15.79,0.67,0.32,0.98 和 1.397,这分别是配方的代谢能、粗蛋白质、钙、有效磷、食盐等的营养水平和配合饲料的单位成本。

2.3　规划求解参数的输入

第 5 步:输入规划求解参数。完成以上操作后,可以单击"工具"菜单中的"规划求解"选项,打回车进入"规划求解参数"对话框,如图 4.4 所示。

在上述对话框中需要进行以下操作:

(1)在"设置目标单元格"后的框中输入目标函数所在的单元格,本例为"H23"。再进行下一项操作时,即自动转换为绝对引用方式"$H$23",以下同。

(2)在"等于:"项下,并列有"最大值"、"最小值"和"值为"三个选项,本例根据要求选择"最小值",操作方法是单击鼠标左键,前面的○变成⊙。在设计饲料配方时应选择"最小值",因为这时目标函数是配方成本。

(3)在"可变单元格"框中输入可变单元格的引用,在本例为"B16:B21"。因为添加剂一般是固定量,不参与优化,所以可变

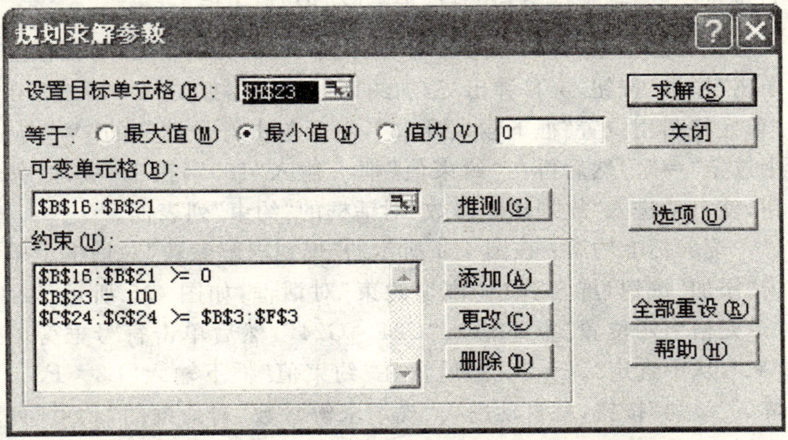

图 4.4　“规划求解参数”对话框

单元格不包括 B22 单元格。

(4)单击“添加”按钮,屏幕弹出“添加约束”对话框见图 4.5。

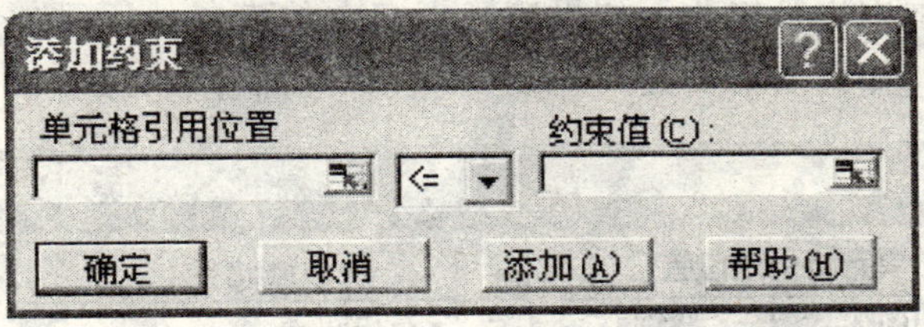

图 4.5　“添加约束”对话框

在上列对话框中,需要依次输入各项约束条件。

各种原料的用量都必须大于或等于零:在“单元格引用位置”框下输入“B16 : B21”,然后单击符号框旁的“▼”,这里列有“＜＝”,“＝”,“＞＝”,“int”,“bin”5 种选项,从中选定“＞＝”。(说明:单击“int”给出的“约束值”为整数,单击“bin”给出的“约束值”为二进制)。然后再在“约束值”框下输入“0”,按下“添加”按钮,就自动进入“规划求解参数”对话框的“约束”列表框。

配方总重量约束：在图 4.4 所示的“规划求解参数”对话框上单击“添加”按钮，屏幕弹出“添加约束”对话框，如图 4.5 所示。在“单元格引用位置”框下输入“B23”，然后单击符号框旁的“▼”，从中选定“＝”。然后再在“约束值”框下输入“100”，按下“添加”按钮，就自动进入“规划求解参数”对话框的“约束”列表框。

饲养标准约束：在图 4.4 所示的“规划求解参数”对话框上单击“添加”按钮，屏幕弹出“添加约束”对话框，如图 4.5 所示。在“单元格引用位置”框下输入“C24：G24”，然后单击符号框旁的“▼”，从中选定“＞＝”。然后再在“约束值”框下输入“B3：F3”，按下“添加”按钮，就自动进入“规划求解参数”对话框的“约束”列表框。

输入完后，检查上述对话框，如约束条件输入有错，可单击选定要修改的约束，然后单击“更改”按钮，屏幕弹出“改变约束”对话框，这个对话框的格式与“添加约束”对话框相同，见图 4.6，在这个对话框中进行修改。如果输入了多余约束条件，可按“删除”按钮删除。如要重新设置各项参数，可按“全部重设”按钮。

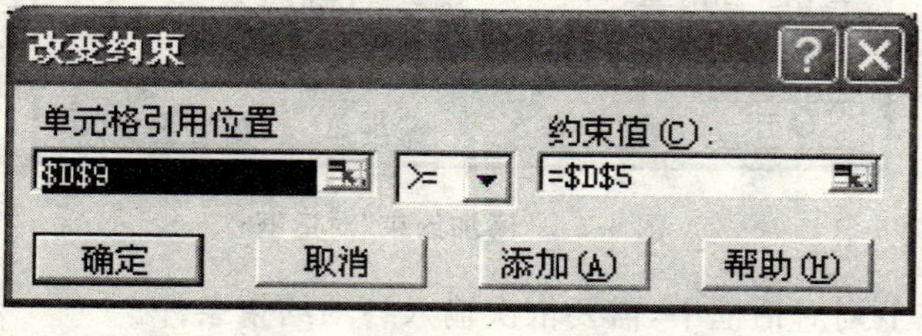

图 4.6 “改变约束”对话框

图 4.4 是添加了约束条件后的，自图 4.4 可清楚看出，有 3 组约束条件，分别是：①饲料配方各养分的水平不低于饲养标准；②各原料在饲料配方中的用量为非负；③配方的总量约束为 100；

④在较为一般的情况下，我们还需要对某些饲料原料的最大用量加以限制。

2.4　饲料配方的规划求解

第 6 步：如果输入的内容与要求的相符，就可以进行求解了。操作方法是单击“求解”按钮，计算机就开始运算。运算结束时，计算机给出“规划求解结果”对话框，如图 4.7 所示。同时，在 Excel 表中显示出求解结果，如图 4.8 所示。

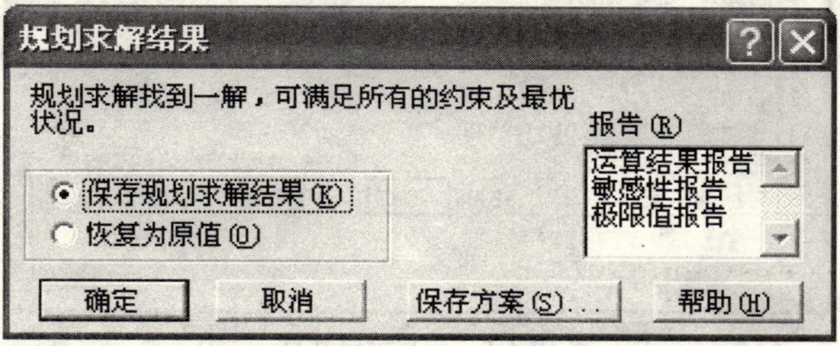

图 4.7　“规划求解结果”对话框

注意：在第一次使用某台计算机求解最佳饲料配方时，求解前需要检查选项设置。点击图 4.4 中的“选项”按钮，进入“规划求解选项”对话框(图 4.9)，选中“采用线形模型”、“假定非负”、“正切函数”、“向前差分”、“牛顿法”，然后点击确定按钮，回到“规划求解参数”对话框。

点击“规划求解结果”对话框中的选项可得到有关信息。不过为便于理解，我们这里先看规划结果。“保存规划求解结果”前的○对话框自动默人状态为⊙，单击“确定”按钮，就出现图 4.8 所示的结果报告界面。

通过以上步骤，就可求出一个最优配方(不一定饲养效果最佳)。可见，利用 Excel 2000 的“规划求解”可以筛选出最优的配方，这样给配方师工作带来极大方便，既提高了工作效率，又提高

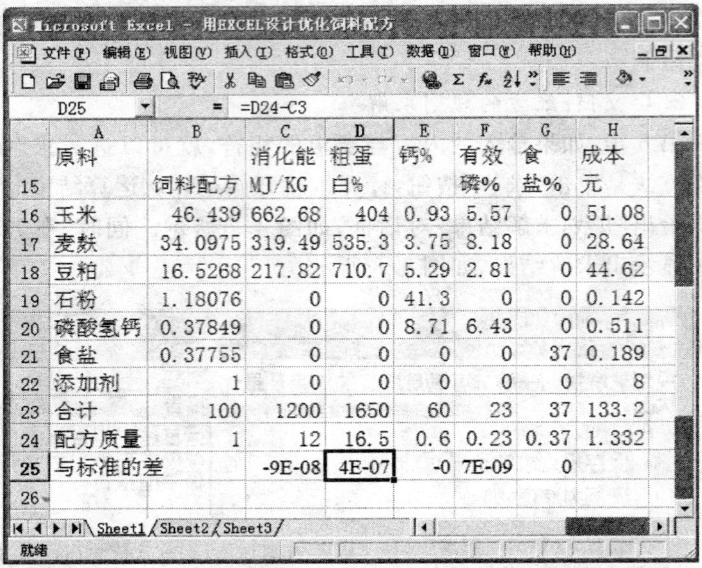

行	A	B	C	D	E	F	G	H
15	原料	饲料配方	消化能MJ/KG	粗蛋白%	钙%	有效磷%	食盐%	成本元
16	玉米	46.439	662.68	404	0.93	5.57	0	51.08
17	麦麸	34.0975	319.49	535.3	3.75	8.18	0	28.64
18	豆粕	16.5268	217.82	710.7	5.29	2.81	0	44.62
19	石粉	1.18076	0	0	41.3	0	0	0.142
20	磷酸氢钙	0.37849	0	0	8.71	6.43	0	0.511
21	食盐	0.37755	0	0	0	0	37	0.189
22	添加剂	1	0	0	0	0	0	8
23	合计	100	1200	1650	60	23	37	133.2
24	配方质量	1	12	16.5	0.6	0.23	0.37	1.332
25	与标准的差		-9E-08	4E-07	-0	7E-09	0	
26								

图 4.8　规划求解结果

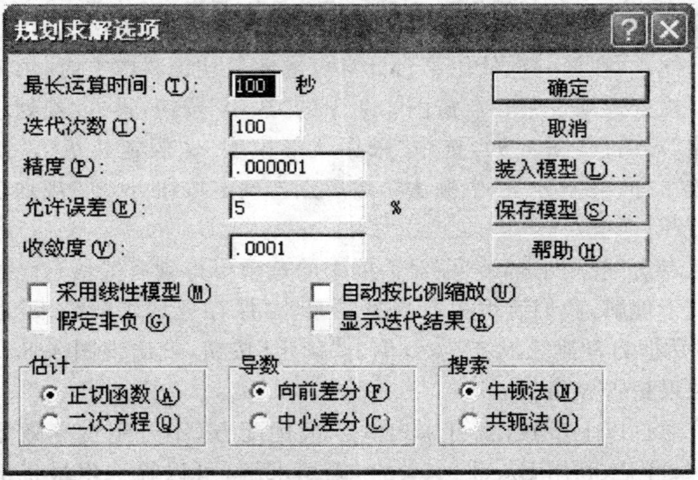

图 4.9　"规划求解选项"对话框

了配方质量。

图 4.8 所示的表中 B16：B23 给出的就是在目前给定的饲料原料及其价格条件下的最佳饲料配方，这个配方的营养水平在第 24 行给出，这个配方的成本在 H24 单元格给出为 1.332(元/kg)。

§1.3　关于 Excel 程序的进一步解释

(1)在进行规划求解时，首先要确认在“工具”菜单中出现“规划求解”命令，如果没有则需要安装“规划求解”加载宏，单击“工具”菜单中，单击加载宏命令，如果在“加载宏”命令中，没有列出“规划求解”项，单击浏览，确定驱动器、目录、文件名或运行加载程序，然后在“加载宏”对话框中，选定“规划求解”复选框。Excel 2000 在“规划求解”中使用的算法是由 Leon lasdon(University of Texas at Austin)和 Allan Waren(Cleveland State University)改进的通用非线性规划最佳化代码。当“规划求解选项”对话框中的“采用线性模型”复选框被选定时，改变可变单元格的初始值不会影响最终数值和求解时间。在“规划求解”中可以指定 500 个约束条件，对每一个可变单元格来说，分别有一个上、下限，还可另加 100 个附加约束条件，应用约束条件的单元格不应多于 1 000 个。

(2)还可对配方成本进行约束，对客户提出的具体成本要求从经济角度进行可行性分析。即最终求解价格有限制要求，若增加该约束时出现无解，说明超过该价饲料厂要亏本生产。

(3)该方法计算动物饲料配方快速、准确，只要输入配方的原粮品种、价格和配比，该系统将在瞬间一次给出计算结果，直接显示在计算机屏幕上。当与营养标准相比较后，需要更改调整时，可随时变更配比，立即自动计算，获得新的调整结果。同时，可根据需要手工调整饲料配方。

(4)利用 Excel 设计最佳饲料配方的关键技术在于制作数据

库。如果数据库设计合理、准确、可靠，则使用时很简单，设计饲料配方的数据库要直观。

(5)程序中还可以加入其他计算功能，例如各种原料的消化率、饲料配方的离子平衡值的计算等。这里只是举例，为节约版面而没考虑它。实践中，由于 Excel 配方软件小，灵活，常被复制粘贴，这里想指出的是，有的粘贴过程只粘贴了数据，没有粘贴公式，在使用中一定要注意这一点。

(6)用计算机设计饲料配方，不仅计算效率大大提高，还可以全面考虑营养与成本的关系，资源利用率提高，饲料成本下降，现在有许多配方软件非常实用，网上有很多免费下载或试用软件，但笔者以为，饲料厂应该自己设计适合本厂的配方软件，Excel 的规划求解功能为实现这个目标提供了一个平台。

专业化饲料配方设计软件的设计者未必在营养、规划和计算机软件各方面都达到了"顶尖高手"的水平，即使达到了，也只是暂时的，一个软件往往要使用几年才升级，而这几年中，营养或计算技术会有进步，所以笔者以为，一流的配方师需要掌握动物营养、加工工艺、配方规划和软件设计等原理与方法，配方师应该主导、驾驭使用软件；而不是让软件驾驭配方师，唯软件是从。好的配方软件留有配方师干预的切口，具有开放性。

"傻瓜型"软件是给傻瓜型的配方师使用的。

第2节　配方调整及优选

§2.1　约束条件的确定

确定饲料原料的用量范围是配方师的重要专业技术。初学者可以参考经验配方或《饲料原料使用手册》之类的书籍。这里为使用方便，简述确定约束条件时应考虑的几个方面。

(1)注意配合饲料的适口性,有怪味的原料必须限制用量。

(2)注意配合饲料的可消化性,例如粗纤维多时会严重影响饲料消化率,芝麻饼多时会引起腹泻等。所以应对有关原料用量加以约束。

(3)某些原料由于某种原因,如有一定毒性等,在调整配方时,要对这些原料限定用量,作为一个上限约束条件,限制用量。

(4)饲料原料的种类、来源、质量、价格、库存、全年能否满足供应等都应考虑。要尽量使用本地原料,充分利用本地饲料资源,降低生产成本。

(5)有些指标在饲养标准中规定的是一个范围,例如钙为 0.7%～1.2%,实践中可取低限,磷、食盐等也可取低限,而粗纤维和粗灰分取高限。这样有利于保证能量和蛋白质等优先满足。

(6)为简化饲料配方设计计算和配合饲料加工工艺,在可保证营养平衡的前提下,组成饲料配方的饲料原料种类越少越好。一般饲料配方中使用的饲料原料大料不宜超过 15 种。

(7)肉鸡和仔猪配合饲料常加入动植物油脂。油脂用量过多时加工不便,尤其是影响颗粒饲料质量,且配合饲料不易保存,易霉变,所以一般尽量限制在 3%。若需要更多添加油脂,则加工时可以把油脂分两部分,一部分加在其他原料一起制粒,多出部分采用后喷涂技术添加。

(8)在设计浓缩饲料配方时,如果先设计全价饲料配方,然后去掉能量饲料原料,则必须把能量饲料原料加以限制,它们在饲料配方中的用量不能低于给用户推荐的浓缩饲料与能量饲料的配合比例;例如设计仔猪浓缩饲料配方,要求养猪场使用时用 38%浓缩饲料与 62%玉米(粉碎后)混合均匀,则设计饲料配方时,玉米用量不可低于 62%,即约束条件应当是:玉米用量≥62%。

(9)配合饲料的重量约束。各种饲料原料的用量之和应等于配合饲料的总重量。饲料配方的总重量可按 1 kg 设计,也可按1 t

设计，还可按百分数%设计。

(10)组成配合饲料的各种饲料原料的总用量，应能满足饲养标准规定的营养成分的要求浓度。例如仅用贝壳、食盐和玉米、麦麸绝对不能设计出含蛋白质20%的优秀仔猪配合饲料，因为缺乏优质蛋白质饲料原料，巧妇难为无米之炊。

(11)尽量少用等号(=)约束，必要时可同时使用上下限约束，建立两个约束，以尽量减少无解的结果。不过一般情况下应少用两端约束，以加快运算速度并防止无解。

(12)某些原料的保证用量。对于某些有着特殊意义而必须保证一定给量的饲料，或者因为成本太高，或者因为一些营养成分含量低，按最低成本目标运算时可能要落选淘汰。所以要将其最低需要量，即保证用量作为一个约束条件列出。

(13)限制大体积原料的用量。如2.5 kg甘薯秧粉其消化能相当于1 kg玉米，而粗蛋白质含量则为玉米的2倍以上，且价格也较便宜。以配用过多甘薯秧粉喂猪为例，猪是单胃动物，胃容积较小，采食与玉米同等重量的甘薯秧粉时，由于其营养物质浓度低，满足不了所需求的营养成分而影响生产性能，尤其是含粗纤维多影响其他养分的吸收。

(14)设计饲料配方的约束条件包括对营养成分的约束和对饲料原料的约束两个方面。一方面，约束条件设定的越多，可供选择的机会越少，或选出的配方成本越趋于上升；另一方面，对于必需的约束条件不予约束，则达不到预期的饲料质量和饲养效果。因此，设定约束条件的基本原则是：对非必需的约束条件绝对不设，对必需的约束条件一定要设(熊易强，2007)。

(15)市售的氨基酸一般不列入饲料成分表，但在配方优化中作为参选原料，要求输入氨基酸有效含量及其包含的蛋白质和能量。例如，市售赖氨酸产品一般含78%赖氨酸，其蛋白质含量，在忽略赖氨酸分子中N的实际比例情况下，按平均折算率6.25计，可定为 78%；市售 DL 蛋氨酸一般含 99%蛋氨酸，其蛋白质含量，可按同理分析，定为 99%；至于相应产品所含能量，可在其很高的消化率基础上做一个留有余地的估计，例如按 95%消化率推算蛋白质的消化能、代谢能等。有人认为在配方中的添加量少，其对配方蛋白质及能量的贡献可以忽略，但根据配方运算的实际经验，输入蛋白及能量与否，会直接影响该氨基酸原料是否被选入配方（熊易强，2007）。

(16)不同原料的用量变化不可太大，尤其是对产品色和味有影响的，以保证产品的感官质量的稳定。猪不喜欢饲料味道突变，养猪人不喜欢饲料颜色大变。

(17)对于价格低廉的原料，要注意其约束条件的设置。例如钙，在满足全部养分指标后，线性规划程序会自动多用价格最低的原料石粉来实现单位饲料成本最低这一目标函数，这会造成日粮钙过量。所以可以对钙这个营养指标设置上、下限两个约束。

§2.2　原料优选淘汰顺序

计算机优选和淘汰各种原料，是根据各种原料的营养成分含量和价格判断的。在设计好饲料配方基本数学模型，上机计算原始饲料配方时，先不对单一原料用量加以约束，经运算，查看哪些原料被选上，哪些原料被淘汰。然后再对配方中用量多而又需要限制的原料进行限制，再上机运行，查看加了限制后配方中又有哪些被选上，淘汰的原料还剩哪些。接着，再对第一次调整后配方中的原料加以限制，再上机运行，如此循环进行。通过以上反复调整，即可了解各种原料依次被淘汰和优选的顺序。确定原料的淘汰优选顺序很有用。一旦确定了这一顺序，在调整配方时就心中有数。例如，想让配方中出现某一原料，你可以限制优先于该原料而出现的用量，从而实现你的配方。

§2.3　从不同的角度调整

对于建立的初始模型，在计算机上计算饲料配方，结果某些原料的用量可能为零，而我们又不希望该原料为零时，该怎样调整？直观理解，加一个该原料用量大于某一数值的约束条件即可，而事实上这样做有时行不通。因为这与计算机优化的方向不一致，优化结果为零，你迫使它大于零。可行的办法是从另一个角度进行约束调整，姑且称为“绕道走”的办法。即撇开该原料，不再使用原料大于某值的约束，而限制初步优化结果中用量多的与该原料同类（或营养特性相近）的其他原料的用量。经过这样调整，就会使你希望的原料进入配方中。

§2.4　两种原料间配比调整

某些营养特性相似，但有共同缺点的两种原料间，要有一个适宜的配比。比如菜籽饼和棉籽饼都属于有毒饼类，但二者所含毒素不一样，在有毒饼用量不变的情况下，配合使用比单一使用效果更好。一般情况下，如果有毒饼按 10% 使用，原料优选顺序在前的有毒饼可按 4% 使用，而原料优选顺序在后者可按 6% 使用。再如，土霉素渣和芝麻粕都是蛋白质类原料，但二者共同缺点是用量多了仔猪难消化吸收，为此两者搭配使用比单用一种效果好。就是说，在初始配方的基础上，要调整两种原料的配比。

§2.5　调整高能量原料用量

在设计仔猪料配方时，必须保证高能量水平。使用动（植）物油脂固然可增加能量水平，但用量不能多，大量使用玉米生产浓缩料，则饲料用户难接受。因此，只能依靠其他能量水平相对较高的原料，放宽他们的约束条件。例如：考虑调整花生饼和膨化大豆的用量。

§2.6　常见原料在哺乳仔猪料中的用量

不同配方师的习惯不同。美国人爱用猪血浆蛋白，英国主要用脱脂乳，而欧洲大陆爱用乳清蛋白。有报道指出，使用了乳制品时，日粮中再加血浆蛋白就没有必要了。高档鱼粉是除豆粕外比较便宜的蛋白质原料，可提高断奶后仔猪的承受力，所以是断奶仔猪常用的饲料原料之一。

表 4.1 示出了哺乳仔猪教槽料中的原料用量范围。

表 4.1　哺乳仔猪教槽料中的原料用量范围

组成与产品	蛋白质/(g/kg)	总赖氨酸/(g/kg)	提前开食料配方	开食料配方
乳蛋白				
脱脂乳	350	29	0～300	0～200
酪乳	320	27	0～300	0～250
乳清粉	130	9	0～250	0～100
脱糖乳清	230	15	0～150	0～100
乳清蛋白	350	32.5	0～300	0～200
酪蛋白	840	67	0～200	0～100
动物蛋白				
肉骨粉	450	21	0	0～50
鱼粉(青鱼)	710	56	75～150	75～150
优质白鱼粉	640	51	0～50	0～50
鸡蛋蛋白	450～800	30～70	75～150	75～150
血粉	880	85	10～20	20～30
血浆蛋白	770	61	0～60	0～20
植物蛋白				
膨化全脂大豆			0～250	0～250
去皮豆粕			0～300	0～300
豆粕			100～180	200～300

续表 4.1

组成与产品	蛋白质/(g/kg)	总赖氨酸/(g/kg)	提前开食料配方	开食料配方
大豆	470	31.5	0	0～50
全脂大豆	350	23.5	0～180	0～200
大豆蛋白	650	62	0～75	0～75
马铃薯蛋白	780	62.5	0～75	0～75
大豆浓缩蛋白			0～150	0～100
大豆粉	415	27	0～75	0～75
小麦麸	800	18	0～50	0～25
其他				
小麦	110	3.2	0～400	0～400
大麦	105	3.5	0～400	0～400
玉米	90	2.5	0～400	0～400
麦草	150	6	0	0～50
燕麦	120	4.5	0～300	0～200
乳糖			180～250	150～200
玉米油椰子油			0～80	30～50
大豆油				
脂肪粉			0～80	0～80
Lys			17～18	15～16
Met			4.8～5	4～4.5

§2.7　常见原料在断奶仔猪料中的用量

断奶仔猪所需营养由母乳和饲料供给转为仅从饲料中获得，这对仔猪是个很大的应激，常会食欲下降，消化力减弱，所以，饲料的适口性、营养性、易消化性都要好。以精料为主，且种类多样化。

早期断奶仔猪日粮设计常是高能量、高蛋白和多种非营养性添加剂。断奶仔猪能很好地消化乳源原料，例如奶粉、乳清粉、乳糖等,对植物来源的原料消化率较低。应制成直径为 0.238～0.318 cm 的颗粒料。

仔猪的能量饲料最好是乳糖及其等价物,包括乳清粉、葡萄糖、蔗糖都是早期断奶仔猪的良好能源。应在断奶后立即高量使用乳糖及其等价物(表 4.2 和表 4.3),1 周后迅速降低,仔猪体重达到 10～12 kg 时日粮中不再使用乳糖。玉米豆粕型日粮中使用乳清粉时至少要在 15%以上。是否在日粮中添加油脂取决于成本,尽管如此,油脂在隔离早期断奶日粮和过渡日粮当中通常是例行添加的,因为这两个阶段的日粮通常都是颗粒料。油脂对饲料颗粒有润滑作用,可提高颗粒料的质量。对于大于 7 kg 体重的猪只,添加油脂可提高日增重和饲料转化效率。通常建议添加3%～6%的油脂。油脂质量应该有保障:建议选用白油脂或植物油,例如豆油。不宜选用牛油、禽油或厨余提炼油。

表 4.2　日粮乳糖水平对断奶后 14 d 仔猪性能的影响

	乳糖水平				
	7%	11%	15%	19%	23%
日增重/g	0.20	0.21	0.25	0.24	0.26
采食量/g	0.25	0.27	0.27	0.27	0.29
饲料/增重	1.27	1.30	1.14	1.16	1.11

注:Owen 等,1993;387 头仔猪、21 d 断奶、断奶体重 5.4 kg。

表 4.3　不同原料对 21 日龄断奶后第 2 周的影响

	淀粉	乳糖	葡萄糖	蔗糖	干乳清
日增重/g	241	294	259	292	286
采食量/g	298	329	319	339	334
饲料效率/%	1.22	1.11	1.21	1.15	1.16

乳清粉、次粉、膨化玉米、膨化豆粕等原料具有较高的黏性,不仅对于制粒有影响,而且影响仔猪采食,用量太大会黏嘴,影响采

食量。

仔猪对氨基酸不平衡的饲粮采食量下降。植物性饲料的蛋白质品质一般比动物性饲料差，必需氨基酸含量低。配制日粮时，使用包括动物性饲料在内的多品种饲料，利用其氨基酸含量和比例的不同，相互间取长补短，可弥补相互氨基酸的缺陷。仔猪对以玉米、豆饼、乳制品和动物性蛋白饲料等组成的复杂日粮的营养互补性好，消化率高，适口性强，有助于仔猪提高采食量和日增重，不管是3周龄还是5周龄断奶，简单日粮的饲养效果始终比复杂日粮差。

早期断奶仔猪可较好地利用奶蛋白和高消化性动物蛋白质。所以应选用动物性蛋白质饲料原料来设计日粮，如血浆蛋白粉、脱脂奶粉、乳清蛋白粉、鱼粉、喷雾干燥猪血粉等，或膨化大豆粉、膨化豆粕等进一步加工的豆制品，抗营养因子少、氨基酸平衡性好、消化利用率好，同时使用氨基酸添加剂来平衡日粮氨基酸，可降低饲粮蛋白质水平，降低仔猪断奶后腹泻的发生率。此外，由于蛋白质是日粮主要抗原物质来源之一，因此，还应注意饲粮蛋白质的品质，减少饲料中的抗原因子和过敏性物质，防止异常性免疫反应的发生，在实际生产中可以大大缓解"断奶应激"症状。

选择原料时要注意原料对产品加工过程的影响。含淀粉高的物料粒料硬(易碎)，粉多。含纤维素高的原料易黏合链接，易成型、易吸收水分，含木质素高的原料不易黏合，易断裂、不易吸收水分，高木质素导致粒料断裂和表面粗糙，出环模后膨胀。脂肪添加量取决于其可吸收性和脂肪酸度，以及对粒料质量的影响，由于细胞膜的原因，原料内含油好于外加油，所以膨化大豆好于膨化豆粕。低容重的原料需要高强度的挤压，制粒过程趋向膨化，能耗高，产量低。

设计早期隔离断奶仔猪日粮时可以参考表4.4中的比例使用常见原料。

表 4.4 三阶段饲喂方案的原料用量

使用的仔猪	SEW	过渡日粮	阶段 1	阶段 2	阶段 3
体重/kg	2～5	5～7	<7	7～11	11～23
玉米/%	不限	不限	不限	不限	不限
豆粕/%	12～15	12～15	12～15	15～20	不限
喷雾干燥血浆粉/%	5.0～7	2.0～3.0	6.0～8.0	2～4	不加
喷雾干燥血粉/%	1.0～2.0	0～3.0	0～3.0	0～3.0	—
精制鲱鱼粉/%	3.0～8.0	2.0～3.0	3.0～8.0	2.0～3.0	—
脂肪或脂肪粉/%	3.0～6.0	3.0～5.0	5.0	0～3.0	0～6
乳糖/%	18～25	15～20	25～30	10～20	—
乳清粉/%	20～30	10～20	15～25	0～10	—
脱脂奶粉/%	0～20	0～15	0～10	0～5	0
赖氨酸/%	1.7～1.8	1.5～1.6	1.5	1.3	1.2
蛋氨酸/%	0.48～0.5	0.43～0.45	0.42～0.43	0.36	0.33
食盐/%	0.3～0.5	0.3～0.5	0.3～0.5	0.3～0.4	0.3
氧化锌/(mg/kg)	2 500～3 000	2 500～3 000	2 000～2 500	2 000	—
硫酸铜/(mg/kg)	—	—	—	—	125～250
玉米粒度/μm	600	600	600	750	750
日粮粒度/μm	<800	<800	<800	<800	<800
颗粒直径/mm	2～6	2～6	2～6	2～6/粉状	2～6/粉状

注：①喷雾干燥猪血浆蛋白粉和乳糖可以完全代替阶段 1 的乳清粉和脱脂奶粉；②喷雾干燥血粉(2%～3%)可以代替阶段 2 的鱼粉；③在抗菌素的使用方法上，也可以在第一阶段使用 Aparmycin，第二阶段使用卡巴氧；④预混料可为每千克全价日粮提供：四环素，110 mg；碘胺噻唑，110 mg；青霉素，55 mg；维生素 A，5512 IU；维生素 D_3，551 IU；维生素 E，22 IU；维生素 K_3，2.2 mg；维生素 B_2，5.5 mg；*D*-泛酸，13.8 mg；烟酸，30.3 mg；胆碱，551 mg；维生素 B_{12}，27.6 μg；锰，150 mg；铁，150 mg；锌，150 mg；钙，60 mg；铜，260 mg；钾，3 mg；碘，4.5 mg；钠，3 mg；钴，1.5 mg；硒，0.3 mg。

设计饲料配方时的具体做法是:①尽可能提高哺乳仔猪的采食量。②乳猪日粮的能量水平不低于 3.6 Mcal DE/kg,赖氨酸不低于 1.5%,蛋白质不低于 20%。③使用最易消化的原料例如肠膜小肽、膨化豆粕和膨化玉米。④使用酸化剂。⑤使用乳制品和谷氨酰胺。⑥使用耐药的高浓度乳酸菌(赐美健)和酵母菌。⑦使用发酵原料和血浆蛋白粉等。⑧花生饼粕是仔猪的好原料。⑨使用合适的添加剂。⑩注意原料的黏度。

第 3 节 规划求解结果的处理

在第 1 节图 4.7 所示的"规划求解结果"对话框中可作以下选择:①保存规划求解结果。②恢复为原值。一般选择默认选项"保存规划求解的结果",还可在"报告"中根据需要选定计算结果报告(运算结果报告、敏感性报告、极限值报告)。需要说明的是:线性规划的求解结果要么有最优解,要么给出参考配方(无最优解时)。所谓最优解就是满足所有约束条件(包括营养指标和配比限制条件)的最低成本配方。参考配方是指最优解不存在时,仍然存在一个最接近理想的配方,它的成本最低,但所有约束条件没有同时满足,而该参考配方仍有一定参考价值,因为该结果往往是可应用的。③打印规划求解结果。

§3.1 规划求解结果的保存

对于规划结果,可根据需要进行处理。①如要保存求解结果,因为对话框中默认为"保存规划求解结果",所以只需要回车确认即可。②若不需保存求解结果,可单击"恢复为原值",回车确认。③如果要把求解结果保存为方案以便今后再用,可单击"保存方案"按钮,屏幕弹出"保存方案"对话框,如图 4.10 所示。

在"方案名称"框中输入自定义的名称,本例中我们命名该方案为“育肥猪饲料配方”，输入后回车确认，就可添加为方案。

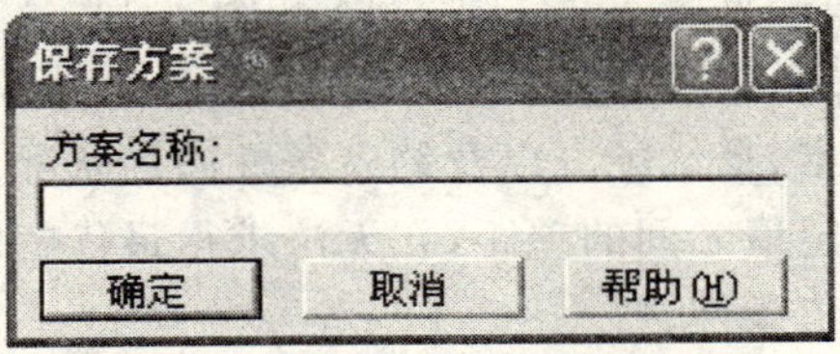

图 4.10　“保存方案”对话框

如要给出求解结果报告，可在“规划求解结果”对话框的“报告”列表中选择三个报告的任何一项或全选，回车确认，就在屏幕底部工作表标签中列出名称，表示已经产生报告。结果见图 4.11。

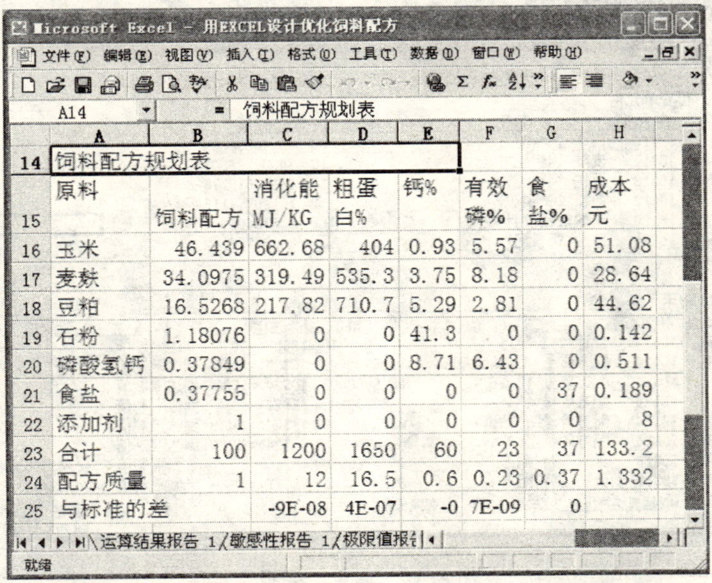

	A	B	C	D	E	F	G	H
14	饲料配方规划表							
15	原料	饲料配方	消化能 MJ/KG	粗蛋白%	钙%	有效磷%	食盐%	成本元
16	玉米	46.439	662.68	404	0.93	5.57	0	51.08
17	麦麸	34.0975	319.49	535.3	3.75	8.18	0	28.64
18	豆粕	16.5268	217.82	710.7	5.29	2.81	0	44.62
19	石粉	1.18076	0	0	41.3	0	0	0.142
20	磷酸氢钙	0.37849	0	0	8.71	6.43	0	0.511
21	食盐	0.37755	0	0	0	0	37	0.189
22	添加剂	1	0	0	0	0	0	8
23	合计	100	1200	1650	60	23	37	133.2
24	配方质量	1	12	16.5	0.6	0.23	0.37	1.332
25	与标准的差		-9E-08	4E-07	-0	7E-09	0	

图 4.11　报告保存后，在屏幕底部工作表标签中列出的报告名称

要查看某个报告时，单击该报告的名称，就显示出报告内容了，本例报告结果见图 4.12、图 4.13 和图 4.14。

(1)运算结果报告。在“运算结果报告”中，我们可以看到求得的饲料配方成本、最优配方以及约束条件满足状况，其中“型数值”指求解值与限定值之间的差距，在无法求得最优解时，我们据此可以适当调节约束条件。

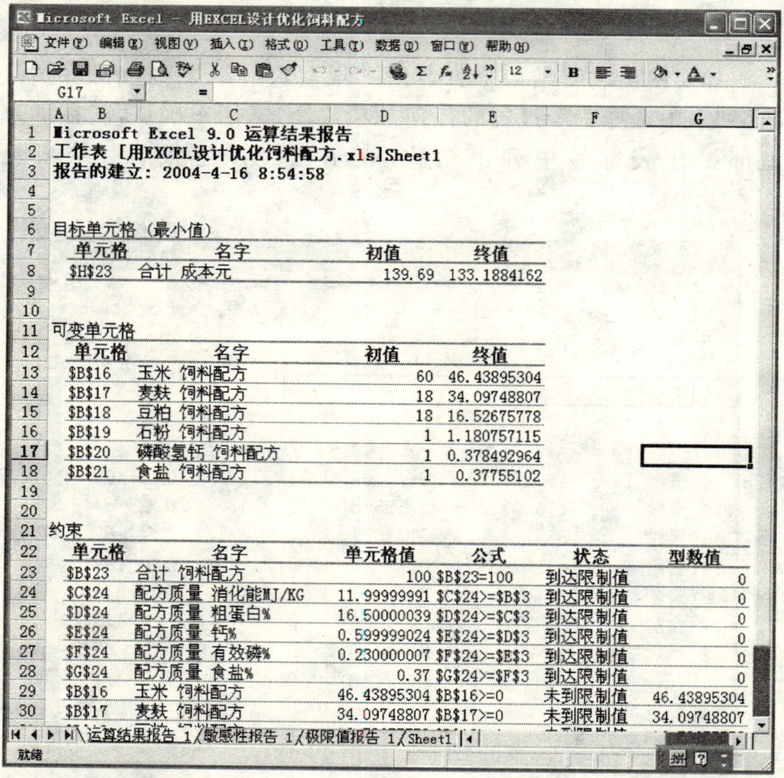

Microsoft Excel 9.0 运算结果报告
工作表 [用EXCEL设计优化饲料配方.xls]Sheet1
报告的建立：2004-4-16 8:54:58

目标单元格（最小值）

单元格	名字	初值	终值
$H$23	合计 成本元	139.69	133.1884162

可变单元格

单元格	名字	初值	终值
$B$16	玉米 饲料配方	60	46.43895304
$B$17	麦麸 饲料配方	18	34.09748807
$B$18	豆粕 饲料配方	18	16.52675778
$B$19	石粉 饲料配方	1	1.180757115
$B$20	磷酸氢钙 饲料配方	1	0.378492964
$B$21	食盐 饲料配方	1	0.37755102

约束

单元格	名字	单元格值	公式	状态	型数值
$B$23	合计 饲料配方	100	$B$23=100	到达限制值	0
$C$24	配方质量 消化能MJ/KG	11.99999991	$C$24>=$B$3	到达限制值	0
$D$24	配方质量 粗蛋白%	16.50000039	$D$24>=$C$3	到达限制值	0
$E$24	配方质量 钙%	0.599999024	$E$24>=$D$3	到达限制值	0
$F$24	配方质量 有效磷%	0.230000007	$F$24>=$E$3	到达限制值	0
$G$24	配方质量 食盐%	0.37	$G$24>=$F$3	到达限制值	0
$B$16	玉米 饲料配方	46.43895304	$B$16>=0	未到限制值	46.43895304
$B$17	麦麸 饲料配方	34.09748807	$B$17>=0	未到限制值	34.09748807

图 4.12　运算结果报告

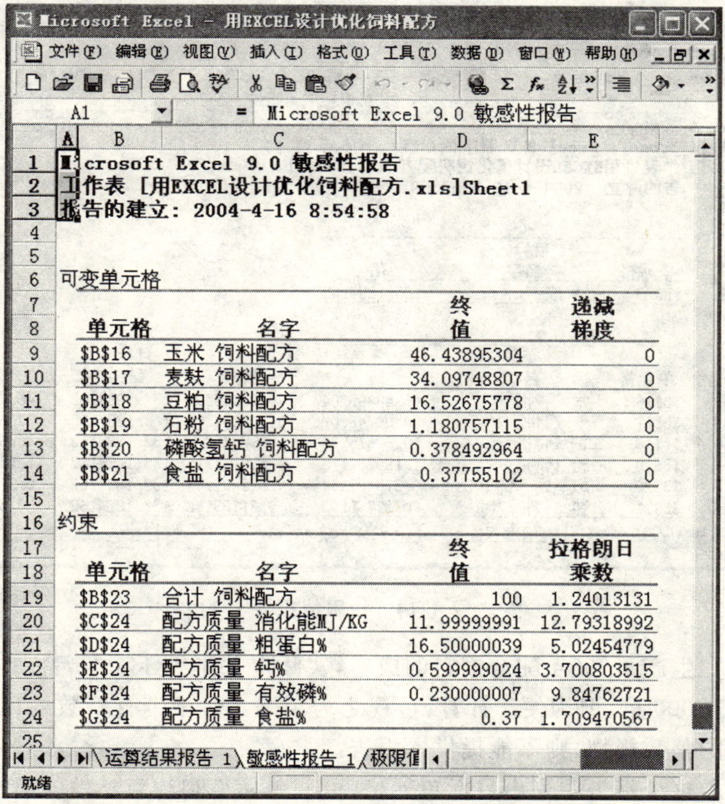

Microsoft Excel 9.0 敏感性报告
工作表 [用EXCEL设计优化饲料配方.xls]Sheet1
报告的建立：2004-4-16 8:54:58

可变单元格

单元格	名字	终值	递减梯度
$B$16	玉米 饲料配方	46.43895304	0
$B$17	麦麸 饲料配方	34.09748807	0
$B$18	豆粕 饲料配方	16.52675778	0
$B$19	石粉 饲料配方	1.180757115	0
$B$20	磷酸氢钙 饲料配方	0.378492964	0
$B$21	食盐 饲料配方	0.37755102	0

约束

单元格	名字	终值	拉格朗日乘数
$B$23	合计 饲料配方	100	1.24013131
$C$24	配方质量 消化能MJ/KG	11.99999991	12.79318992
$D$24	配方质量 粗蛋白%	16.50000039	5.02454779
$E$24	配方质量 钙%	0.599999024	3.700803515
$F$24	配方质量 有效磷%	0.230000007	9.84762721
$G$24	配方质量 食盐%	0.37	1.709470567

图 4.13　敏感性报告

说明：运算结果报告中列出目标单元格、可变单元格和约束条件的信息，与图 4.8 结果一致，一般可不要求提供影子价格（即机会成本）、目标函数系数允许增减的幅度和约束条件的变动范围等信息。对于非线性规划问题，报告给出缩减梯度和拉格朗日乘数（即缩减成本和影子价格），本例就是这样。应当指出的是，大多数线性规划问题实际带有非线性的因素，只是这些因素可忽略不计。

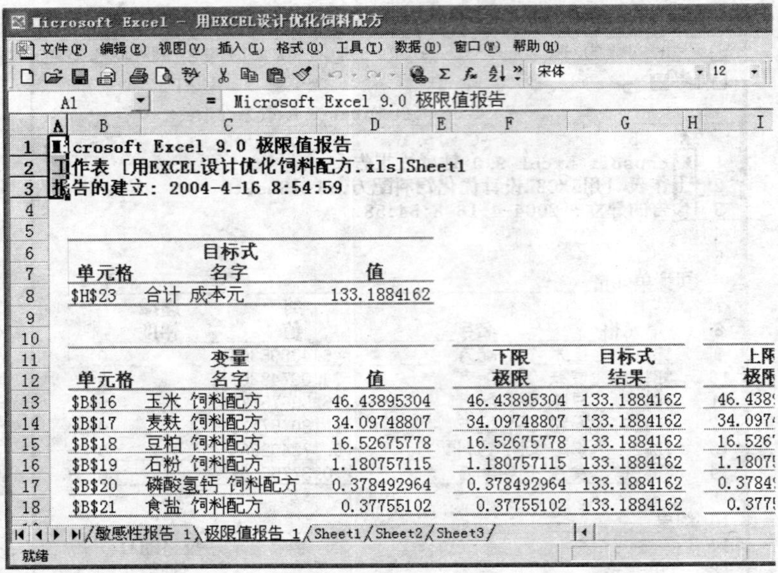

Microsoft Excel 9.0 极限值报告
工作表 [用EXCEL设计优化饲料配方.xls]Sheet1
报告的建立：2004-4-16 8:54:59

单元格	目标式 名字	值
$H$23	合计 成本元	133.1884162

单元格	变量 名字	值	下限 极限	目标式 结果	上限 极限
$B$16	玉米 饲料配方	46.43895304	46.43895304	133.1884162	46.4389
$B$17	麦麸 饲料配方	34.09748807	34.09748807	133.1884162	34.0974
$B$18	豆粕 饲料配方	16.52675778	16.52675778	133.1884162	16.5267
$B$19	石粉 饲料配方	1.180757115	1.180757115	133.1884162	1.18075
$B$20	磷酸氢钙 饲料配方	0.378492964	0.378492964	133.1884162	0.37849
$B$21	食盐 饲料配方	0.37755102	0.37755102	133.1884162	0.3775

图 4.14 极限值报告

例如生产 1 000 t 配合饲料的成本，实际上并不等于 1 t 产品成本的 1 000 倍，但为便于计算，可视之为相等。对于带有整数约束条件的整数规划，则不能提供本报告。

这个报告中列出目标单元格、可变单元格和约束条件的信息，与图 4.8 结果一致，一般可不要求提供。

(2)敏感性报告。线性规划的敏感性，是指由于企业内、外部条件变化而引起线性规划某些参数的变化对最优解的影响程度；或者说最优解对参数变化反映的敏感程度。不同类型的线性规划问题，其“敏感性报告”的内容也不同。确属线性的规划问题，报告给出缩减成本、递减成本（递减梯度），表示各个决策变量（饲料原料的添加量）的影子价格，它说明在饲料总量条件不变的情况下，某一种饲料原料用量在最优解的基础上增加 1 个单位时，目标成本增加的量。所以配方师掌握饲料原料的影子价格对调整饲料配方很有价值。

拉格郎日乘数表示配方营养指标中各种养分的影子价格，它说明在饲料配方总的营养水平不变的情况下，某一种饲料养分指标在原来的基础上增减1个单位时，目标成本增减的量。所以配方师掌握拉格郎日乘数对调整饲养标准也非常有价值。

目标式系数及其允许的增量和减量，指在最优解保持不变的情况下，在规划模型中目标函数式里某个规划变量的系数（原料价格）的变化范围，这反映了所获得规划结果对市场利润变化的适应能力。如果利润变化在允许范围内，则不必更改生产方案。

阴影价格，指约束条件的影子价格，表示在所获得最优解的基础上，当约束条件每增减1个单位时，所引起目标函数值的增减量。这可为进一步调整约束条件提供参考。例如在获得最佳饲料配方的基础上，当饲养标准 N 每增减1个单位时，所引起饲料配方成本 Y 的增减量，即影子价格 $=\Delta Y/\Delta N$。

约束限制值允许的增量和减量，指在保持最优解和其他条件不变的情况下，各个约束限制值的可变化范围，也就是指在此变化范围内表中所列出的约束条件的影子价格才能够成立。

(3)极限值报告。“极限值报告”列出目标单元格和可变单元格的数值（即最终的饲料配方成本和饲料配方），以及在满足约束条件的情况下某一可变单元格的下限和上限，即保证该价格成立的饲料原料添加量的上、下极限。含有整数约束条件的整数规划也不能提供此项报告。

§3.2 规划求解结果的处理

在 Excel 2000“规划求解”中可指定500个约束条件，对每一个可变单元格来说，分别有一个上、下限，还可另加100个附加约束条件，应用约束条件的单元格可以多达1 000个。

(1)能得到最佳结果。这时在“规划求解结果”对话框中给出以下第 1 条或第 2 条信息。①“规划求解”找到一个解,可满足所有约束及最优要求。这表明按“规划求解选项”对话框中的各项设置,所有约束条件都能满足,并且在目标单元格中给出最大或最小值。如图 6.8 所示。②“规划求解”收敛于当前结果,并满足全部约束。这表明,目标单元格中的数值在最近 5 次迭代中的变化小于设置的“收敛度”,已可满足所有约束条件,并达最佳要求。

(2)不能得到最佳结果。这时在“规划求解结果”对话框中给出以下信息中的 1 条。

1)满足所有约束条件,“规划求解”不能进一步优化。这表明,迭代过程中只能得到近似结果,没法得到更精确的数值。如果是由于设置的精度较小,可在“规划求解”对话框中设置更高的精度再试一次,或许可得到更好的结果。

2)求解达到最长时间后停止。这表明,在规定的运算时间内,没得到满意的运算结果。这时可检查一下,如果是设置的运算时间不足,可在“规划求解选项”对话框中设置更长的运算时间,再试一次,或许可得到更好的结果。如果要保存当前结果并节省下次运算时间,可选择“保存规划求解”或“保存方案”选项。

3)达到最大迭代次数后求解停止。这表明,在规定的迭代次数内,没得到满意的运算结果。这时可检查一下,如果是设置的迭代次数不足,可在“规划求解选项”对话框中设置更多的迭代次数,再试一次,或许可得到更好的结果。如果要保存当前结果并节省下次运算时间,可选择“保存规划求解”或“保存方案”选项。

4)目标单元格中的数值不收敛。这表明即使满足全部约束条件,目标单元格中的数值只是有增有减而不收敛。其原因有可能是在设置约束条件时忽略了其中的一项或多项造成的。可检查工作表中的当前设置和约束条件,找出数值不收敛的原因,改正后再求解。如果是设置的收敛度较大,可减小设置,再运算一次。

5)“规划求解”没找到最佳结果。这表明在满足约束条件和精度要求的条件下,“规划求解”没法找到合理结果。这可能是由于约束条件不一致,需要检查约束条件公式和类型选择是否有误,改正后再试一次。

6)“规划求解”应用户要求而终止。这表明在暂停求解过程后,或在单步执行规划求解时,用户单击了“显示中间结果”对话框中的“停止”按钮。

7)无法满足选定的“采用线性模型”的要求。这表明,“规划求解”选定了“采用线性模型”复选框,但是最终运算结果不能满足线性模型,对工作表中的公式无效。如果要验证问题是否属于非线性,可选择“自动按比例缩放”复选框,再运行一次。如果仍然给出同样信息,可判断为非线性问题,需要清除“采用线性模型”复选框,再试一次。

8)“规划求解”在目标单元格或约束条件单元格中出现错误信息。这表明在最近一次运算中,一个或多个公式的运算结果有误。可以找到包含错误值的单元格,修改其中的公式或内容,以得到合理的运算结果。还有可能是在“添加约束”或“改变约束”对话框中键入了无效的名称或公式,或在“约束值”框中直接输入了 integer 或 binary。如果要把数值约束为整数,应在中间的比较操作符列表中单击“int”;如果要把数值约束为二进制数,应在中间的比较操作符列表中单击“bin”。

9)内存不足。这表明,没法获得规划求解所需要的内存。可关闭一些文件或应用程序,再试一次。

10)Excel 程序正在使用 SOLVEER＞DLL。这表明有多个 EXCEL 程序正在运行,其中一个程序正在使用 SOLVEER. DLL。但是 SOLVEER. DLL 只能同时供一个程序使用,必须关闭掉另一个程序,这里才可使用。

(3)规划求解过程中出现无解。说明所使用的原料要达到约束条件是不可能的,此时要注意分析可能存在的原因:①各营养指标的约束条件是否有冲突,如有些限定了蛋白质水平低,而限定的蛋氨酸水平又高,自相冲突。②原料种类用量的限定与营养指标值之间有冲突。如粗纤维限定值较小,而糠饼麦麸原料限定用量却较高。③同一原料的上、下约束范围过小,会限制达到营养指标值。④有时可能由于“规划求解参数”选项中的“最长运算时间”、“迭代次数”、“精度”、“允许误差”等取值不当。

第 4 节 规划求解选项的设置

在本章第 1 节介绍的求解过程中,各项要求都是按默认设置运行的,这些默认设置适用于一般的小型线性规划问题。

如果遇见比较复杂的问题,就需要重新设置各项要求。在“规划求解参数”对话框(图 4.4)右侧,有一个“选项”按钮,单击此按钮将会弹出“选项”对话框。框中列有一系列选项,用户可根据需要选择不同设置,如图 4.15 所示。

“规划求解”对话框中各选项的功能大体可分三部分,现逐项说明如下。

§4.1 控制规划求解过程

(1)最长运算时间。此选项的默认值为 100 s。如果要改变设置,可先删去默认值,然后根据问题的规模大小和复杂程度,可变单元格和约束条件的多少,以及所选其他选项的树木等,输入适当的运算时间,最长可达 32 767 s。

(2)迭代次数。这个选项的默认值是 100 次。如果要改变设置,可先删去默认值,输入更多的迭代次数,最多可以达 32 767 次。增加迭代次数有可能使规划求解得到满意结果,但运算时间也要延长。

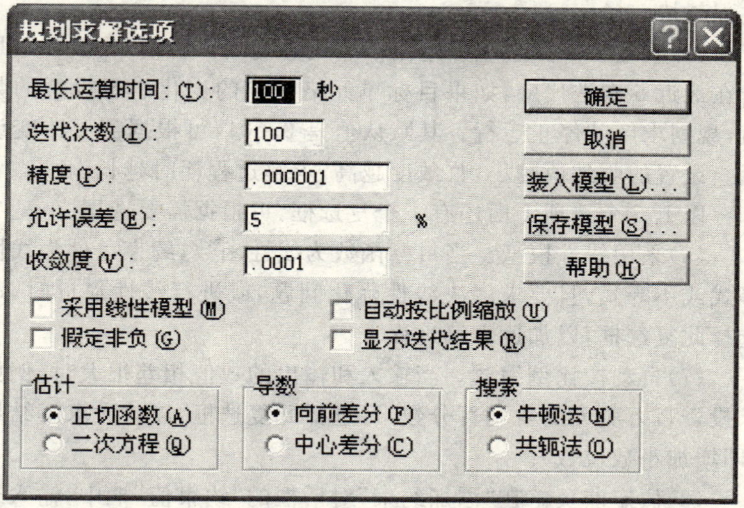

图 4.15 "规划求解选项"对话框

以上两项:在运算过程中如果尚未找到结果就弹出"显示中间结果"对话框,表示已达到设定的运算时间和迭代次数。在对话框中选择"继续运行",可设置更多的运行时间或迭代次数,继续求解;选择"停止",可在没完成求解过程的情况下显示"规划求解结果"。

(3)精度。此项选择的默认值为 0.000 001。如果要求达到更高的精度,可在此框中输入要求的数值,使约束条件的数值能满足目标值或其上下限。求解精度必须用小数表示,小数位数越多,达到的精度越高,但是求解的运算时间会相应延长。

(4)允许误差。此选项只适用于有整数约束条件的整数规划。所谓"允许误差",是指满足整数约束条件的目标单元格求解结果与最佳结果之间可以允许的偏差,其默认值为 5%。如要改变默认值,可根据需要输入适当的百分数,设置的允许误差越大,求解过程越快。

(5)收敛度。此选项只适用于非线性规划。所谓“收敛度”,是指在最近 5 次迭代中,如果目标单元格数值的变化小于设置的数值,规划求解就停止运行。其默认值是 0.001,可根据需要改变设置。设置的收敛值越小,收敛度越高,求解过程耗时越长。

以上 5 个选项下面还有 4 个复选框,可根据需要选用。

(6)采用线性模型。当目标函数为线性函数,约束条件为线性等式或不等式,且要求解决线性优化问题,或进行线性逼近时,可选择此复选框,以加速求解过程。

(7)自动按比例缩放。当输入和输出的数值相差很大时,例如求投资百万美元的盈利百分数,可选择此复选框,以放大求解结果(即增加小数位数)。

(8)假定非负。在“添加约束”对话框的“约束值”框中,输入未设置下限的可变单元格时,可选择此复选框,假定其下限为 0。

(9)显示迭代结果。选择此复选框将单步执行规划求解,即每进行一步迭代后,都把求解结果记录进工作表,并弹出“显示中间结果”对话框。如要继续求解过程并显示下次求解结果,可单击“继续执行”按钮。如要结束求解过程,并显示“规划求解结果”对话框,可单击“停止”按钮。

§4.2 选择规划求解所用方法

在 Excel 2000“规划求解选项”对话框(图 4.1)底部,列有“估计”、“导数”和“搜索”三组单选框,其功能如下。

(1)估计。此单选框制定在每个一维搜索中用以得到基本变量初始估计值的逼近方案。下设“正切函数”和“二次方程”两个选项。选择“正切函数”,指定使用正切向量线性外推法。选择“二次方程”,指定使用二次函数外推法,可提高非线性规划的计算精度。

(2)导数。此单选框指定用于估计目标函数和约束条件偏导数的差分方案，下设“向前差分”和“中心差分”两个选项。“向前差分”选项用于多数约束条件数值变化比较缓慢的问题。“中心差分”选项用于约束条件数值变化迅速，特别是接近限定值的问题。此选项需较多计算，但有助于规划求解得到有效结果。

(3)搜索。此单选框指定每次迭代算法以确定搜索方向，下设“牛顿法”和“共轭法”两个选项。“牛顿法”用准牛顿法进行迭代，占用内存较多，但所需迭代次数较少。“共轭法”占用的内存较少，但要达到指定的精度需要迭代的次数较多。当问题较大或内存有限，或单步迭代进程缓慢时，应使用“共轭法”。

§4.3　建立规划求解模型

在“规划求解选项”对话框(图 4.15)右侧，还有“保存模型”和“装入模型”两个条形按钮。选择这两个按钮，可建立规划求解模型，就是把规划求解的参数和选项的设置保存在工作表的指定区域中，以备将来使用。

(1)要保存规划求解模型，可单击“保存模型”按钮，屏幕弹出“保存模型”对话框，如图 4.16 所示。

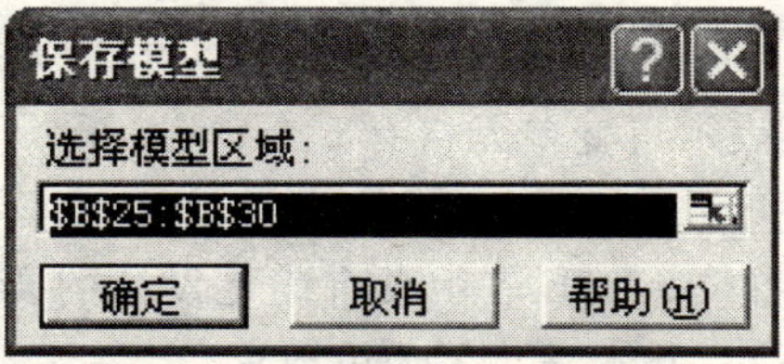

图 4.16　“保存模型”对话框

在上述对话框的“选择模型区域”项下，自动显示以当前活动单元格区域作为默认的保存规划求解的位置，包括各项约束条件所在的单元格和附加的三个单元格。如认为默认的区域位置不合适，可输入自己指定的区域。以图 4.8 为例，可输入 B26 或输入

B26：B31，回车确认，就把图 4.8 中的参数和选定的“选项”保存为模型。见图 4.17。

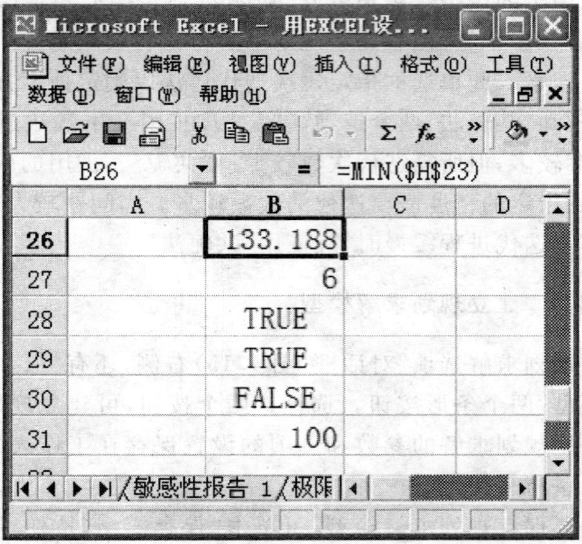

图 4.17　“保存模型”的结果

在图 4.17 中，B26 表示目标单元格在 H23 单元格，且目标为求最小值；B27 表示可变单元格有 6 个，且这 6 个可变单元格所在的位置为 B16 至 B21；B28，B29 的“TRUE”表示有关的约束条件已经满足；B30 的 FALSE 表示没有满足设计的要求，不过在本例中，差异极其微小，基本满足了约束要求。

应当指出，只有当需要在工作表中存储多个模型时，才使用这一选项。因为程序本身有自动储存模型的功能，即当再次打开规划求解有关对话框时，会自动采用此前最后一次使用的参数和选项。

为了更清楚地显示模型，还可把模型中的数值转换为公式。

其操作方法为,首先单击“工具”菜单中的“选项”,在弹出的对话框中选择“视图”选项卡,再在“窗口选项”下选“公式”,回车确认,就有图 4.18 显示。

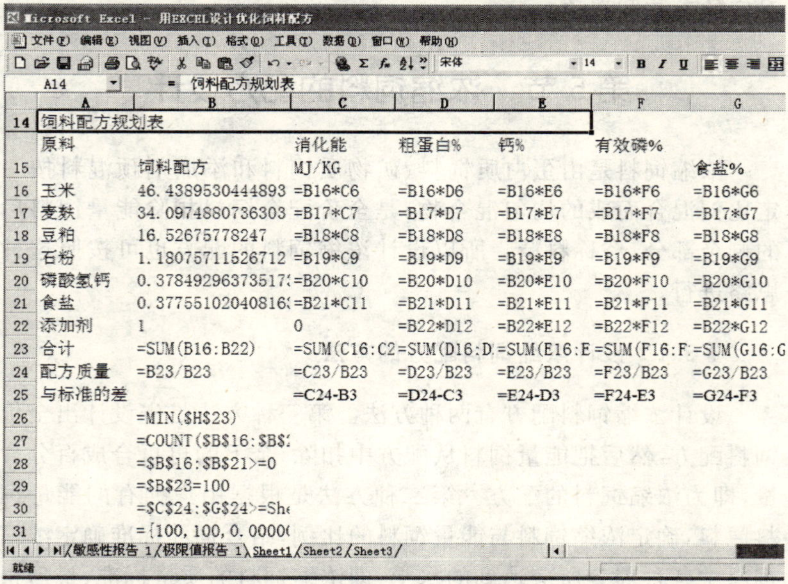

	A	B	C	D	E	F	G
14	饲料配方规划表						
15	原料	饲料配方	消化能 MJ/KG	粗蛋白%	钙%	有效磷%	食盐%
16	玉米	46.4389530444893	=B16*C6	=B16*D6	=B16*E6	=B16*F6	=B16*G6
17	麦麸	34.0974880736303	=B17*C7	=B17*D7	=B17*E7	=B17*F7	=B17*G7
18	豆粕	16.52675778247	=B18*C8	=B18*D8	=B18*E8	=B18*F8	=B18*G8
19	石粉	1.18075711526712	=B19*C9	=B19*D9	=B19*E9	=B19*F9	=B19*G9
20	磷酸氢钙	0.37849296373517	=B20*C10	=B20*D10	=B20*E10	=B20*F10	=B20*G10
21	食盐	0.37755102040816	=B21*C11	=B21*D11	=B21*E11	=B21*F11	=B21*G11
22	添加剂	1	0	=B22*D12	=B22*E12	=B22*F12	=B22*G12
23	合计	=SUM(B16:B22)	=SUM(C16:C2	=SUM(D16:D	=SUM(E16:E	=SUM(F16:F	=SUM(G16:G
24	配方质量	=B23/B23	=C23/B23	=D23/B23	=E23/B23	=F23/B23	=G23/B23
25	与标准的差		=C24-B3	=D24-C3	=E24-D3	=F24-E3	=G24-F3
26		=MIN($H$23)					
27		=COUNT($B$16:B					
28		=$B$16:$B$21>=0					
29		=$B$23=100					
30		=$C$24:$G$24>=She					
31		={100,100,0.0000					

图 4.18 规划求解模型:B16 至 H24 为相应函数关系

(2)要调用保存的模型,可在“规划求解选项”对话框中单击“装入模型”按钮,屏幕弹出“装入模型”对话框,如图 4.19 所示。

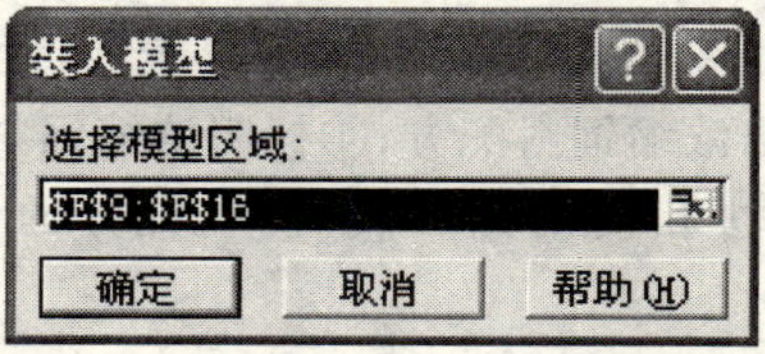

图 4.19 “装入模型”对话框

在这个对话框的“选择模型区域”项下，输入要调用的模型所占的整个单元格区域（注意：不能像“保存模型”时那样只输入模型区域的第一个单元格），然后单击“确定”按钮，就显示出该模型相对应的参数和选项。

第5节　浓缩饲料的配方设计

浓缩饲料是由蛋白质饲料、矿物质饲料和添加剂预混料按一定比例混合而成的均匀混合物；是全价配合饲料扣除能量饲料后的剩余部分，俗称料精。所以设计浓缩饲料的配方也可按照这种思路进行。

§5.1　设计浓缩饲料配方的方法

设计浓缩饲料配方有两种方法。第一种方法是先设计出全价饲料配方，然后把能量饲料从配方中扣除，余下的再折合成百分含量，即为浓缩饲料的配方。第二种方法是根据用户拥有的能量饲料原料，确定浓缩饲料与能量饲料的比例，结合饲养标准确定浓缩饲料中各种养分所应达到的水平，即浓缩饲料的质量标准，最后根据这个标准设计出浓缩饲料配方。

§5.2　先设计全价配合饲料的配方

这种设计方法的基本步骤是：①确定浓缩饲料在全价配合饲料中所占的比例；②根据饲养标准、加工工艺，设计出全价配合饲料配方；③计算出浓缩饲料配方；④标明浓缩饲料的名称、规格、使用对象、保存方法和使用方法；⑤注明配方的使用期限和使用方法。

下面以实例说明设计浓缩饲料配方的具体方法和步骤。

【例2】　育肥猪浓缩饲料配方设计的方法步骤。

第一步，根据相应饲养标准设计出全价配合饲料配方。

设计全价配合饲料配方的方法已在前面章节介绍，现假定设计出的全价配合饲料配方为：玉米 66.80，豆粕 12.00，麸皮 6.60，菜粕 6.00，石灰石粉 0.53，骨粉 1.12，细米糠 5.65，食盐 0.30，添加剂 1.00. 配方营养水平为：消化能 13.42 MJ/kg；粗蛋白 15.01%；钙 0.60%；总磷 0.50%；赖氨酸 0.75%。该配方基本满足饲养标准。

第二步，确定浓缩饲料在全价配合饲料中的比例。假定浓缩饲料在全价配合饲料中占 30%(GB 8833)，所以我们结合上述配方认为，浓缩饲料配方应当是：玉米 1.80；豆粕 12.00；麸皮 1.60；菜粕 6.00；石灰石粉 0.53；骨粉 1.12；细米糠 5.65；食盐 0.30；添加剂 1.00。用户买回去后需要添加 65%的玉米，5%的麸皮，与上述浓缩饲料 30%混合均匀后就成为全价配合饲料。上述配方就是浓缩饲料的配方。不过生产上为方便，常把配方设计为百分比的形式。

第三步，确定浓缩饲料的配方。也就是把浓缩饲料的配方转换为百分比的形式。可用下列公式进行转换：

某饲料原料在浓缩饲料中的百分比(%)＝100×全价配合饲料扣除能量饲料原料后该原料的百分比/浓缩饲料占全价配合饲料的百分比

上例的计算结果为(%)：玉米 6.0，豆粕 40.0，麸皮 5.33，菜粕 20，石灰石粉 1.77，骨粉 3.73，细米糠 18.80，食盐 1.00，添加剂 3.37。

第四步，标明浓缩饲料的名称、规格、使用方法、保质期和保存方法。

仔猪浓缩饲料

营养成分：消化能≥11.62 MJ/kg；粗蛋白质≥30.10%；钙 2.00%～2.50%；总磷≥0.6%～1.50%；赖氨酸≥1.5%；食盐

0.80%～1.20%。

使用方法：本品30%＋玉米粉65%＋麦麸5%混匀后才能使用。

保质期：夏季45 d，冬季90 d。

保存方法：保存于通风干燥处。

配方使用期限：2011年10月1日至2011年10月21日。

§5.3　直接设计浓缩饲料的配方

这种设计方法的基本步骤是：①确定相关饲养标准；②确定浓缩饲料在全价配合饲料中的比例；③确定能量饲料原料用量，并且计算出相应能量饲料原料能达到的营养水平；④与饲养标准比较，计算出浓缩饲料应达到的营养水平；⑤确定浓缩饲料的原料及其养分含量；⑥计算浓缩饲料的配方；⑦标明浓缩饲料的名称、规格、使用方法、保质期和保存方法。

下面以实例说明直接设计浓缩饲料配方的具体方法和步骤。

【例3】　设计猪浓缩饲料配方。

第一步，查相应的饲养标准，如表4.5所示。

表4.5　仔猪的饲养标准

代谢能/(MJ/kg)	粗蛋白/%	钙/%	有效磷/%	赖氨酸/%	蛋氨酸/%	蛋氨酸＋胱氨酸/%	食盐/%
11.51	18.5	1	0.7	0.95	0.38	0.67	0.37

第二步，确定浓缩饲料与能量饲料的比例。这里定为35∶65。

第三步，确定能量饲料及其提供的养分水平。例如华北地区一般用玉米和麦麸做能量饲料原料，根据经验可在全价配合饲料中使用玉米60%，麦麸5%。查饲料营养成分表可得玉米和麦麸的养分含量，见表4.6。

表4.6　能量饲料的养分含量

	代谢能/(MJ/kg)	粗蛋白/%	钙/%	有效磷/%	赖氨酸/%	蛋氨酸/%	蛋氨酸+胱氨酸/%
玉米	13.56	8.7	0.02	0.12	0.24	0.18	0.38
麦麸	6.82	15.7	0.11	0.24	0.58	0.13	0.39

可按照下式计算各种饲料原料所提供的养分量：

某种饲料原料所提供的某一养分的量(%)＝这种饲料原料所含的某一养分的浓度×这种饲料原料的配比(%)

本例能量饲料提供的养分量见表4.7合计行。

表4.7　能量饲料提供的养分和浓缩饲料应达到的营养水平

	代谢能/(MJ/kg)	粗蛋白/%	钙/%	有效磷/%	赖氨酸/%	蛋氨酸/%	蛋氨酸+胱氨酸/%
玉米	13.56 ×0.6	8.7 ×0.6	0.02 ×0.6	0.12 ×0.6	0.24 ×0.6	0.18 ×0.6	0.38 ×0.6
麦麸	6.82 ×0.05	15.7 ×0.05	0.11 ×0.05	0.24 ×0.05	0.58 ×0.05	0.13 ×0.05	0.39 ×0.05
合计	8.48	6	0.017 5	0.084	0.17	0.114 5	0.25
标准值	11.51	18.5	1	0.7	0.95	0.38	0.67
差值	3.03	12.5	0.98	0.616	0.78	0.265 5	0.42
浓缩料	8.66	35.71	2.8	1.76	2.23	0.76	1.2

第四步，计算浓缩饲料应达到的营养浓度。由于：

全价配合饲料某养分的浓度＝能量饲料的养分浓度×能量饲料的使用比例＋浓缩饲料的养分浓度×浓缩饲料的使用比例

所以：

浓缩饲料的养分浓度＝(全价配合饲料某养分的浓度－能量饲料的养分浓度×能量饲料的使用比例)/浓缩饲料的使用比例

上式中“全价配合饲料某养分的浓度”实际上就是饲养标准中某养分的浓度。按此公式可以计算出浓缩饲料中各种养分应当达到的浓度。计算结果见表 4.3 最后一行。

第五步，确定配合浓缩饲料的原料，并且查出其养分含量，建立饲料原料数据库。

第六步，设计浓缩饲料配方。设计浓缩饲料配方使用的计算方法和过程与设计全价饲料配方基本相同，不再繁述。计算结果如下：

豆粕 50%　　玉米 4%　　食盐 1.06%　　赖氨酸 0.7%

菜粕 14%　　磷酸氢钙 6.98%　　复合添加剂 2.86%

蛋氨酸 0.26%　　花生饼 18.36%　　石粉 1.78%

这个浓缩饲料配方的营养水平为：

代谢能/(MJ/kg)	粗蛋白质/%	钙/%	有效磷/%
8.53	35.46	2.79	1.39

赖氨酸/%	蛋氨酸/%	蛋氨酸/%+胱氨酸/%
2.21	0.74	1.3

第七步，写出使用说明。

仔猪浓缩饲料

营养成分：

代谢能	粗蛋白	钙	有效磷
≥8 MJ/kg	≥35%	2.5%～3%	1.1%～1.5%

食盐
0.8%～1.2%

饲喂对象：断奶后仔猪。

使用方法：浓缩饲料 35%＋玉米 60%＋麦麸 5%混匀后才能饲喂。

贮存方法：放于阴凉干燥通风处。

保质期：夏季 45 d，冬季 90 d。

此配方使用期限:2004 年 6 月 1 日至 2004 年 7 月 1 日。

参考文献

[1] 安维默. 用 EXCEL 管理和分析数据. 北京:人民邮电出版社,2003.

[2] 王继华,付庆民. 鸡饲料配方设计技术. 北京:中国农业大学出版社,2005.

[3] 王合民,叶浴浚. 配合饲料配制技术. 北京:农业出版社,1990.

[4] 王恬,丁晓明. 高效饲料配方及配制技术. 北京:中国农业出版社,2001.

第5章　仔猪饲料原料的选择

饲料是各种营养物质的载体，单一饲料原料所含养分的数量及比例都不符合仔猪营养需要。配方师要掌握各种饲料原料的营养特点，在设计饲料配方时，根据这些特点，合理利用饲料资源。

对于仔猪而言，选择原料比确定饲养标准还重要。使用易消化的原料提高仔猪采食量和肠道消化吸收能力，提高肠道消化酶的分泌量和活性，增强仔猪肠道黏膜结构的修复能力，降低日粮抗原性，提高仔猪免疫力，调节仔猪肠道的酸碱平衡、离子平衡和微生态平衡，有利于肠道和骨骼的健康发育，这里不排除使用添加剂。

早期断奶应激使仔猪神经内分泌、免疫、消化酶活性、小肠黏膜形态结构、胃肠道微生物区系等发生一系列退行性变化。为此，应采用相应调控物质来配制仔猪饲粮，根据喷雾干燥动物血浆蛋白粉、乳清粉（高糖）、共轭亚油酸、大豆异黄酮、活性酵母、微生态制剂、甘露寡糖、复合酶制剂、酸化剂、饲粮电解质平衡、谷氨酰胺二肽、维生素、诱食剂等在早期断奶仔猪应用上的研究结果，综合提出适合仔猪营养、生理和免疫的原料选择与配制技术，以减缓断奶刺激所引起的应激反应。

第1节　选择饲料原料的原则

§1.1　消化率

许多因素影响饲料养分的消化率。主要是动物（包括动物的遗传性能、性别、年龄、生理状态）、饲料（包括饲料种类、化学成分、营养平衡性和饲料中的抗营养物质等)和饲养管理(包括动物环境、饲料加工、饲养水平等)三方面。不同遗传型或不同生理阶段的仔猪对同一饲料有不同消化率,同一遗传型同一生理阶段的仔猪对不同饲料的消化率不同,同一遗传型同一生理阶段的仔猪对同一饲料的不同养分的消化率也不同。

就饲料而言,易消化吸收的顺序大致是(王统石,2007):

蛋白质类:合成氨基酸→小肽→奶粉→蛋黄粉→鱼粉→啤酒酵母→粉浆蛋白粉→肉粉→大豆分离蛋白→大豆浓缩蛋白→膨化大豆→去皮豆粕→豆粕。

糖类:单糖→二糖→低聚糖→糊精→小分子直链淀粉→小分子支链淀粉→大分子直链淀粉→大分子支链淀粉。

脂肪:必需脂肪酸→短链脂肪酸→不饱和脂肪酸→低分子甘油三酯→软脂酸→硬脂酸。

设计饲料配方时应注意饲料中蛋白质的表观消化率小于真消化率,因为计算表观消化率时把来源于消化道的代谢蛋白质、消化酶和肠道微生物等视为未消化的饲料蛋白质,造成粪中排出的蛋白质的计算量与真实情况不符;饲料脂肪含量少,测定表观消化率易受代谢来源的脂肪和分析误差所掩盖,测定值有波动;饲料矿物质的消化率,更易受消化道来源的代谢矿物质循环利用的影响。所以应采用真实消化率。

要充分考虑仔猪的消化特点,选择消化率高、酸结合力小、抗原性低的饲料原料,便于采购的饲料原料,实现有限资源的最佳分配和多种原料的互补作用。国家饲料数据库给出的是生长猪的消化率数据,少数是母猪消化率数据。不幸的是,越难消化的饲料原料,生长猪与仔猪尤其是哺乳仔猪的消化率差距越大。饲料消化率取决于原料的消化率。3 周龄断奶前日粮的可消化性比营养物质含量多少还重要。近红外分析仪可在 5 min 内测量出各种原料的常规指标和消化率,为配方师设计合适的饲料配方提供了方便。

饲料所含化学成分及其特性，例如营养平衡性和原料互补等，都影响日粮消化率。乳制品例如乳清粉等消化性能好，适合乳猪。饲料中所含抗营养物质和毒素的种类和数量影响饲料养分的消化利用；在饲料中添加酶制剂可提高饲料消化率。日粮中维生素的满足与否会影响饲料各养分的吸收与代谢；饲料加工如制粒、膨化等会影响饲料养分的消化率。

低消化率的饲料可导致腹泻。植物性的，特别是含非淀粉多糖（NSP）多的原料，消化率低，未消化的残渣不仅直接损伤肠黏膜上皮细胞，而且大量未消化养分进入大肠，特别是蛋白质，刺激大肠杆菌增殖，分泌细菌毒素，导致腹泻。

设计饲料配方时要充分考虑饲料原料中对养分有颉颃作用的物质，包含毒素或抗营养因子，或体积大、营养浓度低、营养极度不平衡的原料要限制使用，例如棉籽饼和棉仁饼，菜籽饼和菜籽粕。钙、磷酸盐、植酸盐、粗纤维、霉菌毒素以及铁、铜、钼、重金属等都不利于饲料采食量和消化率。

提高饲料消化率的措施主要有：①选用易消化的原料，少用难消化的原料。②动物性蛋白质饲料原料的消化率高于植物性蛋白质饲料，乳制品＞血浆制品＞鱼粉＞膨化豆粕＞豆粕。③含非淀粉多糖（NSP）高的原料消化率低。④添加外源酶制剂：以玉米为主要能量饲料的饲粮，添加木聚糖酶和β-甘露聚糖酶，提高仔猪回肠干物质消化率4个百分点，回肠氨基酸消化率5个百分点。⑤仔猪饲粮的粉碎细度要求高于生长猪。玉米和豆粕的粉碎细度由900 μm降低到600 μm，粪氮减少11%。⑥浸湿后饲喂：湿料或稠料喂仔猪，提高消化率。⑦热处理：膨化、糊化可提高消化率。⑧饲喂方式影响饲料消化率。有报道说，28 d断奶仔猪，小麦为主要能量饲料，加水稠料比干料消化能提高0.8～1.5 MJ/kg。

§1.2　适口性

仔猪采食量多少，主要受母乳、日龄、体重、健康状态、饲养管理和饲料的影响。对于健康仔猪，在饲料因素中，饲料品质与养分浓度最重要，饲料适口性是决定仔猪采食有效养分量多少的主要因素之一。因此，在考虑饲料的营养价值、消化率、价格因素的基础上，要尽量选用适口性好的原料，以保证足量采食。即使在饲料中添加最先进的调味剂，也应注意到原料的适口性。适口性引诱采食，消化率促进采食。表 5.1 示出了常见原料的适口性。

表 5.1　常见原料的适口性

原料	适口性	原料	适口性	原料	适口性
玉米	5	鱼油	3	膨化大豆	4
小麦	3	大豆油	3	血浆蛋白粉	1
碎米	2	蔗糖	1	肠膜蛋白粉	2
粉浆蛋白粉	3	乳清粉	1	豆粕	3
秘鲁鱼粉	2	发酵豆粕	1	棉粕	4
啤酒酵母	2	破壁酵母	2		

注：适口性：分 5 级，数值小的适口性好。

常见的仔猪饲料原料中，有异味的原料有：①发霉的玉米、杂粕；②鱼粉；③血浆粉；④肠膜蛋白；⑤丁酸钠；⑥鱼油等。上述 6 类原料中，除第一种外，仔猪都是喜爱的。

选用适口性好，消化率高，能值高的原料，效果明显，这几个指标中，先后顺序应该是：消化率＞适口性＞能量值＞保健功能，以上述指标衡量和选择原料，就会把乳猪料越做越好。

饲料添加剂也可以影响配合饲料的适口性。表 5.2 和表 5.3

示出了常见饲料添加剂的味道。

表 5.2 常用饲料添加剂的味道

维生素类	味道	氨基酸类	味道
维生素 A	略具药味	蛋氨酸	略带甘甜味
维生素 K_3	微臭、略苦	赖氨酸	异酸味
维生素 D_3	无味	色氨酸	略具异味
维生素 E	无味	苏氨酸	略具异味
维生素 B_1	略具异臭、味苦	微量元素及其他	无味
维生素 B_2	微臭、味微苦	1 水硫酸铜	无味
烟酸、烟酰酸	略异臭、略酸或略苦	氧化锌、碳酸锌	无味
泛酸钙	味苦或微苦	1 水及 7 水硫酸锌	稍具药味
维生素 B_6	略酸、苦或微苦	1 水硫酸铁	无味或略具酸味
生物素	无味	1 水硫酸锰	无味
氯化胆碱	特异臭味、味苦	碘化钾	苦味或碱味
维生素 B_{11}	无味	碘酸钙	无味或具碘味
维生素 C	无味或略具酸味	药物添加剂	苦味、异味
维生素 B_{12}	略具药味	糖精钠	特甜、余味略苦
矿物质类	无味	抗氧化剂	无味或特异臭味
磷酸氢钙	无味	抗氧化剂	无味
石粉	无味	防霉剂	一般略具酸味

虽然饲料添加剂用量少，苦味成分也有限，但混合后不良味道集中体现，而且无机微量元素、抗氧化剂、防霉剂等粉尘对呼吸道黏膜、表皮有较强的刺激性而间接影响饲料适口性。

表 5.3　饲料中常用药物添加剂的味道

药物名称	味道	药物名称	味道
喹乙醇	苦味重	土霉素	味苦
杆菌肽锌	味苦	金霉素	有苦味
硫酸黏杆菌素	有苦味	泰乐菌素	特殊臭味
黄霉素	无臭	维吉尼亚霉素	特异臭味
北里霉素	味苦	盐霉素	微有特异性气味或无味
新霉素	有苦味	痢特灵	味微苦
林肯霉素	味苦	莫能菌素	特异性气味
阿散酸	无臭		

提高猪料能量水平时，最好选糖类，包括乳清粉和蔗糖；不同种类的油脂气味不一样；其他原料的特殊气味如鱼粉含量、质量等也影响采食量。选用高蛋白质含量的原料来节约配方空间，使适口性、消化率、营养浓度和保健功能都达到理想组合。

适口性好的原料有：血浆蛋白粉、乳清粉、蔗糖、赖氨酸、蛋氨酸、苏氨酸、糖蜜、甜味剂。适口性差的原料有：①各种微量元素。不要超过全价料总量的 0.3%，否则会有强烈涩感；②食盐超过 0.6%会有强烈咸感，采用泔水，劣质鱼粉，添加大量乳清粉，都要考虑这一因素；③劣质肉骨粉：猪对气味非常敏感，在加工前已腐臭的肉粉，猪会拒食；④酸败油脂；⑤发霉原料：霉菌毒素对猪采食量影响非常明显。

某些饲料成分直接影响猪的生理反应，影响采食量。氨基酸方面，猪的采食量随饲料中氨基酸水平的提高而提高，但到一定程度后采食量有下降趋势；尤其是色氨酸和赖氨酸严重影响采食量。矿物质方面，饲料中缺乏锌、磷或钙、锰和铁过量，都会降低仔猪食欲。维生素方面，缺乏维生素 B_1、维生素 B_2、维生素 B_{12} 和烟酸、泛酸，都会降低仔猪采食量。抗生素方面，日粮中添加少量抗生素，可使采食量提高7%～15%。水分方面，缺水初期，猪食欲明显减退，尤其不爱吃干粉料，随着失水增多，食欲可能完全废绝。能量方面，饲料有效能值高则采食量低，有效能值低则采食量高。另外，发生猪病如寄生虫病、感冒、胃肠炎等，猪舍温度的变化，仔猪转群、并圈、换料、防疫等都降低采食量。

影响饲料适口性的其他因素有：①干湿喂：湿料喂法采食量最好，稀料最差。②粉碎粒度：玉米粒度在0.8～1.5 mm时适口性最好，过细的料适口性下降。③粗纤维含量。④盐分：正常生长猪对盐的需求量在0.37%，盐分下降到0.2%时，采食量下降20%，增重减少38%。⑤饲料中含有诱食剂时采食量上升。⑥饲料气味变化也会影响采食：如乳香型、鱼腥型、鱼香型、香甜型之间的转换，或露于空气中时间过长，使气味挥发变淡，都会影响其采食；饲料粗脂肪氧化酸败，出现哈喇味，影响采食量。

§1.3　保健功能

配方师必须读一点免疫营养学。食物中的免疫原性物质与仔猪免疫能力关系很大。提高仔猪免疫力的原料有血浆蛋白粉、小肽、鱼溶浆蛋白(腥肽)、维生素E、维生素C、免疫多糖、有机微量元素锌、硒等。有的发酵豆粕含小肽量极高。有报道，仔猪在可自由选择血浆蛋白粉和脱脂奶粉时，血浆蛋白粉的消耗量比脱脂奶粉高27%(断奶后7 d)和6%(断奶后21 d)。

有些原料损害仔猪健康或降低消化率或降低适口性。如棉籽饼粕含有游离棉酚，除对动物有毒外，棉酚还能与饲料中赖氨酸结合，影响蛋白质的营养价值，去毒处理后可适当使用，但也要限量；菜籽饼(粕)含有芥子甙，因此，在仔猪饲料配方中最好不用菜籽饼(粕)和棉籽饼(粕)。表5.4示出了常见原料的天然有毒有害物质。

表 5.4　原料中的天然有毒有害物质

抗营养因子	存在于	热稳定性	对动物的影响
胰蛋白酶抑制因子	豆饼(粕) 花生	不稳定	胰腺肥大,抑制生长 脂肪吸收和代谢能下降
脲酶	豆饼(粕)	不稳定	分解尿素,产生氨中毒
血球凝聚素	豆饼(粕)	不稳定	血球凝聚,饲料利用率下降
致甲状腺肿物	大豆、花生	不稳定	甲状腺肿大
抗维生素因子	大豆、豆类、生鱼粉	不稳定	减低维生素效价
生氰配糖体	木薯、高粱、某些豆类、亚麻籽	不稳定(水煮)	氰化物中毒
棉酚	棉籽饼	稳定	贫血、繁殖机能下降、营养障碍
环丙烯脂肪酸	棉籽油(饼)	稳定	桃红蛋、海绵蛋
异硫氰酸酯	菜籽饼(粕)	稳定	适口性、消化道受损、下痢
噁唑烷硫酮	菜籽饼(粕)	稳定	甲状腺肿
植酸盐	植物性饲料	稳定	干扰矿物质、蛋白的利用率和酶活性

第 2 节　能量原料谷物与糖类的选择

仔猪日粮常用的能量饲料原料,谷物类有玉米、膨化玉米、大米、碎大米、小麦、次粉和麸皮;油脂类有椰子油、大豆油、动物油、大豆磷脂;糖类有乳清粉、乳糖、蔗糖、葡萄糖类。

§2.1　谷物

2～3 周龄仔猪可有效利用谷物淀粉,此时,淀粉或谷物可作为基础日粮的主要能源。玉米是首选能量原料。玉米中最好有一半膨化玉米，但不能使用太多，否则猪容易黏嘴，进而影响适口性。可选用一些小麦，使用量不超过10%时，可不用另加小麦酶制剂。大米、碎大米非常适合配制乳仔猪饲粮。大米的非淀粉多糖(NSP)含量极低，是最易被仔猪消化的谷物能量饲料。用碎大米代替小麦，可大大减少仔猪消化道大肠杆菌数量和腹泻率。糙米所含代谢能及粗蛋白质与玉米相似，适口性好，易消化，适宜喂仔猪，缺点是糙米价高。用大米代替仔猪饲粮中一半玉米，回肠氨基酸消化率提高3.15个百分点，其中赖氨酸和苏氨酸消化率提高6个百分点，采食量提高10%，日增重提高15%。大米的适口性、消化率和色氨酸/赖氨酸优于玉米。次粉是饲料黏合剂，也是较好的能量饲料。

玉米有不同品种，普通玉米中支链淀粉与直链淀粉之比为4∶1，蜡质玉米中支链淀粉为100%，高直链淀粉玉米中含直链淀粉70%。在制粒等热处理过程中直链淀粉与支链淀粉在糊化和回生特性上表现不同。

糊化(胶凝化)是指淀粉在热处理(烘烤、炒熟、制粒、湿式膨化或蒸煮)时部分生成糊精的现象(表5.5)。通常认为糊精比淀粉容易消化，研究表明，提高淀粉的糊化度与猪的生长性能之间没有一致性。淀粉回生是指糊化淀粉冷却时，淀粉链重新形成更强的氢键，导致晶体形成(回生)。回生的淀粉水溶性降低，因此消化性降低，形成了比生淀粉更难消化的抗性淀粉。支链淀粉的抗回生比直链淀粉好，高直链淀粉的玉米在贮藏期间更易发生回生。生产高档乳猪料时应注意玉米淀粉的特性及其加工方式。膨化玉米目前没有标准，个人经验认为膨化玉米糊化率达88%以上就可以。经膨化后获得的糊化淀粉可以刺激动物体内产生乳酸。

表 5.5　玉米与膨化玉米成分比较　%

样品	水分	粗蛋白	粗纤维	粗脂肪	粗灰分	淀粉糊度	赖氨酸	蛋氨酸+胱氨酸	色氨酸
玉米	12.50	8.38	2.06	3.98	1.18	33.20	0.28	0.40	0.05
膨化玉米	10.06	11.20	0.98	1.90	1.78	91.20	0.46	0.49	0.08

§2.2　简单的碳水化合物——糖类

仔猪日粮中需要简单的碳水化合物——乳清粉、乳糖、蔗糖。乳清粉、乳糖、蔗糖是乳猪料优质能源。多种糖类具有协同作用可以提供更好的生产性能，包括采食量、增长速度。

乳糖适口性好，7 日龄仔猪就可以有效利用葡萄糖和乳糖，消化吸收 98%，且能通过发酵产生乳酸，维持仔猪肠道健康。断奶仔猪胰脂肪酶和乳糖酶生理活性高，与玉米、燕麦粉调制的马铃薯淀粉相比，乳糖是断奶(21 日龄)后 14 d 内的重要能量原料，含净能2 370 kcal/kg；淀粉很少能被仔猪利用。断奶后，特别是断奶后前两周，添加乳糖促进食欲和生长。据 Nessmith 等(1997)报道，断奶后前 10 d，仔猪日粮中乳糖含量由 0 增加到 40%时，仔猪日增重呈线性增加，可以直到断奶后 21～28 d，或体重达到 13 kg。商业教槽料为了经济，一般添加 18%～25%。

乳糖价格较乳清粉便宜，是教槽料中必用的，以乳糖当量(单糖如乳糖、葡萄糖、果糖和蔗糖的乳糖当量)计，母猪乳相当于典型的教槽料，以 90%干物质计，母猪乳含乳糖 25%。在低档教槽料，建议日粮含乳糖(当量)：3～5 kg 仔猪加 18%～25%，5～8 kg 仔猪加 15%～20%，8～12 kg 仔猪加 5%～10%，12 kg 以上仔猪教槽料中不加乳糖。中档乳猪教槽料中添加乳糖的建议量为：3～5 kg 仔猪加 30%，5～8 kg 仔猪加 20%，8～12 kg 仔猪加 10%，12 kg 以上仔猪教槽料中加 2%。高档仔猪教槽料的相应添加量为:3～5 kg 仔猪加 50%,5～8 kg 仔猪加 30%,8～12 kg 仔猪加 15%,12 kg 以上仔猪料中加 5%乳糖(当量)。乳糖及其等价物在仔猪日粮中的一般用量见表 5.6,使用效果见表 5.7。表 5.8 介绍了一些常见的含有乳糖等价物的原料。

断奶仔猪日粮添加乳糖配合合成氨基酸,可达到与添加高蛋白乳清粉相似的生产水平(包括平均日增重、平均日采食量、饲料/增重);断奶仔猪日粮添加 6.5%乳糖,综合效益最佳。乳糖流动性好于乳清粉,因此,从制粒性能来看,乳糖相对于乳清粉来说是更为优良的仔猪颗粒料原料。

已经证实乳糖等价物至少能像乳糖(葡萄糖-半乳糖二糖)一样有效地促进 14 日龄后仔猪生长。这些糖类包括单糖(如葡萄糖、果糖和麦芽糖)、寡糖(如蔗糖和麦芽糊精)。

表 5.6 乳糖及其等价物在仔猪日粮中的用量 %

	母猪常乳	体重/kg				
		4～6	6～8	8～12	12～20	20～30
最低用量	—	20	10	5	0	0
适宜用量	25	30	20	10	0	0
最高用量	—	40	30	15	5	0

蔗糖是最容易得到的乳糖代用品,是家用的一种普通糖,它是由果糖和葡萄糖组成的二糖。蔗糖可改善日粮适口性,并且很容易被幼猪消化和吸收。蔗糖不仅可提供能量(代谢能 3.96 Mcal/kg,净能2 730 kcal/kg),还可以改善适口性,乳猪对蔗糖有偏爱,其效果优于糖精钠制品,建议在仔猪料中加 5%～10%。10 日龄内仔猪小肠蔗糖酶活性很低,2 周龄仔猪能够产生足够的酶以充分消化高浓度的蔗糖,而在 3～4 周后哺乳仔猪蔗糖酶活性较高并持续增加到 8 周龄。仔猪日粮中蔗糖的添加浓度可高达 20%。然而,

此处需要提醒的是：高浓度的蔗糖可能会影响胃肠道的渗透平衡。因此，在不对日粮再作适当调整的情况下，简单地用蔗糖替代乳糖可能会导致分泌性腹泻或出现软便。这些原料属于热敏性原料，在制粒加工调质混匀过程中容易焦化，焦化对猪适口性有负面作用。

表 5.7　乳糖替代品

	淀粉	乳糖	葡萄糖	蔗糖	乳清粉
ADG/g	385.52	414.86	394.86	414.76	411.24
ADFI/g	539.81	555.52	543.24	559.14	555.19
F/G	1.40	1.33	1.37	1.34	1.35
养分消化率/%					
GE	83.14	86.71	85.19	86.05	86.21
DM	87.01	87.75	87.93	88.41	87.85
N	82.66	84.84	83.33	83.86	84.54

资料来源：Jin，1998。

尽管早期断奶降低了蔗糖酶活性和对葡萄糖的吸收，这两种糖类仍然是易于利用的能源，而且还提高饲料适口性。市场上的白砂糖、绵白糖都称白糖，白糖是精制糖，蔗糖含量一般在 95%以上。白砂糖颗粒均匀整齐、糖质坚硬、松散干燥、无杂质，是食糖中含蔗糖最多、纯度最高的品种，也是较易贮存的一种食糖。绵白糖与砂糖相比，结晶颗粒细小，含水分较多，外观质地绵软、潮润，入口溶化快，因其含水量高而不易保管。

21 日龄后，仔猪可以像利用乳糖那样利用蔗糖作为身体增长的能量能源，可能比葡萄糖更有效，不过葡萄糖比淀粉好。

葡萄糖是最易被猪吸收的单糖，吸收速度快，促使血液中血糖浓度升高过快，给正常仔猪带来较强烈的应激。仔猪吸收的葡萄糖 8%～15%用于肠道营养，而育肥猪则有 30%～43%用于肠道营养。但是在谷氨酸和谷氨酰胺存在时，会抑制葡萄糖的氧化，而添加葡萄糖时并不抑制谷氨酸和谷氨酰胺的氧化，这说明，肠道组织是优先从谷氨酸和谷氨酰胺获得能量而不是优先从葡萄糖获得能量。肠道需要的葡萄糖可能大部分是用于合成结构性和功能性的生物分子（如黏液糖蛋白、脂肪酸和脂质），而不是供能。通常所说的葡萄糖是指一水葡萄糖，即含有一个水分子的纯葡萄糖。因此，葡萄糖所含的能量低于淀粉或乳糖。美国普渡大学研究表明，断奶仔猪对纯葡萄糖和一水葡萄糖的利用效率似乎与乳糖一样。无水葡萄糖等同于纯葡萄糖，但其价格往往比一水葡萄糖高。它们在保存期间均极易受潮而凝聚成块。在日粮中添加10％左右的一水葡萄糖通常不会造成仔猪的分泌性腹泻。

表 5.8　乳糖等价物的来源　　％

原料	干物质	主要单糖	等价量
乳糖	95	乳糖	90
无水葡萄糖	98	葡萄糖	95
单水葡萄糖	90	葡萄糖	85
高果糖玉米糖浆	75	果糖	50
糖蜜	75	蔗糖，葡萄糖，果糖	45
蔗糖	98	蔗糖	95

注：Mavromichalis，2000。

果糖实际上是被小肠运输系统吸收的，其吸收方式完全不同于葡萄糖，因此人们相信它能够提高能量的吸收。

使用乳糖等价物注意：乳糖等价物黏性大，不利于制粒；制粒时高温可致焦化，所以要降低制粒温度，生产粉料为好；不同单糖甜度不同；猪对各单糖的喜好程度顺序是：果糖＞蔗糖＞麦芽糖、乳糖＞葡萄糖＞半乳糖；过量使用其他单糖时容易导致仔猪腹泻。在我国的饲养模式下，建议的教槽料中各种糖的比例如下：总糖：乳糖：蔗糖：葡萄糖＝8：4：3：1。就是说，乳糖与其他糖的最佳比例为 50∶50，替代高达 50％的乳糖，不会对仔猪性能产生不利影响。表 5.9 示出了断奶后日粮中不同碳水化合物的使用效果。

表 5.9　断奶后日粮中不同碳水化合物的效果(21 日龄)

	淀粉	乳糖	葡萄糖
日增重/g	241	294	259
日采食/g	298	329	319
FCR	1.22	1.11	1.21

资料来源：Jin，1998。

§2.3　乳清粉

使用乳清粉实质就是使用乳糖，其中乳糖含量很重要，乳源蛋白的作用很好，但没有乳糖重要。乳清粉含 60％～75％乳糖，12％以上粗蛋白质，含代谢能 3.17 Mcal/kg。仔猪出生时乳糖酶活性很高，3～4 周后剧烈下降，到 6～7 周龄降到最低点。因此，早期断奶仔猪日粮中可使用较高量的乳清粉，随年龄增长应逐渐降低用量。当乳清粉添加量达 20％～25％时，生产性能表现最佳，推荐在仔猪体重 2.2～5.0 kg 阶段料中添加 15％～30％的乳清粉，在 5.0～7.0 kg 阶段仔猪的日粮中添加 10％～20％，在 7.0～11.0 kg 阶段添加 5％～10％。一般通用教槽料中乳清粉用量以 15％～20％为宜。如果乳制品添加比例较高，例如乳清粉 10％以上时，导致环模堵塞，常需添加 5％～6％的油，才能达到满意的制粒效果。所以综合考虑价格成本和加工工艺限制，一般 3～4周龄断奶仔猪日粮中加 3％～8％乳清粉，可明显改善断奶后 2 周内的生产性能。

乳清粉中盐分含量较高，应注意日粮中盐的添加问题。使用高量乳制品和血浆蛋白粉时制粒温度应低于 77℃。

要选择高品质乳清粉。选择食品级的乳清粉非常重要；要注意乳清粉的色泽、滋味、溶解性、流动性等(马艳凤,2006)。在原料品质对仔猪生产性能的影响中,不仅要关注乳清粉中乳蛋白的水平,而且也要充分考虑开食料中其他原料的品质,这样才能避免仔猪因断奶换料应激所造成的习惯性生长延迟。

§2.4 糖蜜

糖蜜是蔗糖生产过程中的一种副产品,可从甘蔗或甜菜中提取。只要质量保持稳定,这些糖蜜产品都有相对较高的营养价值。仔猪日粮中添加糖蜜的目的多为提高饲料适口性,同时也可促进制粒。干物质含量为75%的糖蜜样本通常含46%～49%的糖,该糖以蔗糖及其水解产物——葡萄糖和果糖的形式存在。由于糖蜜中含有高浓度的钾离子和其他盐类,因而添加糖蜜的日粮对幼猪具有缓泻作用。研究表明:用糖蜜取代仔猪日粮中高达20%的乳糖,对仔猪生产性能和健康并没产生不利影响。还应该注意的是,糖蜜中的蔗糖一旦结晶,就会对新生仔猪产生毒害性。最后应说明,糖蜜型日粮应在一个相当低的温度下制粒(低于60℃),这是因为高温容易引发美拉德反应,使日粮中的赖氨酸不能被消化利用。对含高浓度糖蜜的日粮进行制粒是另一个复杂的过程,可通过适当地调整日粮配方使这一过程变得容易。

第3节 油脂的使用

§3.1 仔猪的脂肪营养

母乳含必需脂肪酸,设计哺乳仔猪饲料配方不必太注意必须脂肪酸,断奶仔猪日粮玉米用量大,含油多,日粮额外加油后更不会缺。可是从各国饲养标准看,必须在仔猪饲料中额外添加脂肪才能达到能量标准,这说明主流意识是需要在仔猪日粮里加脂肪的。有个典型报道，加脂使代谢能水平从 3.1 逐步增加至 3.74 Mcal/kg，仔猪日增重和饲料效率线性增长；同时额外加入的脂肪其消化率大大高于日粮中原有脂肪的消化率，即外加油脂提高了整个日粮脂肪的消化。

仔猪根据日粮能量浓度调控采食量的能力低。添加脂肪不改变仔猪采食量，所以增加能量食入量，并且仔猪生长速度随脂肪添加量升高而加快，尤其是仔猪断奶后 2 周内，日粮脂肪水平高于 50 g/kg 时更明显。日粮中添加脂肪的效果与脂肪来源有关，如脂肪颗粒直径、短链脂肪酸的含量以及脂肪的不饱和程度等。要选择不饱和脂肪酸含量高的，如鱼油和豆油，而不用猪油或牛油。

仔猪生后 4 周内消化饲料脂肪能力偏低，只要饲料（合成乳或干饲料）中的代谢能达3 500 kal/kg，就可不加油脂而达到 400～500 g 日增重，但少量添加油脂（2%～3%）可改善适口性，提高饲料加工效率，降低粉尘。在 4 周龄至 25 kg，日粮中油脂添加（不论种类）可在 4%，而生长效益改进（日增重及料肉比）应在 4%左右（与油脂添加量的关系为 1∶1），注意其他养分含量应保持比例平衡。不同油脂的饲用价值主要依赖于消化率，而影响消化率的主要因子是酸的饱和程度，不饱和脂肪酸（U）与饱和脂肪酸（S）的比例，U/S 与仔猪对脂肪的消化率呈线性关系，见图 5.1 和图 5.2。一般认为 U/S 应大于 2。添加高铜（250 mg/kg）和乳化剂都促进脂肪的消化吸收，油脂的氢化（过氧化值），酸价过高影响脂肪的消化。油脂的消化能可依饱和程度及酸价来推算，与牛油比，鱼油与玉米油的消化能、代谢能及净能较牛油高 9%，而猪油则较牛油高 3.6%。少数特种脂肪酸（如 CLA）及油脂（鱼油）理论上有助于仔猪免疫力的提升。植物油富含长链多不饱和脂肪酸。其中 22 碳 6 稀酸（DHA）、20 碳 5 稀酸（EPA）和花生 4 稀酸（AA）在免疫功能、炎症、血液动力学和骨骼代谢方面有多重生物学效应，可以保护肠道，共轭亚油酸还可促进猪瘦肉组织生长。

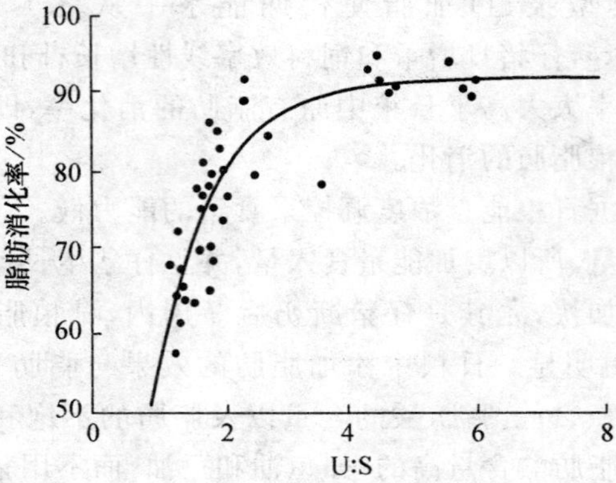

图 5.1　U/S 比值与消化率

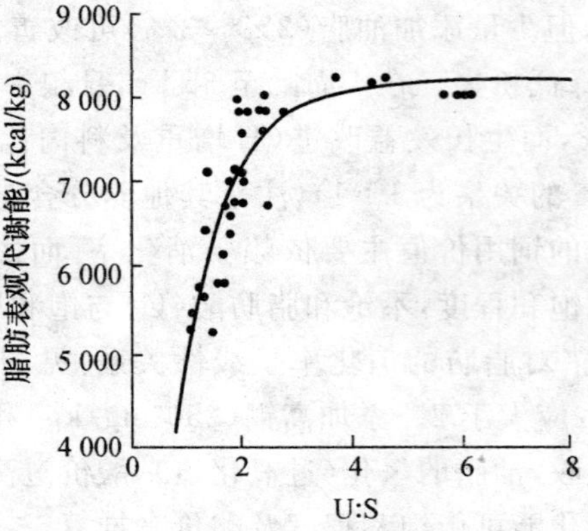

图 5.2　U/S 比值与 AME

Braude 等(1973)发现脂肪酸的吸收速度与碳链长度呈负相关,碳链越短越易消化吸收。Chiang 等(1990)认为中短链脂肪酸比长链脂肪酸易吸收。中链脂肪酸通常指由 6～12 碳链脂肪酸所形成的甘油三酯,总能含量较低。中短链脂肪酸可以通过添加中短链脂肪酸含量高的天然油脂如椰子油、棕榈油等获得，也可以通过特别筛选的脂肪酶对长链脂肪酸进行酶解获得。其特点是可在肠道内不需酶的作用而直接穿过肠绒毛膜进入门静脉血液，快速到达肝脏。水解后的中链脂肪酸在肝脏中直接穿过线粒体膜进行氧化供能。

不饱和脂肪酸与饱和脂肪酸的比值(U：S)越高的油脂消化率越高，表观代谢能(AME)越高。见表 5.10。

表 5.10　不同脂肪的 U/S 比值

	C12：0	C14：0	C16：0	C16：1	C18：0	C18：1	C18：2	U/S
椰子油	44.6	16.8	8.2	—	2.8	5.8	1.8	0.1
玉米油	—	—	10.9	—	1.8	24.2	59.0	6.5
棕榈油	—	1.0	43.5	—	4.3	36.6	9.1	0.9
豆油	—	—	10.3	—	3.8	22.8	51.0	5.6
鱼油	—	8.0	15.1	10.5	3.8	14.5	2.1	2.0
猪油	—	1.3	23.8	2.7	13.5	41.2	10.2	1.4

不饱和脂肪酸与饱和脂肪酸的比值 U/S 值的计算方法如下。

单一油脂以棕榈油为例：

$$(36.6+9.1)/(1.0+43.5+4.3)=0.9$$

日粮：

85%玉米(3.5%脂肪)+10%大豆(3%脂肪)+5%豆油

脂肪含量：85%×3.5%+10%×3%+5%×100%=8.3%

U/S 比值：(5.3/8.3)×5.6+(3.0/8.3)×6.5=5.9

日粮脂肪和纤维素都降低养分在消化道上段通过的速度，尤其是胃内停留时间。Mc Connell 等(1982)发现，断奶后 2 周内日粮脂肪浓度达 62 g/kg(14.7 MJ ME/kg)，断奶后 3～5 周达 113 g/kg(15.6 MJ ME/kg)时，脂肪抑制能量吸收。所以，日粮最佳的能量浓度一般为:断奶后短期内是 14～15 MJ ME/kg,适应固体饲料后为 13.5～14 MJ ME/kg。事实上,仔猪一旦形成了有规律的采食量,就可以根据日粮能量浓度调控采食量。

仔猪在出生第 1 周及断奶后胰脂肪酶、肠脂肪酶活性较低,可能是新生仔猪及断奶仔猪(断奶后前 1 周)脂肪消化率低的原因之一。为了使添加脂肪的效果达到最佳,必须重视仔猪日粮中脂肪的性质及搭配。同时还须考虑影响脂肪利用的其他因素,比较明显的影响因素有胆碱、肉碱、铜等,在含有脂肪的仔猪日粮中应特别注意。

§3.2 饲料油脂的添加

高档仔猪料必须添加脂肪。目的有两方面:一是断奶仔猪消化道容积小,采食量少,其容量不能满足仔猪快速生长需要,必须提高日粮中的能量浓度,而添加脂肪或油最有效。二是改善饲粮品质和适口性,尤其是在仔猪开食料和断奶后前两周的日粮中添加脂肪,仔猪爱吃。采食量限制培育后期仔猪的生产性能,随着日粮添加脂肪水平的增加,猪的生产性能和经济效益增加。据报道,日粮添加脂肪每增加 1%,平均日增重(ADG)增加 0.81%,增重∶饲料(G∶F)增加 1.42%。

乳猪饲喂高脂日粮其后几周的日增重和生产性能有所改善,但断奶后第一周影响很小,甚至出现负影响,原因是仔猪断奶后分泌的脂肪酶迅速减少,胰液和消化液中的脂肪酶分别下降 30%和 60%,而且需要好几天才能恢复到断奶前哺乳仔猪的水平。饲粮中添加脂肪并不能刺激脂肪酶发育,因此仔猪在断奶前 2 周脂肪消化率很低。高档仔猪饲料中常含有 8%～10%的油,以模拟母乳的含脂肪量,可是据报道,在断奶仔猪饲粮中添加 3%、6%及 9%的椰子油和豆油对前 2 周生产性能都没影响,而能提高后 2 周及全期的平均日增重和饲料利用率,并且加油比例以 6%为最佳。

这说明，仔猪对油脂消化与周龄及断奶后时间有关。据报道，22～25 日龄仔猪对脂肪消化率只有 50%～60%，断奶后随消化道发育和胆汁分泌增多，脂肪消化率逐渐增至 70%～80%。仔猪日粮含奶制品量高时很难制粒，需添加脂肪。所以，在断奶后（35 日龄前）的日粮中应该有策略地使用脂肪，此时脂肪与其说作为一种主要的能源，不如说有助于加工成颗粒。

仔猪饲料需要补充适宜消化的饲料脂肪。选择品质良好、适口性好、易消化、富含磷脂并经磷脂预乳化、含有特殊功能性脂肪酸、有助于平衡饲料的脂肪酸组成。饲料中常用的有豆油、玉米油、猪油、椰子油、脂肪混合油。适量添加脂肪不仅可以提高饲料的适口性，便于饲料制粒，更重要的是可以提高仔猪能量进食量。同时，饲料中添加适量脂肪，有利于脂溶性维生素的消化、吸收和利用。

表 5.11 和表 5.12 示出了脂肪酸链长短和仔猪日龄对脂肪酸消化率的影响。

表 5.11　脂肪酸链的长度对其消化率的影响

脂肪酸链	3 周龄	7 周龄
短链（$<C_{14}$）	86	96
中链（C_{14}～C_{18}）	70	90
长链（C_{18}）	37	78

资料来源：Loyd et al.，1957。

表 5.12　21 日龄断奶仔猪对脂肪的消化系数

断奶后（周）	玉米油	猪油	牛脂
1	0.79	0.68	0.65
2	0.80	0.72	0.72
3	0.89	0.84	0.83
4	0.89	0.85	0.82

资料来源：Cera et al.，1988。

提高脂肪消化率的主要措施有二：一是添加卵磷脂，促进脂肪乳化。饲料补充脂肪时需要补充磷脂，其添加剂量因脂肪补充量和饱和脂肪添加量增加而增加，仔猪饲料磷脂添加量高于成年猪饲料。此外，母猪饲料补充磷脂有可能增加仔猪从母乳中摄取更多磷脂，帮助仔猪消化从教槽料中采食的脂肪。二是使用混合脂肪。据报道，豆油与椰子油混合使用，增重快、饲料效率高。有人根据不同脂肪来源对仔猪饲料报酬、增重等指标的影响效果，建议按下列顺序选择脂肪种类：椰子油＋豆油（1∶1）＞椰子油＞椰子油＋玉米油（1∶1）＞豆油＞玉米油＞猪油＞牛油＞鱼油，在动物油价格很低时可以动物性脂肪与植物性脂肪按2∶3的比例混合使用。椰子油贵，大豆油是比较实际的选择。在使用一定量的膨化大豆后，可不用油脂。使用油脂时一定要关注品质，杂质、水分、碘价、酸价、过氧化值是必须测定的指标。

仔猪饲料补充0.2%～0.9%纯磷脂可提高脂肪消化率1.5%～10%和脂肪消化能2%～9%，能显著改善断奶后两周内的仔猪生产性能和养分利用率。大豆磷脂含消化能达5 500～7 800 kcal/kg且代谢效率高，可增强仔猪抗应激能力，提供胆碱、肌醇、多种必需脂肪酸、维生素E、磷元素及其他未知营养因子，提高饲料中其他养分的消化利用率。虽然仔猪能自身合成磷脂，但合成量不足以使饲料中含量高的脂肪充分发挥代谢作用，饲料中添加磷脂可有效解决这一问题。10周龄后仔猪自己分泌胆汁无需磷脂。但是磷脂价格低，仍可作能源使用。有报道（Soares等，2002），植物油效果优于动物油脂，动物油脂加上磷脂的效果接近植物油，而植物油加磷脂没有效果。

在仔猪日粮中添加脂肪时以混合脂肪（椰子油与豆油1∶1的比例）效果较好。同时添加卵磷脂、高铜等添加剂，可以提高脂肪的使用效果。因为铜与脂肪对仔猪生产性能产生交互作用。DoVe等（1992）、Goini（1992）发现，在含铜5 mg/kg饲粮中添加油脂没效果，而在 250 mg/kg 高铜饲粮中添加 2.5%～5%的油脂则可提高日增重，因此高铜有利于油脂消化利用。饲料中钙含量高时会与脂肪结合形成脂肪酸钙，降低脂肪吸收。

目前市场上可以见到的油脂包括草本植物油（大豆油、花生油、玉米油、菜籽油、葵花籽油、棉籽油）、木本植物油（油茶籽油、核桃油、苹果油、橄榄油）、陆地动物油（猪油、牛油、羊油、鸡油、鸭油）、海洋动物油（鲸油、深海鱼油）和混合油。各种油的碘价标准及范围见表 5.13。

表 5.13　各种油的碘价标准及范围

品种	碘价（范围）	标准出处
大豆油	124～139	GB 1535—2003
花生油	86～107	GB 1534—2003
菜籽油	94～120	GB 1536—2004
低芥酸菜籽油	105～126	GB 1536—2004
棕榈油	50～55	GB/T 18008—1999
葵花籽油	118～141	GB 10464—2003
棉籽油	100～115	GB 1537—2003
芝麻油	103～118	
茶籽油	83～89	GB 11765—2003
核桃油	140～152	
玉米油	103～130	
猪油	45～70	
米糠油	92～115	GB 19112—2003
米糠色拉油	92～115	
蓖麻籽油	80～88	GB 8234—1987
亚麻籽油	≥175	GB 8235—1987
深海鱼油	≥120	SC/T 3502—2000
混合油	50～90	NY/T 913—2004

第4节 蛋白质原料的选择

日粮蛋白质来源不同,不仅其营养价值不同,过敏反应和致病性大肠杆菌增殖的程度也不同,所以蛋白质品质与蛋白来源影响仔猪饲料蛋白质的适宜水平。动物源蛋白质饲料常见的有乳制品(脱脂奶粉、乳清蛋白粉),血液制品(喷雾干燥血浆蛋白粉、喷雾干燥血粉),鱼类产品(鱼粉、腥肽——鱼溶浆蛋白),及胃膜蛋白粉、肠膜蛋白粉、肉粉和肉骨粉等。植物性蛋白质饲料原料常见的是豆制品,发酵豆粕或发酵大豆,也有使用酵母的。

§4.1 仔猪饲料蛋白质原料的选择标准

在选择仔猪料蛋白质来源时应首先考虑蛋白质的抗原性、消化率、氨基酸的平衡性、适口性、是否含有可为仔猪提供有保护作用的免疫球蛋白和小肽,降解产生小肽的速度,蛋白质含量和成本。优质蛋白质原料在乳仔猪胃肠道内,很快就被降解成短肽而迅速吸收。蛋白质原料的这一特性,是评价蛋白消化特性的重要指标之一。例如豆制品:发酵豆粕>膨化大豆粉>大豆浓缩蛋白>去皮豆粕>高蛋白豆粕>普通豆粕。

优质蛋白质原料价格往往很高。然而,要以这种原料可能创造的效益与价格来综合衡量,而不能只片面强调原料价格对饲料产品价格的影响。例如,血浆蛋白粉,在断奶前 2 周日粮中添加 5%～10%,可以增加日增重和采食量达 30%～40%,尤其是可以提高仔猪抗病力,能够弥补饲料成本的提高;但是采食量的增加持续时间一般不超过 2 周。不应过于考虑原料成本而采用低价的劣质饲料。理由是:一头仔猪只需采食 10 多千克乳猪料,而断奶体重对后期生长速度影响巨大;目前的仔猪饲料有很大利润空间;乳猪采食量很低,本产品销量不会很大,对饲料厂的利润影响较小而对饲料厂的品牌影响巨大。

当地原料比较便宜，但是要做好常规指标化验分析，对于原料的氨基酸和微量元素数值，可参考中国饲料数据库《饲料成分及营养价值表》。对于原料的能量值，由于实测较难，一般不做测定，利用能量估计公式估测。但要考虑到原料的水分、粗灰分、粗脂肪、粗蛋白质、粗纤维的变化。过去强调日粮要达到一定体积，这对仔猪和育肥猪都不科学。各种动物每日饲喂量，由于其品种、年龄、体重、生产情况不同差异很大。

§4.2　仔猪饲料蛋白质原料的选择方法

蛋白质的来源应该多样化，例如脱脂奶粉、血浆粉、乳清蛋白粉、鱼粉、全血粉、发酵豆粕、膨化加工豆粕或大豆等。

蛋白质原料首选动物性原料见表5.14。动物蛋白质原料的优劣顺序是鱼粉＜脱脂奶粉＜喷雾干燥血粉(SDBM)＜喷雾干燥猪血浆蛋白粉(SDPP)。不过也有实验报道，仔猪日粮中鱼粉可完全取代脱脂奶粉。国外早期断奶仔猪日粮中鱼粉的适宜添加量为5％～10％。然而，我国使用的优质鱼粉主要依赖进口，货源缺，价格贵。因此，上述鱼粉的适宜用量在中国要考虑现实经济意义。

表5.14　不同蛋白质的消化率　％

周龄	乳清蛋白	土豆蛋白	鱼粉	豆粕
3	92～96	85～89	84～88	70～85
6	93～98	89～94	89～93	85～92

资料来源：Dutch animal nutrition research institute。

血浆蛋白粉(SDPP)由猪血中分离，通过消毒灭菌而制成。外观为浅灰色粉末，其特点是富含免疫球蛋白和促生长因子、干扰素、激素、溶菌酶，可增强仔猪免疫机能，缓解应激反应。SDPP还是一种调味剂，乳猪偏爱含 SDPP 的日粮。WesVer(1995)总结了25 个试验研究结果得出结论：猪血浆蛋白粉可使仔猪增重提高39%，日采食量提高 32%，饲料转化率提高 5.4%。可能与血浆蛋白粉含 22%的免疫球蛋白有关。

血浆蛋白粉适口性好、消化率高，维持和改善消化道正常生理功能并含免疫球蛋白等活性物质，与精制鱼粉、喷雾干燥水解鱼粉、喷雾干燥蛋粉、肉浸膏、膨化豆粕＋奶粉、浸提大豆浓缩蛋白、膨化大豆等的饲喂效果相比，是早期断奶仔猪日粮中最好的蛋白质来源。但在使用中应注意血浆蛋白粉的来源，使用猪的血浆蛋白粉，日增重和生长速度均优于牛血浆蛋白粉。如果用血浆蛋白粉替代日粮中的乳制品，则必须添加乳糖才能获得最大采食量和日增重，因而含血浆蛋白粉的日粮，在断奶后 1～2 周应添加乳糖15%～25%，才能保证仔猪生长性能。血浆蛋白粉与抗菌剂配合使用效果较好，对提高断奶仔猪性能有加性作用。但不要滥用药物，以免 50～90 kg 阶段日增重降低。

饲粮中添加血浆蛋白粉的量一般不低于 3%，最佳添加量是7.5%。断奶后仔猪日粮中只使用 1 周，断奶 1 周后体重高于7 kg时不再使用血浆蛋白粉。注意最好是逐步降低 SDPP 用量，同时要注意质量的稳定性。

由表 5.15 可见，血浆粉的蛋氨酸和异亮氨酸含量低。血浆粉中的免疫球蛋白等功能性蛋白和未知生长因子多数为活性物质，对温度等因素较敏感，在饲料生产过程中除要混合均匀，还应注意压粒过程的温度不能过高。一般膨化和制粒的温度不要高于 80℃，以免蛋白质发生变性和活性受损。有报道，35 日龄断奶仔猪饲料中添加 4%的全脂奶粉，仔猪生长性能虽略低于添加 3%SDPP 组，但可以降低每千克增重所需饲料成本 1.0 元左右，因此，在国内用 5%～6%的全脂奶粉替代 SDPP 是可行的。

表 5.15　血浆蛋白粉组成成分

消化能/(Mcal/kg)	3.739～4.05	钾/%	0.3	苯丙氨酸/%	3.85～4.05
代谢能/(Mcal/kg)	3.675～3.98	pH 值	6.5～7.4	酪氨酸/%	3.40
干物质/%	92	锰/(mg/kg)	2.3	精氨酸/%	3.57～3.97
消化率/%	100	锌/(mg/kg)	13	组氨酸/%	2.14～2.18
粗蛋白/%	78.0	铁/(mg/kg)	271	缬氨酸/%	3.75～3.83
粗纤维/%	0.5	赖氨酸/%	5.83～6.29	谷氨酸/%	9.60
粗脂肪/%	0.5～1.5	苏氨酸/%	4～4.94	脯氨酸/%	2.22
粗灰分/%	9.8～13.5	蛋氨酸/%	0.70～0.82	丝氨酸/%	4.11
钙/%	0.1	色氨酸/%	2.85	甘氨酸/%	2.37
磷/%	1.3	胱氨酸/%	0.83	天冬氨酸/%	6.38
钠/%	1.25	亮氨酸/%	6.83～6.86	丙氨酸/%	3.13
氯/%	0.35	异亮氨酸/%	1.92～2.73		

注：Schmidt 等，2003 实际测定值。

由于血浆蛋白粉的价格高，血源紧张，因此产品质量变异较大，甚至有掺假的，因此有必要介绍血浆蛋白粉的质量鉴别方法(引自 http://www.ixumu.com/thread-4393-1-1.html)：①真正 SDPP 是纯血浆喷雾干燥而成，100%可溶于水，蛋白质含量只有 68%～70%，所以不符合上述指标的往往不纯，常见的是添加大豆分离蛋白，使血浆总蛋白含量升高，可是水溶性变差。②许多厂家没法把血浆和血球彻底分离开，因此，表现血浆蛋白粉的颜色微红，由于血球混在血浆蛋白粉之中，血浆蛋白粉的蛋白质含量增加，但是其价值大大降低，不过生产厂家的回收率得以提升，因此成本下降。可是使用水溶试验鉴别，其溶液呈现红色，并且有不溶于水的物质存在。③个别厂家添加非蛋白氮，不能用常规的非蛋白氮检测方法区分，要分析总氨基酸含量来鉴别。④进口的血浆蛋白粉，其蛋白质含量达到78%～80%，是在血浆蛋白粉的基础上，进一步把其中的粗灰分降低，从而提高了蛋白质含量，那需要逆渗透处理等特殊工艺，去掉粗灰分，因而回收率更低，相对价值更高，可以高价出售。⑤请注意，有个别厂家的产品，颜色非常漂亮，蛋白质含量比较高，是造假的产品，水溶性不好的，溶液不透明。

喷雾干燥血粉(SDBM)有 SDPP 的优点，促进仔猪食欲和生长。但是 SDBM 缺乏异亮氨酸和蛋氨酸(表 5.16)，所以使用时不要超过 2%。

表 5.16　血球粉与血粉化学测定值的差异　　%

名称	国产血球粉Ⅰ	国产血球粉Ⅱ	进口血球粉	样品 A 喷雾干燥血粉	样品 B 喷雾干燥血粉	牛血球粉
天门冬氨酸 ASP	10.35	10.53	9.16	10.06	10.59	9.29
苏氨酸 THR	3.00	3.13	4.32	2.76	2.67	4.05
丝氨酸 SER	3.95	4.08	4.45	3.56	3.67	4.28
谷氨酸 GLU	8.04	8.61	7.76	7.91	7.94	7.75
甘氨酸 GLY	4.39	4.31	3.78	4.19	4.10	4.02
丙氨酸 ALA	7.87	7.34	7.84	7.1	6.89	8.13
缬氨酸 VAL	8.33	7.65	7.2	7.06	7.11	8.04
蛋氨酸 MET	0.93	0.96	1.56	0.78	0.98	1.32
异亮氨酸 ILE	0.00	0.69	0.31	0.53	0.70	0.00
亮氨酸 LEU	12.87	11.81	11.57	11.4	11.0	12.58
酪氨酸 TRY	2.12	2.24	2.41	1.87	1.79	2.34
苯丙氨酸 PHE	6.49	5.98	6.77	5.54	5.61	6.97
赖氨酸 LYS	8.07	7.83	8.24	7.16	7.20	8.49
组氨酸 HIS	7.04	6.55	5.92	6.08	6.04	6.51

续表 5.16

名称	国产血球粉Ⅰ	国产血球粉Ⅱ	进口血球粉	样品 A 喷雾干燥血粉	样品 B 喷雾干燥血粉	牛血球粉
精氨酸 ARG	3.59	4.22	3.72	3.73	3.70	3.32
脯氨酸 PRO	2.42	3.00	2.94	2.68	2.70	2.49
氨基酸总和	88.93	88.93	87.95	82.41	82.69	89.60
粗蛋白	94.26	92.76	91.95	86.1	87.65	91.45
水分	3.71	4.64	5.60		5.86	
粗灰分	3.89	4.04	4.36		5.69	
胃蛋白酶消化率	98.55	98.45	98.51	97.82	97.81	98.55

注:引自邓莹莹.喷雾干燥破膜血球蛋白粉的营养价值及其在断奶仔猪日粮中的应用研究[D].四川农业大学,2007。

乳制品等优质动物性蛋白在断奶后仔猪的日粮组成中必不可少,但随年龄增长消化系统成熟,仔猪对乳制品利用效率降低,动物性蛋白源与植物性蛋白源消化力之间的差别消失。所以应逐渐减少动物性蛋白质用量,适当增加植物性蛋白质用量,最好在开食料中就加入大豆制品,不仅降低成本,重要的是仔猪逐渐适应植物性蛋白。高蛋白的乳清蛋白粉(含 CP78%)可以在日粮中用3%～7%,代替 SDPP 效果良好。

鱼溶浆蛋白(腥肽)粉是由新鲜鱼类在制作鱼粉的过程中压榨出的鱼溶浆液,经浓缩、酶解、喷雾干燥而成。其特点是富含活性低分子肽(小肽)、牛磺酸、核苷酸、游离氨基酸、高不饱和脂肪酸、甜菜碱、矿物元素、维生素 A、维生素 B_{12}、未知生长因子等。具有很强的诱食作用,可显著提高仔猪采食量;促进生长,提高仔猪生产性能;增强免疫机能和抗应激能力,减少腹泻率。梁树华等(2000)研究表明,用鱼溶浆复合蛋白替代鱼粉饲喂断乳仔猪,仔猪采食量和生长性能显著提高,腹泻率降低。陈一兵等(2004)研究表明:在 28 日龄断奶仔猪日粮中添加 0.5%鱼溶浆蛋白(腥肽),

与对照组相比日增重增加 8.33%，采食量增加 9.09%，差异极显著。鱼溶浆蛋白(腥肽)含干物质 94.07%，总能 17.06 MJ/kg，粗脂肪 2.91%，无氮浸出物 2.91%，盐 3.68%，粗蛋白质≥50%，赖氨酸≥2.5%，蛋氨酸≥0.5%，胱氨酸≥0.4%，缬氨酸≥2.3%，苏氨酸≥2.0%，异亮氨酸≥1.3%，谷氨酸≥8.0%，丙氨酸≥5.0%，牛磺酸≥3.5%，粗灰分≤12%，钙 2.67%，磷 1.12%。鱼溶浆蛋白主要适用于教槽料和高档乳猪料，添加量为 0.5%～1%。

喷雾干燥鸡蛋粉(表 5.17)是采用巴氏消毒未受精鸡蛋经喷雾干燥而成，既保持了原有的营养成分，又起到杀菌消毒的作用，不含其他任何添加物，均质化程度高。试验表明，喷雾干燥鸡蛋粉能成功替代乳猪料中的血浆蛋白粉和奶类产品，产生良好效果。喷雾干燥鸡蛋粉价格低，与血浆蛋白粉相比，等比例添加的情况下，可大大节省成本。喷雾干燥鸡蛋粉富含免疫球蛋白(IgY)，约为 3%。研究表明，在早期断奶仔猪日粮中，喷雾干燥鸡蛋粉可在保育仔猪和其他幼畜的胃和小肠中提供稳定的免疫球蛋白，鸡蛋卵黄中的 IgY 可用作廉价而有效的被动免疫抗体的来源。根据美国普渡大学动物科学研究中心的研究结果表明，喷雾干燥鸡蛋粉和纯乳糖联合使用，能产生良好的叠加效果。尤其是，鸡与猪非同源物种，仔猪食用鸡蛋粉比食用其他哺乳动物血液制品应该更加安全。

表 5.17　喷雾干燥鸡蛋粉的营养成分　　%

营养成分	比例	营养成分	比例	营养成分	比例
粗蛋白质	48	色氨酸	0.74	苯丙氨酸	3.536
赖氨酸	3.72～4.593	精氨酸	3.939	缬氨酸	3.620
蛋氨酸	1.67～2.192	组氨酸	1.386	脂肪	30
胱氨酸	1.12	异亮氨酸	2.617		
苏氨酸	2.23～3.398	亮氨酸	4.984		

注：Schmidt 等，2003 实际测定值。

猪肠膜蛋白粉(DPS)主要原料组成是猪肠黏膜水解蛋白，其来源是利用猪小肠黏膜在萃取肝素后经特殊酶处理浓缩加工的产品，干燥过程中常用大豆皮作载体。其特点是除含有丰富的氨基酸外，还含有大量的寡肽，寡肽的吸收速度更快，效率更高，有缓解应激之功效。可代替血浆蛋白粉，从而降低配方成本。研究表明在仔猪日粮中添加 DPS，其日采食量、日增重及饲料效率均显著优于乳清粉。在仔猪日粮中联合使用 DPS 与 SDPP 明显好于单独添加 DPS 或血浆蛋白，当添加 2.5%DPS 与 2.5%SDPP 时，仔猪采食量明显增加，腹泻率降低。Zimmerman(1996)研究表明，肠膜蛋白粉与血浆蛋白粉并用后仔猪的生长速度优于对照组及血浆蛋白粉组。但猪肠膜蛋白粉的成本只有血浆蛋白粉的 1/6，能替代一半的血浆蛋白粉。目前猪肠膜蛋白粉有 DPS40 和 DPS50 两种，含粗蛋白 40%～49%，脂肪 6.0%～7.5%，赖氨酸 2.7%～3.1%，消化能≥16.3～16.7 MJ/kg，代谢能 3.675 Mcal/kg(表 5.18)。其推销理论是“吃啥补啥”，正好迎合了仔猪肠道营养，但是详细报道其最佳用法的不多。

鸡尸体粉、肉骨粉等难消化。

植物性蛋白原料，豆粕含有抗原性物质，易损伤小肠绒毛，引起腹泻，应控制豆粕用量，笔者一般加 18%以下。膨化大豆是大豆经高温短时熟化的产品，膨化提高了大豆养分的消化率，同时，也使大部分易引起乳猪腹泻的大豆抗原灭活，膨化大豆既可提供蛋白质，又可提供脂肪。豆粕中可能存在的有毒有害物质较多，但研究证明胰蛋白酶抑制因子等加热时被破坏的程度基本与脲酶同步，因此一般只检验脲酶。

重要的是，在仔猪补饲日粮中，添加少量大豆制品有利于胃肠道成熟及对植物性蛋白耐受性的形成，能提高仔猪对断奶后增加的植物性蛋白的适应性，否则，在早期断奶仔猪，即使断奶后再用豆粕，仍然会有过敏反应，所以哺乳仔猪日粮中添加豆粕是必须的。

表 5.18 猪肠膜蛋白组成成分

成分保证分析值	DPS	氨基酸分析	DPS/%
粗蛋白质/(≥%)	49.00	赖氨酸	3.10
粗脂肪/(≥%)	5.00	蛋氨酸	0.90
水分/(≤%)	5.00	胱氨酸	0.85
		苏氨酸	2.00
一般分析值	DPS	色氨酸	0.35
消化能/(kcal/kg)	4 002	天冬氨酸	4.00
代谢能/(kcal/kg)	3 660	亮氨酸	3.40
钙/%	0.05	脯氨酸	2.40
钾/%	1.00	甘氨酸	3.40
氯/%	1.00	精氨酸	2.30
铁/(mg/kg)	150.00	苯丙氨酸	1.80
粗灰分/%	27.00	异亮氨酸	1.80
粗纤维/%	1.80	谷氨酸	6.00
磷/%	1.40	缬氨酸	2.40
钠/%	8.00	组氨酸	1.00

注:引自贾晓燕,程文虹.肠膜蛋白粉的营养特性及在养猪生产中的应用.饲料研究,2006,8:39-41。

用一定比例的新鲜花生饼,可提高适口性,降低抗营养因子,尤其是可以补充母乳缺乏的精氨酸。花生粕质量差异非常大,特别是二次花生粕,原因是饼的质量(毛饼)、存放时间;建议使用一次花生粕,感官非常重要(颜色气味、口感),灰分<8%,氨基酸总和大于粗蛋白的90%,黄曲霉要严格控制。小麦蛋白、大米蛋白、土豆蛋白、豌豆蛋白、蚕豆蛋白这类蛋白质原料,氨基酸组成较为平衡,而且抗营养因子较少,消化率也比较理想,但是市场供应量

不足，货源不稳定。

小麦水解蛋白是从小麦蛋白水解物中分离出的一种高消化率水溶性小麦蛋白产品，为浅黄色精制粉末，其特点是含谷氨酰胺高达 30%（表 5.19）。农业部饲料工业中心（2001）研究表明，小麦水解蛋白替代早期断奶仔猪日粮中 4%～8%血浆蛋白粉（SDPP）显著提高了生长性能，降低仔猪腹泻率。

表 5.19　小麦水解蛋白的组成成分　%

粗蛋白	82.0	消化能	4 405	色氨酸	0.64
粗纤维	0.2	蛋氨酸	4 714	谷氨酰胺	30.0
粗脂肪	6.0	赖氨酸	1.37	钙	0.5
粗灰分	1.0	胱氨酸	1.32	磷	1.2
代谢能	4 405	苏氨酸	1.69	铁/(mg/kg)	50

断奶仔猪饲喂人工合成的谷氨酸盐，可改善小肠消化道形态（小肠绒毛结构），改善免疫应答，改善饲料转化率 25%。

豆粕含有很多的抗营养因子，例如大豆抗原、尿酶、胰蛋白酶抑制因子（TI）、大豆凝集素（SBA）、非淀粉多糖（NSP）、植酸、酚类化合物胃肠胀气因子等。发酵豆粕指利用有益微生物发酵低值豆粕，去除多种抗营养因子，同时产生微生物蛋白质，丰富并平衡豆粕中的蛋白质营养水平，最终改善豆粕的营养品质，提高饲料效率。发酵豆粕含益生菌、酶制剂、肽等功能成分。

生物发酵法处理生豆粕，相对物理、化学、作物育种等方法具有成本低、无化学残留，应用较安全；对饲料营养成分的影响较小，且能使营养物质更易被动物吸收等优点。是目前减少抗营养因子的影响，提高豆粕蛋白质的消化利用率的有效方法。发酵豆粕已成为豆粕开发生产的热点。

发酵豆粕是植物蛋白源同微生态技术的完美结合，发酵后降低抗原蛋白水平，消化吸收率高，适口性好，含有益生菌和蛋白酶等活性成分，可降低仔猪能量消耗，提高营养物质的消化利用率（表5.20）。发酵后粗蛋白含量有所提高，改善了氨基酸组成。理论上，发酵豆粕可以在仔猪饲料中大量使用，这与豆粕有本质不同。不过发酵豆粕价格高，质量不稳，实践中用量一般控制在5%～10%。

表5.20　发酵豆粕的营养组成

指标	含量	指标	含量
粗蛋白	≥50%	铁	168.8 mg/kg
粗灰分	≤7.0%	锌	213.4 mg/kg
粗纤维	≤5.0%	锰	21.8 mg/kg
粗脂肪	≤6.0%	丙氨酸	2.28%
无氮浸出物	≤27.9%	组氨酸	1.31%
水分	≤10%	色氨酸	0.57%
猪消化能(DE)	3 985 kcal/kg	胱氨酸	0.47%
猪代谢能(ME)	3 600 kcal/kg	天门冬氨酸	5.52%
猪净能(NE)	2 310 kcal/kg	苏氨酸	2.12%
禽代谢能(ME)	2 575 kcal/kg	异亮氨酸	2.21%
肉牛消化能(DE)	3 520 kcal/kg	缬氨酸	2.35%
奶牛净能(NE)	1 090 kcal/kg	亮氨酸	3.79%
羊消化能(DE)	3 520 kcal/kg	蛋氨酸	0.69%
总能	≥4 350 kcal/kg	丝氨酸	2.47%
钙	0.53%	精氨酸	3.49%
总磷	8.78 g/kg	谷氨酸	9.85%
有效磷	7.42 g/kg	苯丙氨酸	2.42%
钾	22 000 mg/kg	脯氨酸	2.06%
镁	5 094.7 mg/kg	甘氨酸	2.16%
铜	16.2 mg/kg	赖氨酸	3.08%
钠	242.2 mg/kg	蛋氨酸+胱氨酸	1.46%

大豆浓缩蛋白(表 5.21)是大豆经去皮、脱脂等工艺加工而成,其特点是去除了大豆中多种抗营养因子:胰蛋白酶抑制剂、凝集素、多种抗原、寡糖、皂素;清除了可溶性糖分从而减少了抗营养因子的危害;提高了可消化蛋白质含量;乙醇浸提适当加热处理从而降低了美拉德反应对氨基酸可消化利用性的影响。

表 5.21　大豆浓缩蛋白的营养指标

主要成分	%		
粗蛋白质	65	猪消化能	4 100 kcal/kg
水分	8	猪代谢能	3 500 kcal/kg
粗脂肪	1	禽代谢能	2 900 kcal/kg
粗纤维	4		
灰分	6		
无氮浸出物:			
可溶性	1		
不可溶性	15		

氨基酸	(%)	g/100 g 蛋白	矿物盐	含量(mg/100 g)
赖氨酸	4.23	6.51	钙	350
蛋氨酸	0.91	1.40	磷	800
蛋氨酸+胱氨酸	1.89	2.91	有效磷	240
苏氨酸	2.73	4.20	钾	2 200
色氨酸	0.78	1.20	钠	11
异亮氨酸	3.19	4.91	镁	335
亮氨酸	5.20	7.80	氯	100
精氨酸	4.94	7.60	铁	15
苯丙氨酸	3.45	5.31	锌	3.5
缬氨酸	3.38	5.20	铜	0.001 2
组氨酸	1.82	2.80	重金属	<0.2

抗营养素含量			
抗原活性:		抗胰蛋白酶素	3 mg
大豆球蛋白	10 mg/kg	多种凝激素	<1 μL/L
β-聚合大豆球蛋白	5 mg/kg	皂素	0

大豆浓缩蛋白的营养特性和使用效果见表 5.22 和表 5.23。

表 5.22 大豆浓缩蛋白氨基酸的回肠消化率(NRC1998) %

氨基酸	表观消化率	真消化率
赖氨酸	93	95
苏氨酸	90	94
色氨酸	89	93
蛋氨酸	91	94
胱氨酸	90	94
异亮氨酸	93	95
缬氨酸	91	94
组氨酸	95	97

表 5.23 大豆浓缩蛋白对断奶仔猪的影响

指标	21 日龄断奶		28 日龄断奶	
	脱脂奶粉+乳清粉	大豆浓缩蛋白+乳清粉	脱脂奶粉+乳清粉	大豆浓缩蛋白+乳清粉
始重/kg	6.7	6.7	6.3	6.4
日增重/g	388	400	449	443
日采食量/g	691	600	799	740
饲料/增重	1.78	1.5	1.78	1.67

注:Herzog Moller 等,1998。

§4.3 注意限制植物蛋白的用量

日粮抗原含量与黏膜受损程度呈正相关。蛋白质来源不同,引起过敏反应和致病性大肠杆菌增殖的程度也不同,所以蛋白质品质与蛋白来源影响仔猪饲料蛋白质的适宜水平。我国猪日粮一般以玉米、豆粕为主,解决豆粕抗原性的方法,一是通过豆粕发酵或膨化加工来部分降低蛋白中的抗原成分；二是限制大豆产品的用量，笔者推荐在哺乳仔猪日粮中大豆产品的用量例如豆粕在10％～18％为宜，然后通过添加抗营养因子少、氨基酸平衡性好、消化利用率好的动物性蛋白原料来满足仔猪的蛋白质需要，例如鱼粉、乳清粉、血浆蛋白、血球蛋白等。一般不用难消化的菜粕、棉粕、DDGS。

参考文献

[1] 邓莹莹. 喷雾干燥破膜血球蛋白粉的营养价值及其在断奶仔猪日粮中的应用研究[D]. 四川农业大学学位论文，2007.
[2] 冯占雨. 发酵豆粕替代鱼粉对断奶仔猪生产和健康的影响. 养猪，2010(5)：17－19.
[3] 贾晓燕，程文虹. 肠膜蛋白粉的营养特性及在养猪生产中的应用. 饲料研究，2006，8：39－41.

第6章　仔猪常用饲料添加剂

为满足动物营养需要，平衡日粮，需在饲料中添加原来含量不足或原来不含的营养性和非营养饲料添加剂，如合成氨基酸、维生素、微量元素、抗菌素、抗氧化剂、防霉剂、驱虫保健剂等，以提高饲料效率，促生长，防病，减少贮藏期间营养物质损失或改进动物产品品质。

饲料营养物质在仔猪机体内的代谢，不仅与饲粮营养特性有关，而且还受一些营养和非营养代谢调节剂的影响，这些营养调控物质的合理配伍使用，会改善体内代谢机能，提高营养物质的利用效率和仔猪生长性能，这就是添加剂的作用。

近年来饲料添加剂的创新，第一是围绕抗生素禁用后的替代品：一类是调节肠道菌群的产品，研究较多的是酸化剂、益生素/益生元/竞争性菌群混合物、植物提取物和卵黄抗体；另一类是增加营养供应的产品，包括酶制剂和香味剂/甜味剂。第二是“缝隙市场”，即生产绿色有机食品用的饲料添加剂。第三是现有饲料添加剂创新：一是研制新型产品，如高效蛋白酶和耐高温植酸酶等；另一是老产品的技术改进，如双层包被维生素 A；还有就是应用创新，如合成氨基酸与环境的联系，酶制剂应用与底物的联系等。

第1节　营养性添加剂

营养性添加剂主要是指为满足动物营养需要，平衡日粮，在饲料中添加原来含量不足或原来不含的饲料添加剂，如合成氨基酸、维生素、微量元素等。

§1.1　氨基酸

使用氨基酸饲料添加剂来平衡日粮中各氨基酸比例，可节省蛋白质饲料，降低成本，提高饲料利用率。添加必需氨基酸，达到营养平衡，蛋白质水平可比饲养标准下降 2～4 个百分点。应用较多的是蛋氨酸、赖氨酸、苏氨酸、谷氨酸钠和色氨酸。市售氨基酸有的不是纯氨基酸，例如味精，实践中要注意其有效含量或效价。

(1)蛋氨酸分子式 $C_5H_{11}NO_2S$，相对分子质量 149.21。饲料级产品纯度 99.5%，含氮 9.4%，即含粗蛋白质58.431 2%，代谢能为 23.6 MJ/kg。蛋氨酸的添加量超需要量 10 倍时抑制动物生长。

工业合成的 *DL*-蛋氨酸羟基类似物(MHA)实际上为一种有机酸，外观为浅褐色至深褐色液体，带有硫化物的特殊气味，完全溶于水，pH 值 1～2，Alimet 含 65%单体、20%二聚体、3%三聚体及 12%水分，二聚体和三聚体主要是因羟基和羧基间的脂化作用而形成，能通过可逆的水解作用转变为单体。MHA 的效价报道结果不一致，见表 6.1。

表 6.1　用生长猪评价的 MHA 相对于 *DL*-蛋氨酸的生物学效价

阶段	指标	分析方法	生物效价/%	资料来源
21～49 d	生产性能、PUN	t 检验	ND	Reifsny，1984
21～56 d	增重、料肉比	方差分析	ND	Stockland，1992
20～49 kg	增重、料肉比	多重比较	ND	Huygheb，1998
14～35 d	生产性能	多元回归	65	Knight，1998
11.5 kg	氮沉积	指数回归	62	Mosenthin，2000
生长猪*	氮沉积	指数回归	62	Zimmermann，2005
生长猪*	ADG、料肉比	指数回归	65	Zimmermann，2005

注：* 为等重量基础，其余未注明的为等摩尔基础；ND 为无显著差异。

液体羟基蛋氨酸有"旧味"，动物需要一段时间适应，但后期试验似乎证明液体蛋氨酸对动物采食量影响并不大，机体生产性能也表现出较理想的结果，这可能是因为动物对液体蛋氨酸的适应较快且随着消化道酶系的逐渐成熟完善，动物体已能吸收利用液体蛋氨酸。

蛋氨酸羟基类似物钙盐（MHA-Ga）为 HMB 的固体钙盐形式，是由液体蛋氨酸羟基类似物与氢氧化钙合成，其外观呈浅褐色粉末或颗粒，有硫化物特殊气味，能溶于水，效价为蛋氨酸的 40%～100%之间。

（2）饲料级赖氨酸多为 *L* - 赖氨酸盐酸盐（$C_6H_{14}N_2O_2 \cdot HCl$），相对分子质量 182.65，粗蛋白 28/182.65 × 6.25 = 95.81%，再乘纯度 98.5%等于 94.37%，纯度为 99.5%的赖氨酸盐酸盐（DM=99.5%）CP 95.4%，DE 20.0 MJ/kg。商品为白色至淡褐色粉末，有特殊口味，属碱性。本品较稳定，温度高时易结块，吸湿性强；*L* - 赖氨酸盐酸盐活性仅为 *L* - 赖氨酸的 78.8%，市售 *L* - 赖氨酸盐酸盐添加剂纯度在98.5%以上，所以含 *L* - 赖氨酸 78.0%左右。*L* - 赖氨酸盐酸盐添加剂的含氮量一般为 15.3%，粗蛋白质等价为 95.8%。在预混料和配合饲料中均稳定性良好。

L - 赖氨酸硫酸盐（$[C_6H_{14}N_2O_2]_2 \cdot H_2SO_4$）相对分子质量 390.2，白色或近白色自由流动性结晶性粉末，几乎无臭。263～264℃熔化并分解，湿度 60%以下稳定，60%以上生成二水合物。与维生素 C 和维生素 K_3 共存时易着色。碱性条件或直接与还原糖共存时加热分解。易溶于水（40 g/mL，35℃），水溶液呈中性至微酸性。市售饲料级 *L* - 赖氨酸硫酸盐纯度 65%的粗蛋白含量为 56/390.2×6.25×65%=58.30%，淡黄色颗粒，*L* - 赖氨酸含量≥51%，含其他氨基酸≥10%，硫酸盐（以 SO_4^{2-}）≤15%，干燥失重≤3.0%，灼烧残渣≤4.0%，含铵盐（以 NH_4^+）≤1.0%，粒度＞1.5 mm。

液体赖氨酸生产成本低，但是液体使用不方便，贮运困难。

(3)*L*-苏氨酸 $CH_3CH(OH)CH(NH_2)COOH$ 或 $C_4H_9NO_3$，相对分子质量119.12，含粗蛋白质73.4553%。外观黄白结晶状粉末，无臭，味微甜。253℃熔化并分解。高温下溶于水，25℃溶解度为20.5 g/100 mL。不溶于乙醇、乙醚和氯仿。饲料级为*L*-苏氨酸，纯度95%～98.5%(min)，含粗蛋白质69.7826%～72.3535%。pH值5.0～6.5。

(4)饲料级色氨酸添加剂有*L*-色氨酸和*DL*-色氨酸两种，一般是*DL*-色氨酸，按干燥品计算，含 $C_{11}H_{12}N_2O_2$ 不得少于98.5%，含粗蛋白质42.25%。

(5)精氨酸。湖南印遇龙等以味精为原料，合成出精氨酸生素，价格仅为精氨酸的1/10。精氨酸生素与猪体内的精氨酸分解酶结合生成精氨酸，据报道可增加母猪产仔数10%～30%，同时提高仔猪初生重；能促进仔猪肠道和血管发育，日增重提高30%～40%。厂家推荐用量500 g/kg。

(6)半胱胺盐酸盐属激素调控类促生长添加剂。做饲料添加剂的是半胱胺盐酸盐微囊，含半胱胺盐酸盐50%或35%或5%不等。含半胱胺盐酸盐50%的每吨饲料中添加量(g)：乳猪100～125，仔猪100～150。

§1.2 微量元素

在饲料内添加微量元素添加剂时，不仅要考虑各元素的需要量及各元素的协同和颉颃作用，还要考查各地区元素分布特点和所用饲料中各元素的含量。习惯上均按饲养标准中的需要量添加，而把基础日粮中的含量作为“安全余量”。

原料选择要注意：第一，微量元素化合物中该元素含量；第二，化合物中该元素的可利用性；第三，用作微量元素化合物的规格要求，主要是有害杂质含量以及细度。最好使用硫酸盐作微量元素添加剂原料，因为硫酸盐可使蛋氨酸增效，而蛋氨酸价钱贵。微量元素添加剂的载体应选择不能和矿物质元素起化学作用，并且性质较稳定、不易变质的物质，如石粉（或碳酸钙）等。

添加剂颗粒大小直接影响其在配合饲料中的分布，颗粒越大需要添加的量越大（表 6.2）。

表 6.2　微量成分添加量和颗粒大小关系

每吨饲料微量成分添加量/g	最大粒径/mm	通过美国标准筛/目	粒子总数/粒
10 mg	5		1.02×15^{12}
100 mg	20		1.19×10^{11}
1	45	325	1.39×10^{7}
10	100	140	1.27×10^{7}
50	170	80	1.30×10^{7}
227	270	50	1.46×10^{7}
908	440	40	1.35×10^{7}
4 540	725	25	1.50×10^{7}

避免在较热和湿度大的空气中保存。要把预混料存放在带塑料薄膜的袋中，可减弱从空气中吸潮。在预混料添加抗氧化剂或碳酸盐来减少这些反应，贮存期还能适当延长。

表 6.3 和表 6.4 介绍了一些常见矿物质原料的生物学特性和使用方法。

微量元素间存在着协同作用和颉颃作用。例如大量的钙影响锌和锰的吸收，锌、铜、锰都影响铁吸收，锌、铜之间又相互颉颃。

表 6.3　常用微量元素添加剂原料的元素含量和生物学效率

化合物	化学式	元素含量/%	相对利用率
1 水硫酸亚铁	$FeSO_4 \cdot H_2O$	Fe=32.9	100
7 水硫酸亚铁	$FeSO_4 \cdot 7H_2O$	Fe=20.1	100
碳酸亚铁	$FeCO_3 \cdot H_2O$	Fe=41.7	2
氯化亚铁	$FeCl_2 \cdot 4H_2O$	Fe=28.1	98
氯化铁	$FeCl_3 \cdot 6H_2O$	Fe=20.7	44
碱式氯化铜	$Cu_2(OH)_3Cl$	Cu=58	105～130
硫酸铜	$CuSO_4 \cdot 5H_2O$	Cu=25.5	100
氧化铜	CuO	Cu=79.9	80
硫酸锰	$MnSO_4 \cdot H_2O$	Mn=31.8	100
5 水硫酸锰	$MnSO_4 \cdot 5H_2O$	Mn=22.8	100
碳酸锰	$MnCO_3$	Mn=47.8	70
氧化锰	MnO	Mn=77.4	96
氯化锰	$MnCl_2 \cdot 4H_2O$	Mn=27.8	116
碳酸锌	$ZnCO_3$	Zn=52.1	100
硫酸锌	$ZnSO_4 \cdot 7H_2O$	Zn=22.7	100
碘化钾	KI	I=76.4	100
碘酸钙	$Ca(IO_3)_2$	I=65.1	150
亚硒酸钠	Na_2SeO_3	Se=46.0	100
氯化钴	$CoCl_2 \cdot 6H_2O$	Co=24.78	100
亚硒酸钠	Na_2SeO_3	44.7	100
硒酸钠	$Na_2SeO_4 \cdot 10H_2O$	21.4	89

表 6.4　各种矿物元素间的相互干扰作用及建议饲粮中的比例

元素	干扰元素	影响机能	建议饲粮中的比例
钙	磷	吸收	钙：磷＝2：1
镁	钾	吸收	镁：钾＝0.15：1
磷	钙	吸收	磷：钙＝0.5：1
	铜	排泄	磷：铜＝1 000：1
	钼	排泄	磷：钼≥7 000：1
	锌	吸收	磷：锌＝100：1
钼	铜	吸收与排泄	钼：铜有干扰
铜	钼	吸收与排泄	铜：钼≥4：1
	锌	吸收与排泄	铜：锌＝0.1：1
	硫	吸收与排泄	铜：硫有干扰
锌	钙	吸收	锌：钙≥0.01：1
	铜	吸收	锌：铜＝10：1
	镉	细胞结合	锌：镉有干扰
结论 Ca：P：Zn：Cu＝2 000：1 000：10：1			

微量元素预混料的配方设计，根据不同的预混料其方法、步骤有所差异，但一般需从以下几个方面考虑：①根据使用对象和目的，确定有效成分的种类和添加量。笔者经验，除 Se 以外，大多数微量元素的添加水平至少是 NRC 建议量的 2 倍。②各种微量元素添加剂有害成分含量以及卫生标准必须符合国家标准，预混料中各微量元素的含量不应超过仔猪的最大耐受标准。③选择适宜的原料包括载体和稀释剂，并根据原料的纯度、有效成分的含量，计算出各种添加剂原料的添加量。④根据预混料在日粮中的配比，计算出载体或稀释剂的用量。⑤列出生产配方，要注明加工工艺和注意事项。

【例 1】 哺乳仔猪（3～7 kg 体重）矿物微量元素预混料配方设计。要求在全价日粮中配比为 0.25%。其设计步骤如表 6.5 所示。

表 6.5　哺乳仔猪微量元素预混料配方设计

原料	产地	包装/(kg/件)	商品纯度/%	纯品含量/%	有效含量/%	价格/(元/kg)	执行标准(NRC 1998)	安全系数/%	每吨料实加原料/g
1 水硫酸亚铁	龙蟒	50	91%	33%	30%	1	100	100%	334.0
五水硫酸铜	隆达	25	99%	26%	25%	4.5	6	100%	23.8
1 水硫酸锌	隆达	25	95%	35%	33%	2.5	100	100%	300.8
1 水硫酸锰	隆达	25	98%	32%	31%	2.6	4	100%	12.8
1%氯化钴	隆达	25	1%	24%	0%	3	0.3	100%	123.5
1%碘酸钙	868	25	1%	65%	1%	3	0.14	100%	21.5
1%亚硒酸钠	隆达	25	1%	46%	0%	4	0.32	100%	69.6
麦饭石	宣化	25	100%	100%	100%	0.12	1 614.1	100%	1 614.1
合计									2 500

其他添加剂预混料配方的设计与此原理和方法相同。

§1.3　维生素

生产中常见维生素缺乏，初期并不表现症状，难于诊断。缺乏维生素时抗病力降低、生长发育停滞。脂溶性维生素可在体内蓄积，长期超量时有害，因此设计饲料配方时应根据具体情况调整维生素水平。

(1)设计维生素预混剂应注意的问题。①注意选择使用时的针对性。选择饲料添加剂时应综合考虑使用目的、质量规格、价格和个体因素。②注意合理供给。③注意使用前的预处理。脂溶性维生素添加剂产品在开封后应尽快用完，制粒、膨化冷却后再喷涂在颗粒料表面能减少脂溶性维生素的损失。由于添加剂在配合饲料中占的比例很小，不可能一次搅拌均匀，使用维生素添加剂要事先用少量玉米粉等载体预混，然后逐级扩大混匀。④注意添加剂间的互作。⑤注意保质期。

表 6.6 至表 6.14 总结了影响维生素质量的一些因素，可供参考。

表 6.6　影响维生素稳定性的环境因素

维生素	水分	氧化	还原	微量元素	热	光	最适 pH 范围	特殊逆境因素
维生素 A	(+)	+	−	+	+	+	中性、弱碱性	氯化胆碱
维生素 D_3	(+)	(+)	−	+	+	+	中性、弱碱性	氯化胆碱
维生素 E	−	−	−	(+)	−	−	中性	
维生素 K_3	(+)	−	+	+	+	(+)	中性、弱碱性	氯化胆碱
维生素 B_1	(+)	(+)	+	+	+	−	酸性	维生素 B_2
维生素 B_2	−	−	+	−	−	(+)	弱酸性、中性	维生素 C
维生素 B_6	−	−	+	+	−	(+)	弱酸	
维生素 B_{12}	−	(+)	−	(+)	(+)	(+)	弱酸、弱碱	维生素 C、维生素 B_1

续表 6.6

维生素	水分	氧化	还原	微量元素	热	光	最适 pH 范围	特殊逆境因素
泛酸钙	+	−	(+)	−	(+)	−	弱碱	维生素 B_2、烟酸、维生素 C、氯化胆碱
叶酸	(+)	−	−	(+)	+	+	弱碱	维生素 B_1、维生素 B_2
生物素	−	−	−	−	+	−	弱酸、弱碱	
烟酸	−	−	−	(+)	−	−	弱酸、弱碱	
烟酰胺	+	−	−	−	−	−	中性	维生素 C
氯化胆碱	+	−	−	−	−	−	酸性、中性	
维生素 C	(+)	+	−	+	−	+	酸性、中性	维生素 B_2、烟酰胺
类胡萝卜素	(+)	+	−	+	+	+	中性、弱碱	

注：①敏感；(+)；弱度敏感或同其他因素结合时敏感；−；不敏感。②中性：pH 值 6～7.5；弱碱；pH 值 7～9；弱酸：pH 值 5～7；酸性；pH 值 3～5。③富金华，2009。

表 6.7 水分对维生素添加剂的影响

维生素	试验后果	文献来源
维生素 A	1%预混料贮藏 1 个月，水分为 7%，保存率为 91%，水分为 10%，则保存率为 8%	黄忠，1998
	贮存 3 个月测定保存率，低温低湿为 88%，高温低温为 86%、高温高湿则为 2%	Christian，1983
	含水分 7%预混料储存在 28℃条件下，维生素 A 的月损失率为 59.64%	杨敏，1996
	预混料中水分对维生素 A 有显著影响，高水分组 1%预混料维生素 A 损失率随贮存时间的延长逐渐加快，而 4%预混料高水分组在贮存 2 个月后基本全部损失	孙海霞，2000

续表 6.7

名称	试验后果	文献来源
维生素 E 维生素 C 维生素 B_1 维生素 B_2 烟酸	这些维生素低水分条件下贮存一年后，存留率很高；高水分条件下，维生素 B_1 贮存 21 d 后仅剩 48%，维生素 C 几乎全部损失，3 个月后，维生素 B_2 含量小于 50%	Shaaf，1990
维生素 B_1 维生素 B_6	在湿度较低的条件下很稳定，但当湿度较高的情况下则破坏比较严重	BASF，1991 Young 等，1975

表 6.8　微量元素对部分维生素的影响

维生素	试验结果
维生素 K	预混料中含有铁、锌、锰时，贮藏 3 个月后，损失 80%以上
维生素 B_1	添加无机微量元素的预混料内平均月损失率为 54.61%，有机螯合物则为 35.24%
	含或不含微量元素预混料贮藏 3 个月后，盐酸和硝酸硫胺素存留率分别为 48%、95%
维生素 B_2	预混料中不加矿物质和加矿物质，分别在室温和 43℃下储存 27 周后，损失率分别为 50%、58%和 54%、76%
	肉鸡预混料中含有和不含微量元素贮存 7 个月后，保存率分别为 50%和 46%
	含微量元素预混料 98°F 贮存 3 个月，损失 55%，不含微量元素时则为 24%
烟酸	预混料中不加矿物质和加矿物质，分别在室温和 43℃下储存 27 周后，损失率分别为 4%、9%和 9%、18%
叶酸	肉鸡预混料中含有或不含微量元素贮存 7 个月后，保存率分别为 96%和 91%
	在含有铁、锌、锰时，维生素预混料贮藏 3 个月后，损失 40%以上
	含或不含微量元素预混料贮藏 3 个月后，存留率分别为 100%和 45%
维生素 B_6	预混料中含有铁、锌、锰时，贮藏 3 个月后，损失 20%

(2)单独保存矿物质添加剂或维生素添加剂。

表 6.9　常温下维生素保存时的损失速度

维生素	维生素存留量/%				每月损失/%
	0.5 个月	1 个月	3 个月	6 个月	
维生素 A(微粒胶囊)	92	83	69	43	8～9
维生素 D_3(微粒胶囊)	93	88	78	55	6～7.5
维生素 D_3	95	85	72	50	9.5
维生素 E 醋酸盐	98	96	92	88	2～2.4
维生素 E(醇)	78	59	20	0	40～57
MSBC	85	75	52	32	17～38
MPB	86	76	54	37	15～34
盐酸硫胺	93	86	65	47	11～17
硝酸硫胺	98	97	83	65	5～9.6
维生素 B_2	97	93	88	82	3～8.2
维生素 B_6	95	91	84	76	4～8.8
维生素 B_{12}	98	97	95	92	1.4～2.2
泛酸钙	98	94	90	86	2.4～8.4
叶酸	98	97	83	65	5～12.2
生物素	95	90	82	74	4～8.6
烟酸	93	88	80	72	4.6～8.4
维生素 C	80	64	31	7	30～40
氯化胆碱	99	99	98	97	1～2

注:MSBC 为甲萘醌亚硫酸氢钠复合物;MPB 为亚硫酸二甲嘧啶甲萘醌。

(3)不要过于挤压。在仓库中由于物料的相互挤压,颗粒间结合紧密,会增加相互反应的机会,这也是结块原因之一,越细的颗粒表面越大,所以粉料比粒状饲料内部容易发生化学反应而变硬或结块。

(4)在保存和加工过程中,配合饲料中的维生素会有不同程度的损失。在设计饲料配方时应当注意留出余量。不同保存时间或不同加工方法下,维生素破坏程度不同。

表 6.10 制粒工艺中维生素的存留量 %

制粒条件/(℃/min)	60/3 66/2 71/1 77/0.5	66/3 71/2 77/1 82/0.5	71/3 77/2 82/1 88/0.5	73/3 82/2 88/1 93/0.5	82/3 88/2 93/1 99/0.5	83/3 93/2 99/1 104/0.5	83/3 99/2 104/1 110/0.5	99/3 104/2 110/1 —	104/3 110/2 — —
微胶囊 A	95	94	93	92	90	88	85	82	79
微胶囊 D	97	96	95	94	93	92	91	90	89
维生素 D_3	95	94	92	91	88	86	82	80	77
维生素 E 醋酸盐	99	98	98	97	97	96	96	95	95
维生素 E(醇)	75	70	65	60	54	49	43	30	23
MSBC	80	76	72	70	65	60	56	51	44
MPB	82	78	74	73	68	64	60	57	50
盐酸硫胺	93	91	89	86	82	78	74	68	63
硝酸硫胺	95	94	93	90	89	87	84	80	77
维生素 B_2	95	94	93	91	89	87	84	80	78
维生素 B_6	94	93	92	90	87	85	82	78	75
维生素 B_{12}	99	98	97	97	96	96	95	95	94
泛酸钙	95	94	93	91	89	87	84	80	78
叶酸	95	94	93	90	89	87	84	80	77
生物素	95	94	93	90	89	87	84	80	77
烟酸	96	95	94	91	90	89	86	82	80
维生素 C	75	70	65	60	55	50	45	40	35
氯化胆碱	99	99	98	98	97	97	96	96	95

表 6.11　不同膨化加工温度对维生素稳定性的影响

维生素	91～95℃的损失率/%	116～120℃的损失率/%	136～140℃的损失率/%
维生素 A	90	77	65
维生素 D_3	95	89	84
维生素 E(50%)	95	90	83
维生素 K	70	45	25
维生素 B_1	90	75	55
维生素 B_2	98	93	91
维生素 B_6	93	85	78
维生素 B_{12}	97	92	87
叶酸	93	77	67
生物素	93	77	66
烟酸	92	77	68
泛酸	92	86	79
胆碱	99	97	95

注：摘自 Petfood Technology(5th Version，2003，Page111)。

表 6.12　饲料调制温度对维生素稳定性的影响　　%

维生素	70～110℃的损失率/%	95～145℃的损失率/%	115～165℃的损失率/%
维生素 A	15.3	13.1	15.8
维生素 D	8.3	11.1	10.3
维生素 E(醋酸盐源)	9.3	12.1	14.7
维生素 C	30.8	68.1	87.7
维生素 B_1	19.8	18.2	18.1
维生素 B_2	17.9	18.9	26.1
维生素 B_6	20.2	15.6	21.5
泛酸	17.9	15.5	20.2
叶酸	18.9	26.3	32.2
生物素	18.9	27.1	29.0
烟酸	16.7	24.2	26.1

表 6.13 制粒后贮存时间对维生素活性影响

维生素	不同贮存时间维生素的含量(mg/kg)			
	0 d	30 d	90 d	180 d
维生素 C	112±13[a]	83.0±9.6[a]	48.9±7.6[b]	24.7±1.9[c]
生物素	1.53±0.2	1.50±0.2	1.46±0.2	1.36±0.3
维生素 B_{12}	0.29±0.03	0.27±0.04	0.24±0.04	0.22±0.03
叶酸	4.76±0.4	4.56±0.6	4.26±0.5	3.94±3.8
维生素 K_3	21.8±2.1[a]	18.6±2.7[a]	15.0±2.3[b]	9.17±1.5[c]
烟碱	410±37	403±37	395±35	378±37
泛酸	205±18	194±23	174±23	150±21
维生素 B_6	65.6±5.0[a]	60.6±4.8[a]	52.1±7.2[a]	46.3±5.4[b]
核黄素	33.5±3.3	32.4±2.8	31.9±3.4	29.8±4.0
维生素 B_1	26.2±3.9	25.4±3.7	26.9±2.7	23.1±2.7

注:数据基于 3 次重复实验,同行肩标字母不同表示差异显著。

表 6.14 巴斯夫公司给出的维生素损失参数

巴斯夫维生素损失量	稳定性				
	非常稳定	稳定	中等	稳定性差	极差
	氯化胆碱,B_{12}	B_2,烟酸泛酸	硝酸 B_1,叶酸,B_6,D_3,A	盐酸 B_1	K_3,C
	平均月损失				
维生素预混料	0%	<0.5%	0.5%	1%	2%
多种维生素+胆碱	<0.5%	2%	3%	6%	10%
复合预混料	2%	8%	9%	15%	30%
制粒	3%	8%	11%	16%	50%
挤压膨化	4%	15%	18%	25%	60%

注:摘自(Keeping Current)KC 9138,3rd revised edition,BASF。

需要强调的是，制粒或膨化的控温条件大多数是靠经验，损失率受实际温控条件影响极大，仪表显示制粒温度调制时间相同时，不同企业损失率差异较大。日粮类型对于维生素稳定性影响也很大，不同饲料配方的日粮在加工中损失率差异很大。换句话说，仪表显示未必准确！损失率难于准确估计！解决办法就是使用制粒专用多种维生素。

表 6.15 是 BASF 公司报道的不同状态下的维生素损失率。

表 6.15　维生素平均损失率　%

维生素	在含胆碱和微量元素预混料中（每月平均损失率）	制颗温度（87.8℃）调制时间（0.3 min）平均损失率	在全价饲料中每月平均损失率
维生素 A	8	6	9.5
维生素 D_3	9.5	6	7.5
维生素 E 醋酸纤维包被	2.4	2	2
维生素 K	38	24	17
维生素 B_1	9.6	6	5
维生素 B_2	8.2	6	3
维生素 B_6	8.8	7	4
维生素 B_{12}	2.2	2	1.4
泛酸钙	8.4	6	2.4
叶酸	12.2	6	5
生物素	8.6	6	4.4
烟酸	8.4	5	4.6
维生素 C	40	30	30
胆碱	2	1	1

(5)维生素的添加量。仔猪对维生素的需要量,除考虑营养需要外,还应考虑日粮组成、饲养方式、环境条件、仔猪体质与健康状况、应激情况、饲料中维生素利用率、饲料加工贮藏的损失等。例如接种疫苗、转群和有疫病时,要加大添加量。

表 6.16 介绍了不同维生素形态的当量关系,可供参考。

表 6.16 维生素活性的换算

维生素活性量		等效的维生素盐和异构体的量
1 IU 维生素 A	⇨	0.344 μg 维生素 A 醋酸酯
1 IU 维生素 D_3	⇨	0.025 μg 维生素 D_3
1 g 维生素 E	⇨	1.0 g *DL*-α-生育酚醋酸酯
1 g 维生素 K_3	⇨	2.0 g 亚硫酸钠甲萘醌=MSB
(甲萘醌)		2.3 g 亚硫酸烟酰胺甲萘醌=MNB(K_3 Stab)
1 g 维生素 B_1	⇨	1.088 g 单硝酸硫胺素
(硫胺素)	⇨	1.12 g 盐酸硫胺素
1 g 维生素 B_6(吡哆醇)	⇨	1.215 g 盐酸吡哆醇
1 g *D*-泛酸	⇨	1.087 g *D*-泛酸钙
		2.174 g *DL*-泛酸钙
1 g 生物素	⇨	1.0 g *D*-生物素
1 g 维生素 C	⇨	1 g *L*-抗坏血酸
1 g 胆碱	⇨	1.15 g 氯化胆碱

(6)选用适当载体。维生素稳定性差,容量低,在维生素预混料时,应以保持维生素活性为主要目的,选用粗纤维含量低、容重小、pH 接近中性、化学性质稳定、表面粗糙、水分低(一般低于 9%)的物质作载体,如胶质米糠、次粉、干酵母、细糠粉等。

第 2 节　非营养性添加剂

非营养性添加剂是一种辅助饲料，种类繁多，包括促生长剂、驱虫保健剂、调味剂等。其中促生长剂是最大的一类，有抗生素类、合成抗菌素类、激素类、酶制剂等。此外，还有颗粒黏结剂、吸附剂、防结块剂、防尘剂、防湿剂等。如饲料制粒黏结剂有膨润土和膨润土钠，具有较高的吸水性。

§2.1　酸化剂

日粮中添加酸化剂可增加仔猪胃内酸度，刺激胃消化酶活性，抑制有害菌，促进仔猪生长。在改善断奶仔猪的平均日增重、料肉比、腹泻率等生产技术指标方面，益生素和酸化剂配伍使用比益生素、酸化剂单独添加的效果好，有协同作用。

不同酸的电离常数不同。如柠檬酸、乳酸、甲酸和延胡索酸的电离常数（K）分别为 7.4×10^{-4}、1.4×10^{-4}、1.77×10^{-4} 和 3.6×10^{-5}。K 值大小是酸性强弱的标志。因此，从理论上讲，酸处理无疑能降低饲粮 pH 值，降低程度与用酸量有关。

目前应用的有机酸主要有柠檬酸、延胡索酸、乳酸、苹果酸、戊酮酸、山梨酸、甲酸、乙酸和二甲酸钾等，无机酸化剂包括酸盐、硫酸、磷酸等；复合酸化剂是利用几种特定的有机酸和无机酸复合而成，能迅速降低肠道 pH 值，保持良好的缓冲值和生物性能。目前公认的有正效果的酸化剂种类主要有柠檬酸、延胡索酸、磷酸和甲酸钙。而丙酸、丁酸、苹果酸、盐酸和硫酸多无效或作用不明显或有害。表 6.17 介绍了有机酸的一般添加量。

笔者经验，有机酸化剂与碳酸氢钠可能具有协同作用。

表 6.17 单一有机酸的最佳添加量

种类	每吨饲料最佳添加量/kg	分子质量/(g/mol)
甲酸	6～8	46
丙酸	8～10	74
富马酸	12～15	116
柠檬酸	20～25	190

资料来源:Eidelsburger,1997。

不同酸化剂理化特性和生物学特性不同、作用效果也不同。如延胡索酸对葡萄球菌、链球菌、大肠杆菌等有很强的灭活性,对乳酸菌无抑制作用;甲酸、丙酸对沙门氏菌、真菌、梭状芽孢菌、芽孢杆菌属及革兰氏阳性菌等有较强的抑制作用;山梨酸能有效抑制酵母及霉菌生长、而对有益微生物生长都无妨。

甲酸钙是一种含甲酸的钙盐,含钙 31%,含甲酸 69%,中性 pH 值,并且水分含量低,可用作酸碱缓冲剂替代有机酸。甲酸钙属中性盐,并不直接对饲料起酸化作用,但它是种缓冲剂,能防止仔猪采食后,胃 pH 值大幅度上升和降低饲料酸结合力。将甲酸钙混合到添加剂预混料中不会造成维生素损失,且在胃酸作用下可分离出游离的甲酸,降低胃 pH 值。甲酸钙熔点高,在 400℃以上时才能分解,在制粒过程中不会受到破坏。甲酸钙的作用主要通过其在胃环境中分解出甲酸实现的。

有机酸和甲酸钙的效果在仔猪断奶后的头 2 周效果最佳,以后效果很小或无效(潘穗华等,1992)。据 Schufie 等(1986)和潘穗华等(1992)报道,使用 1%～1.5%甲酸钙可提高早期断奶仔猪生产性能。有机酸或甲酸钙与高铜、酶制剂、碳酸氢钠同时使用有累加效果,比单独使用其中任何一种效果都好。

柠檬酸有无水物和 1 水合物两种。无色半透明结晶或白色颗粒,或白色结晶性粉末,有柠檬酸味。在水中溶解度很高,能被生物体直接吸收并进入三羧循环参与代谢。可对饲料起酸化作用,使胃内容物 pH 值降低。柠檬酸对减少胃、结肠、直肠里的大肠杆菌非常有效,但作用效果不稳定,易吸湿结块,对细菌起抑制作用的区系窄,价格高,通常不单独作饲料酸化剂用。

延胡索酸也称富马酸,为白色结晶粉末,有特异酸味,微溶于水。是三羧酸循环一种必需物质,在应激和危急状态下用于 ATP 的紧急合成。延胡索酸有广谱杀菌和抑菌活性,在饲料中加 0.2%～0.4%的延胡索酸,可杀死葡萄球菌和链球菌;0.4%可杀死大肠杆菌;2%以上浓度对产毒真菌有杀灭和抑制作用。

乳酸为无色或浅黄色黏稠液体,能与水、醇、甘油混溶,微溶于乙醚,不溶于氯仿和二硫化碳。乳酸是糖酵解的最终产物之一,特殊情况下可作能源,含猪净能 2 737 kcal/kg,在复合型酸化剂中作为主成分使用较多。

§2.2 诱食剂

使用诱食剂不要过量,要注意味觉疲劳现象,这是由于过量的调味剂分子与味蕾微绒毛的受体结合,产生过度的电生理刺激,达到刺激阈值。

猪对不同香味剂偏食程度不同,对试验的 96 种香味剂中的 30 种香味剂表现出偏好。其偏好次序从高到低依次为奶酪香型、水果香型、肉香型和甜味。下面的几个表格给出了一些实验结果,见表 6.18 至表 6.20。

表 6.18　不同香味剂对猪的偏好(Mclaughlin et al. ,1983)　　　种

香味剂组别	被测试的香味剂种数	中度和高度偏好（55%～69%）	无偏好（44%～54%）	中度和高度厌恶（28%～43%）
黄油	8	4	4	
奶酪	6	2	3	1
脂肪	4	1	2	1
水果	24	8	12	4
青草	10	4	5	1
肉味	13	5	6	2
霉味	8	1	6	1
甜味	23	5	15	3
总计	96	30	53	13

表 6.19　不同甜味剂与蔗糖的甜感强度(Glaser et al. ,2000)

	甜味剂	对人	对猪
碳水化合物	蔗糖	1.00	1.00
	D-果糖	0.50	0.50
	乳糖	0.33	0.146
	D/*L* 葡萄糖	0.25	0.125
非碳水化合物	阿斯巴甜	155	无反应
	Cyclamate (sodium salt)	17.6	无反应
	NHDC	3 600	无反应
	索马甜	100 000	无反应
	糖精	215	3.34

表 6.20　复合甜味剂对人和猪的相对甜度比较

复合甜味剂	对人的甜度	对猪的甜度
糖精钠＋蔗糖＋盐类物质	3.00	2.12
糖精钠＋*D*-果糖＋盐类物质	1.50	1.50
糖精钠＋乳糖＋盐类物质	2.33	1.246
糖精钠＋*D/L*-葡萄糖＋盐类物质	1.25	1.525
糖精钠＋阿斯巴甜＋盐类物质	315	0.886
糖精钠＋甜蜜素＋盐类物质	66.6	0.68
糖精钠＋新橘皮二氢查尔酮＋盐类物质	8 600	0.73
糖精钠＋纽甜＋盐类物质	13 980	69.49
糖精钠＋阿力甜＋盐类物质	4 700	48.66
糖精钠＋索马甜	230 000	1.16

注：摘自四川农业大学动物营养研究所佳美应用实验基地，2004。

§2.3　抑菌促生长剂

抑菌促生长类添加剂品种很多，有抗生素类，有化学合成抗菌药，还有垂体激素中的生长激素。

(1)抗生素。抗生素以前称抗菌素。某些抗生素除防病外还可刺激动物生长，尤其在卫生条件差的环境中效果更好。根据抗生素所起作用，可分两类，即主要作用于微生物(细菌等)的抗生素，是真正的抗“菌”素，和主要作用于寄生虫的抗生素。

猪用抗生素及合成药物添加剂的种类及功效有如下几方面：①促生长：杆菌肽锌、黄霉素、土霉素、林肯霉素、泰乐菌素、弗吉尼亚霉素、阿散酸、洛克沙胂、卡巴得。②提高饲料效率：上述添加剂中林肯霉素除外。③防猪细菌性肠炎(腹泻)：卡巴得、金霉素、土霉素。④防痢疾（下痢)：阿散酸、卡巴得、林肯霉素、乐克沙胂、弗吉尼亚霉素。⑤防弧菌性痢疾(下痢)：卡巴得、土霉素、泰乐菌素。

⑥防坏死性肠炎(下痢):卡巴得、土霉素。⑦抗应激:金霉素。⑧防萎缩性鼻炎:金霉素、土霉素、泰乐菌素。⑨防肺炎:林肯霉素。

应用抗生素应注意:①要严格按国家发布的《药物饲料添加剂使用规范》使用。②为防止使用一种抗菌药物后肠道细菌产生抗药性,应交替使用抗生素,并注意轮用药物是否有效,选用抗同类菌的几个品种是否有交叉耐药性等。③根据致病菌实际情况,联合使用不同抗菌谱品种,达到抗菌范围广,增强疗效,减少用药量,防止抗药性和减少环境污染的目的,但应注意药物间配伍禁忌。④严格执行所选用品种的使用对象及用量要求。抗生素仅对仔猪有效,对大猪无效,不要浪费药物。⑤屠宰前应严格遵守休药期,使药物残留量减至最低。⑥断奶后仔猪采食量变异很大,并且采食量降低,因此,通过饮水中加药物控制腹泻比在饲料中添加药物效果好,在饮水中添加营养成分和添加剂也是有益的。

(2)化学合成的抗菌药物。作用机制类似于抗生素,也有药物残留和抗药性问题。常见有喹乙醇、呋喃类、磺胺类药、砷制剂和氟哌酸等。

使用方法:广谱抗菌的药物添加剂可单独使用,但一般认为复合使用效果更好。表 6.21 和表 6.22 介绍了一些常用药物饲料添加剂组合和前后生长阶段的药物配伍。

(3)在使用药物添加剂时要注意核算性价比(表 6.23)。药物使用的有效浓度,厂家推荐的常是一个有效使用剂量范围。使用时要考虑如下因素:①现场动物生存环境。主要是卫生状况和温度、湿度状况,也就是现场中细菌繁殖速度和细菌总量问题。环境压力大时抗生素使用浓度要偏高。②动物不同发育阶段(肠道发育状况)和现在饲料使用状况(采食量)。幼龄动物采食量小,胃肠道功能发育不全,往往有较多消化道问题。因此,幼龄动物饲料内抗生素浓度一般会超过后期的 1 倍多,效果才会确实可靠。

表 6.21 猪常用药物饲料添加剂组合

硫酸黏杆菌素 40～100 mg/kg＋泰乐菌素 100～200 mg/kg	硫酸黏杆菌素 100～150 mg/kg＋泰妙菌素 150 mg/kg	盐霉素 40～60 mg/kg＋硫酸黏杆菌素 20～80 mg/kg	金霉素 75～150 mg/kg＋泰乐菌素 100～200 mg/kg	吉他霉素 15～150 mg/kg＋强力霉素 100～200 mg/kg
硫酸黏杆菌素 20～40 mg/kg＋杆菌肽锌 100～200 mg/kg	硫酸黏杆菌素 100 mg/kg＋泰妙菌素 100 mg/kg＋阿莫西林 250 mg/kg	盐霉素 40～60 mg/kg＋泰乐菌素 200 mg/kg＋强力霉素 200 mg/kg	金霉素 75～150 mg/kg＋阿散酸 100～200 mg/kg	吉他霉素 15～150 mg/kg＋喹乙醇 100 mg/kg
硫酸黏杆菌素 20～80 mg/kg＋盐霉素 40～60 mg/kg	盐霉素 40～60 mg/kg＋喹乙醇 50～100 mg/kg	吉他霉素 15～150 mg/kg＋硫酸黏杆菌素 20～80 mg/kg	金霉素 75 mg/kg＋泰妙菌素 150 mg/kg＋阿莫西林 250 mg/kg	吉他霉素 15～150 mg/kg＋阿散酸 100～200 mg/kg
硫酸黏杆菌素 20～80 mg/kg＋维吉尼霉素 20～40 mg/kg	盐霉素 40～60 mg/kg＋洛克沙胂 30～60 mg/kg	氟苯尼考 25～50 mg/kg＋金霉素 75～150 mg/kg	金霉素 150 mg/kg＋泰妙菌素 50 mg/kg＋喹乙醇 100 mg/kg	吉他霉素 15～150 mg/kg＋硝呋烯腙 20～40 mg/kg
硫酸黏杆菌素 20～100 mg/kg＋金霉素 75～150 mg/kg	盐霉素 40～60 mg/kg＋阿散酸 90～200 mg/kg	金霉素 75～150 mg/kg＋黄霉素 5～20 mg/kg	金霉素 150 mg/kg＋泰妙菌素 50 mg/kg＋强力霉素 100 mg/kg	吉他霉素 15～150 mg/kg＋土霉素 100～200 mg/kg
硫酸黏杆菌素 20～80 mg/kg＋吉他霉素 15～150 mg/kg	盐霉素 40～60 mg/kg＋金霉素 75～150 mg/kg	金霉素 150～300 mg/kg＋泰妙菌素 100 mg/kg	金霉素 300 mg/kg＋泰妙菌素 100 mg/kg＋阿莫西林 250 mg/kg	氟苯尼考 50 mg/kg＋磺胺二甲基嘧啶 500 mg/kg＋TMP 1 000 mg/kg

续表 6.21

硫酸黏杆菌素 40～60 mg/kg＋喹乙醇 100 mg/kg	盐霉素 40～60 mg/kg＋硝呋烯腙 20～40 mg/kg	金霉素 75～150 mg/kg＋吉他霉素 15～150 mg/kg	吉他霉素 15～150 mg/kg＋盐霉素 40～60 mg/kg	氟苯尼考 25～50 mg/kg＋磺胺二甲基嘧啶 300～500 mg/kg
硫酸黏杆菌素 40～80 mg/kg＋黄霉素 5～20 mg/kg	盐霉素 40～60 mg/kg＋吉他霉素 15～150 mg/kg	金霉素 75～150 mg/kg＋盐霉素 40～60 mg/kg	吉他霉素 15～150 mg/kg＋金霉素 75～150 mg/kg	氟苯尼考 25～50 mg/kg＋强力霉素 100～300 mg/kg
泰妙菌素 150 mg/kg＋金霉素 300 mg/kg＋阿莫西林 250 pm	泰妙菌素 100 mg/kg＋金霉素 300 mg/kg＋/阿莫西林 250 pm	泰乐菌素 100～200 mg/kg＋盐霉素 40～60 mg/kg	泰乐菌素 100～200 mg/kg＋金霉素 75～150 mg/kg	泰乐菌素 300 mg/kg＋金霉素 300 mg/kg
泰乐菌素 100～200 mg/kg＋硫酸黏杆菌素 40～100 mg/kg	氟苯尼考 25～50 mg/kg＋吉他霉素50～150 mg/kg	氟苯尼考 50～80 mg/kg＋泰妙菌素 100 mg/kg	泰妙菌素 100 mg/kg＋阿莫西林 250 mg/kg	泰妙菌素 100 mg/kg＋环丙沙星 300 mg/kg
泰乐菌素 100～200 mg/kg＋利高 44 预混剂 1 000 g	泰乐菌素 100～200 mg/kg＋磺胺二甲基嘧啶 110～220 mg/kg 1∶1	泰妙菌素 100 mg/kg＋恩诺沙星 150 mg/kg	泰妙菌素 100 mg/kg＋头孢拉定 100 mg/kg	泰乐菌素 100～200 mg/kg＋强力霉素 100～300 mg/kg

表6.22　药物添加剂前后阶段的配伍

组合				
Ⅰ	仔猪	4%黄霉素125 g	15%金霉素500 g	
	生长猪	10%硫酸抗敌素100 g	10%杆菌肽锌500 g	
Ⅱ	仔猪	10%硫酸抗敌素300 g	10%杆菌肽锌1 500 g	
	中猪	10%硫酸抗敌素200 g	10%杆菌肽锌1 000 g	
Ⅲ	仔猪	10%硫酸抗敌素200 g	15%金霉素650 g	阿散酸110 g
Ⅳ	仔猪	4%黄霉素400 g	22%新霉素500 g	
	中猪	4%黄霉素125 g	22%新霉素300 g	
	大猪	4%黄霉素125 g		
Ⅴ	教槽料	4%黄霉素400 g	22%新霉素500 g	优益150 g
	保育料	4%黄霉素400 g	22%新霉素300 g	优益100 g
Ⅵ	仔猪	4%黄霉素300 g	15%金霉素1 000 g	阿散酸110 g
	中猪	4%黄霉素200 g	15%金霉素500 g	阿散酸110 g
	大猪	4%黄霉素150 g	15%金霉素500 g	阿散酸110 g
Ⅶ	仔猪	4%黄霉素300 g	10%硫酸抗敌素300 g	阿散酸110 g
	中猪	4%黄霉素200 g	10%硫酸抗敌素200 g	阿散酸110 g
	大猪	4%黄霉素150 g	10%硫酸抗敌素150 g	阿散酸110 g
Ⅷ	仔猪	10%吉他霉素400 g	10%硫酸抗敌素200 g	盐霉素500 g
	中大猪	10%吉他霉素150 g	10%硫酸抗敌素200 g	盐霉素500 g
Ⅸ	仔猪	10%吉他霉素400 g	15%金霉素1 000 g	
	中大猪	10%吉他霉素150 g	15%金霉素500 g	
Ⅹ	仔猪	10%吉他霉素400 g	优益150 g	盐霉素500 g
	中大猪	10%吉他霉素150 g	优益100 g	盐霉素500 g

表 6.23　药物饲料添加剂大致成本比较

有效成分	含量/%	每千克价格/元	法规用量/(mg/kg)	常见用量/(mg/kg)	有效用量/(mg/kg)	有效用量成本/(mg/kg)
黄霉素	4	19	5～20	8(200 g)	20	9.5
恩拉霉素	4	110	1～20	5(20 g)	20	5.5
杆菌肽	10	8.5	4～40	30(300 g)	60	5.1
维吉尼霉素	50	520	5～25	5(10 g)	10	10.4
北里霉素	50	130	5～55	50(100 g)	80	20.8
喹乙醇	98	31	50～100	100	100	3.1
多黏菌素	10	46	2～40	6(60 g)	20	9.2
土霉素	98	60	10～50	150	150	9.95
金霉素	15	12	25～75	112.5(750 g)	150	12
牛至油	5		1.25～25		20	
阿散酸	98	50	100	150	100	5
洛克沙生	98	60	55	50	50	3

注：王统石，2007。

§2.4　微生态制剂

微生态制剂又叫微生物饲料添加剂、活菌制剂、益生素，是指摄入动物体内后参与肠内微生态平衡，对肠内有害微生物有抑制作用，或通过增强非特异性免疫功能来预防疾病，从而间接促进动物生长和提高饲料转化率的活性微生物培养物。

微生态制剂在 20 世纪 70 年代兴起时，被认为只有活的微生物才能起到微生态的平衡作用，因此认定微生态制剂是活菌制剂，甚至有一段时间，把微生态制剂就称为活菌制剂。但随着科学研究的不断深入，大量资料证明，死菌体、菌体成分、代谢产物也具有调整微生态失调的功效。因此，在1994年德国海德堡召开的国际微生态学术讨论会上，修改了微生态制剂（益生菌）的定义：益生菌是含活菌和（或）死菌，包括其组分和产物的活菌制品，经口或经由其他黏膜途径投入，旨在改善黏膜表面处微生物或酶的平衡，或者刺激特异性或非特异性免疫机制。

常见的活菌制剂有好氧菌，兼性厌氧菌和严格厌氧菌，其中严格厌氧菌能在肠道大量繁殖，产生大量产物，主要是有机酸，这类活菌制剂对肠道微生物影响最显著，作用效果最明显。

（1）外源微生物数量本身不直接影响肠道内微生物数量级。外源微生物进入肠道，在正常肠道环境下，由10^6增殖到$10^8 \sim 10^9$这样一个数量级。这个数量级并不能直接影响肠道总菌群的变化。特别是相对于结肠来说，其总菌数也不过是微生物总数的1/100～1/1 000，对于肠道微生物总体平衡并没有大的贡献。

外源微生物的武器只能也只有代谢产物。微生物利用自身的代谢产物，来抑制其他竞争者，从而获得有利地位。①产酶可提高肠道二次消化。②产酸可改善肠道pH环境，进而影响微生物平衡。③产细菌素可对特定有害菌产生显著抑制；④产其他营养物质可提高仔猪健康。

产酶微生物跟随食物进程，胃部以后开始迅速增殖代谢，产生酶类物质，但要达到一个数量级需要一定时间。随着食物向后推进，数量级与代谢强度增大，产酶也相对较大。到达结肠后，停留时间长，数量级也相对较大，因而对于提高结肠消化率（二次消化），将剩余营养转化为有效营养来说，具有显著效果。

产酸微生物最有效。肠道或结肠pH发生轻微变化，将导致肠道内微生物发生明显数量级变化。产酸菌对肠道调整优于其他微生物。只是由于厌氧产酸菌的发酵难，使其推广过程较慢。

细菌素是细菌代谢过程中合成并分泌到环境中的一类对亲缘关系较近的种有抑制作用的蛋白类抑菌物质。细菌素的作用与抗生素作用相似,一是防止饲料本身被沙门氏菌等致病菌污染,二是防止致病菌对动物肠道的影响。细菌素无毒、无副作用、无残留、无抗药性,同时也不污染环境。细菌素的使用可以在部分情况下减少甚至取代抗生素。产生细菌素的微生物有丁酸梭菌、乳酸菌等。

微生态制剂主要通过调节肠道微生态平衡和维持消化道这一重要的免疫屏障来改善动物健康状况。肠道不仅是消化吸收的重要场所,也是机体最大的免疫器官。肠道黏膜面积庞大,其结构和功能构成了强大的黏膜免疫系统,在肠道中还生存着大量的微生物菌群,致使外源细菌和病毒很难突破这道防线而对生物体产生危害,所以,认识到肠黏膜与免疫健康的关系至关重要。微生态制剂是一类能在肠道内定植,维护肠道菌群平衡并刺激肠道黏膜免疫组织,对肠道黏膜免疫有重要影响的有益微生物群落。大量试验证明:添加微生态制剂后能明显提高抗体水平,产生干扰素,提高免疫球蛋白质量浓度和巨噬细胞活性,增强机体免疫功能和抗病力。

(2)市售活菌制剂主要含有乳酸杆菌属、链球菌属、双歧杆菌属、某些芽孢杆菌、酵母菌、无毒的肠杆菌和肠球菌等。有单一菌属组成的单一型制剂,有多种不同菌属组成的复合制剂。

乳酸菌类:是可分解糖类产生乳酸的细菌的总称,其中有益菌以乳酸杆菌、双歧杆菌和粪链球菌属为代表,主要来源于乳酸杆菌属、乳酸链球菌属和双歧杆菌属的近 30 种微生物。乳酸菌类在肠道内合成营养物质、产生酸性代谢物、产生溶菌素和过氧化氢等,抑制一些潜在病原微生物的生长。

酵母菌:饲用酵母的种类主要有热带假丝酵母、产朊假丝酵母、啤酒酵母、红色酵母等。酵母细胞富含蛋白质、核酸、维生素和多种酶,具有提供养分、增加饲料适口性、加强消化吸收等功能,并能提高动物对磷的利用率。酵母菌是肠道有益微生物,饲料中添加酵母菌可促进动物胃内微生物活性和生长，使厌氧菌总数上升，纤维素发酵菌数增加。

芽孢杆菌类：目前做添加剂使用的有芽孢杆菌、枯草芽孢杆菌、短小芽孢杆菌、地衣芽孢杆菌、蜡样芽孢杆菌和东洋芽孢杆菌等。芽孢杆菌是好气性菌，可形成内生孢子。在所有菌属中芽孢杆菌是最理想的微生物添加剂，它有较高的蛋白酶、脂肪酶和淀粉酶活性，对植物性碳水化合物具有较强的降解能力；它进入动物肠道后能迅速复活，可消耗肠道内大量的氧，保持肠道厌氧环境，抑制致病菌生长，维持肠道生态平衡；芽孢杆菌还是良好的免疫激活剂，可通过产生抗体和提高巨噬细胞的活性等刺激免疫，激发机体体液免疫和细胞免疫，使机体免疫力和抗病力增强；芽孢杆菌添加剂具有类似于泰乐菌素和喹乙醇的促生长效果，尤其在颗粒料加工和通过酸性或碱性环境时有较高稳定性。

(3)影响微生态制剂发挥功效的因素很多，包括制剂的制备方法、贮藏条件、污染(如杂菌)、存活率、不正确的产品菌种组合方式、肠内菌群的状态、使用剂量和次数、动物(宿主)的年龄、在肠道中的存活率、饲料成分的变化、生理状态等。贮存条件是影响益生菌存活率和货架期的关键因素。

配方师要考虑的主要是制粒和膨化对活菌制剂的影响。芽孢菌可度过不良环境，对高温有极强的抵抗力，可以适应饲料加工。例如：丁酸梭菌、地衣、枯草等菌。非芽孢菌没有芽孢保护，饲料加工或高温中，微生物活力和稳定性易遇到破坏，甚至死亡。例如：乳酸杆菌、粪链球菌等。芽孢菌还可以耐过胃酸杀伤，而非芽孢菌不能。

饲料加工中的高温、机械、制粒等因素降低活菌的生物活性作用。不同菌种对高温的耐受力差异较大，芽孢杆菌耐受力最强，100℃下 2 min 只损失 5%～10%，而乳酸杆菌、酵母菌在 80℃下 5 min 损失 70%～80%；95℃下 2 min 损失 98%～99%。一般制粒温度 80～90℃对芽孢杆菌影响较小，对乳酸杆菌、酵母菌和粪链球菌等影响较大。

(4)服用剂量和次数可以影响微生态制剂的应用效果。一般认为,在饲料中添加,用于促生长或预防疾病,每克饲料至少应含 10^6 个有效活菌。数量不够就不能在体内形成优势菌群,难以起到益生作用。瑞典规定乳酸菌制剂活菌数要达到 2×10^{10} 个/g。我国批准生产的活菌制剂对含菌数量与用量的规定是:芽孢杆菌含量 $\geqslant5\times10^8$ 个/g;乳酸杆菌 $\geqslant1\times10^7$ 个/g。例如,一般仔猪饲料中加入乳酸杆菌制剂,活菌数量不少于 10^7 个/g,每日添加0.1~3 g,一般添加量为 0.02%~0.2%。若将微生态制剂添加于饲料中,其目标活菌不应低于 10^9 个/kg,含活菌不足时可增加投喂量。

并非活菌制剂"菌种数量越多越好"。目前农业部颁布的允许在饲料中使用的有益菌有 12 种,它们有各自不同的最佳生长环境,假如将它们置于同一环境内,它们有的要产生颉颃或"自溶",因此作用于动物肠胃内的效果反倒不明显。所以活菌制剂中只有单种有益菌不一定效能差,菌种多不一定效果好。

(5)将乳酸菌或一些低抗逆性的益生菌进行微胶囊化包被处理,可把菌体与外界不良环境分开,免受微量元素损害,减缓制粒过程中温度和压力的影响。包被成固体微粒后有利于在预混料中均匀分布,也有利于储存和运输。采用肠溶性壁材包被后还能防止胃液对益生菌的破坏,使尽可能多的菌体到达肠道靶位发挥作用。因此,应根据需要,选择微胶囊化的活菌制剂。如果选择未包被的活菌制剂,则应在制粒后喷涂。

(6)不同物种、不同生长发育阶段、不同用途动物需要有选择性的添加由不同益生菌组成的微生态制剂。正常菌群在动物消化道内定植是通过细菌的黏附作用完成的,这种黏附作用具有种属特性,对某一类动物的消化道上皮表现出较强的黏附性,而对其他动物可能表现出低黏附性或不黏附性。如防治 1~7 日龄仔猪腹泻首选植物乳酸菌、乳酸片球菌、粪链球菌等产酸的制剂;而促进仔猪生长发育、提高日增重和饲料报酬，则选用双歧杆菌等菌株。因此，生产中应根据不同需要选择合适的制剂，预防仔猪常见疾病主要选用乳酸菌、片球菌、双歧杆菌等产乳酸类的细菌，效果会更好；促进仔猪快速生长、提高饲料效率，则可选用以芽孢杆菌、乳酸杆菌、酵母菌和霉菌等制成的微生态制剂；如果以改善养殖环境为主要目的，应从以光合细菌、硝化细菌以及芽孢杆菌为主的微生态制剂中去选择。

目前大部分微生态制剂不能与抗生素合用，尤其是仔猪断奶初期；饲料保存时间、饲料中的矿物质（如重金属离子 Cu^{2+}、Zn^{2+}、Mn^{2+}、Fe^{2+} 等和食盐）、胆碱和不饱和脂肪酸也影响益生菌活力。笔者经验，每隔 2 周交换使用抗生素与活菌制剂有较好效果。也有报道，先用抗生素做前处理，然后再喂给益生素，这样既可避免抗生素对益生素的抑制，又可统一或改善益生素的作用环境。

由于目前只有农业部的《微生物饲料添加剂技术通则》一个关于微生物饲料添加剂的统一标准，因此，目前还只有根据这个来进行质量评定。微生态制剂最常见的质量问题有：菌种成分标示不明、扩大功能、使用技术不明确，活菌量标示值与实际值不相符、甚至活菌很少，杂菌污染，效果不稳定等。

采购微生态制剂产品时应该注意了解产品的技术背景，了解其菌种组成成分、特性、主要生产工艺，了解产品的功能和应用情况，观察微生态制剂产品的性状，即观其色、闻其味、查其粒度。

第 3 节　新型饲料添加剂

§ 3.1　小肽与氨基酸

（1）小肽制剂。目前市售的小肽制剂有：①酪蛋白水解肽及深海鱼蛋白水解肽（维他快、饲特灵、初生一号等）。②氨基酸合成肽类:谷氨酰胺二肽、谷胱甘肽;肠膜肽;酶解大豆。③抗生素肽:杆菌肽锌、维吉尼亚霉素、抗敌素、安来霉素。

表 6.24 至表 6.26 总结了小肽的用法。

表 6.24 小肽优化营养标准建议值

	教槽料	保育料	小猪料	哺乳母猪料
消化能/(kcal/kg)	3 400～3 500	3 300～3 400	3 250～3 300	3 200～3 300
粗蛋白/%	20～21	18～19	17～18	16～17
钙/%	0.8～0.9	0.7～0.8	0.6～0.8	0.70～0.85
有效磷/%	0.40～0.50	0.32～0.45	0.23～0.40	0.32～0.38
赖氨酸/%	1.28～1.40	1.1～1.20	0.9～1.0	0.85～0.95
蛋氨酸/%	0.35～0.42	0.3～0.38	0.25～0.32	0.24～0.3
苏氨酸/%	0.85～1.0	0.75～0.85	0.60～0.80	0.6～0.8
色氨酸/%	0.2～0.23	0.17～0.2	0.15～0.18	0.15～0.18

注:若不考虑标签标准,建议加入功能肽蛋白后可比 NRC 标准降低 5%～15%。

表 6.25 小肽优化营养标准建议值(NRC)

	教槽料(NRC)	保育料(NRC)	小猪料(NRC)	哺乳母猪料(NRC)
消化能/(kcal/kg)	3 400	3 400	3 400	3 400
粗蛋白/%	23.7～26	20.9～23	18～20	18.4
钙/%	0.8～1.0	0.7～1.0	0.6～1.0	0.75～1.0
有效磷/%	0.40～0.60	0.32～0.50	0.23～0.50	0.35～0.40
赖氨酸/%	1.35～1.50	1.15～1.26	0.95～1.15	0.97
蛋氨酸/%	0.35～0.45	0.3～0.4	0.25～0.35	0.24～0.35
苏氨酸/%	0.9～1.0	0.76～0.9	0.65～0.80	0.61～0.8
色氨酸/%	0.24～0.27	0.21～0.24	0.17～0.21	0.17～0.21

注:资料来源于美国华达中国市场技术部 周围,2010。

表 6.26 小肽的用法

	教槽料	教槽料	保育料 1	保育料 2	小猪料	中猪料	大猪料	哺乳母猪
熟玉米	20～55	20～55	—	—	—	—	—	—
玉米	15～60	15～60	55～65	55～65	55～65	55～65	55～65	55～65
麸皮	—	—	0～2	0～2	2～5	5～7	5～8	7～12
油脂	2～3	2～3	1～2	1～2	0.5～1	0～1	0～1	1～2
①	5～10	5～10	—	—	—	—	—	—
豆粕	—	—	15～25	20～28	20～30	20～28	20～26	15～25
②	3～5	3～5	1～3	—	—	—	—	—
③	—	—	—	—	0～2	0～2	—	0～2
④	2～3	—	—	—	—	—	—	—
⑤	5～8	—	2～4	—	—	—	—	—
⑥	—	5～8	—	1～3	—	—	—	—
⑦	—	2～3	1～3	2～3	—	—	—	—
乳糖	3～8	3～8	—	—	—	—	—	—
⑧	3～5	3～5	—	1～2	—	—	—	—
⑨	2.5～5	—	—	—	—	—	—	—
⑩	8～13	5～8	3～8	3～8	2～3	1～2	1～2	3～5
⑪	0.5～0.8	0.5～0.8	0.3～0.5	0.3～0.5	0.15～0.3	0.1～0.2	0.1～0.2	0.15～0.3

注：①去皮豆粕（或膨化豆粉）；②白鱼粉；③进口鱼粉；④血源营养肽（进口血浆蛋白）；⑤乳清粉；⑥乳源营养肽（如美国华达金乃酪）；⑦复合型肽（如美国华达饲特灵）；⑧葡萄糖＋蔗糖；⑨动物源营养肽（如肠膜蛋白）；⑩植物源性营养肽（如酶解大豆代表优补健）；⑪功能肽（美国华达维他快）；⑫资料来源于美国华达中国市场技术部周围。

(2)牛磺酸。牛磺酸对人和禽的生理意义已有很多报道,但在猪方面报道较少。卢福庄(2000)报道,在不含乳制品的基础日粮中添加 0.1 %牛磺酸饲喂 28 日龄断奶仔猪,发现断奶后 10 d 的平均增质量比对照组高 0.55 kg,并且增质量差异主要在断奶后 5 d 发生,所以牛磺酸可能有抗断奶应激的作用。

(3)γ-氨基丁酸(GABA,氨酪酸)是非蛋白质氨基酸,在动植物体内主要由谷氨酸经过脱羧反应而来。主要作用是:①促生长及提高产奶。②保健、提高机体免疫力。③增强动物食欲、提高采食量。④使动物安静、肯睡、减少争斗、躁栏现象。⑤抗应激,尤其是热应激时有效。

市售 50%γ-氨基丁酸价格 36 元/kg 左右,仔猪饲料添加量 30～100 mg/kg,中大猪:30～80 mg/kg。

§3.2 丁酸钠和双乙酸钠

(1)丁酸钠被农业部在 2003 年列入《饲料添加剂品种目录》,丁酸钠可作为复合酸化剂、电解质平衡调节剂、胃肠道微生态平衡调节剂、香味剂、诱食剂等的组成部分而发挥其独特的作用,具有促进动物生长,提高饲料转化效率,提高机体免疫能力,抑制肠道病原菌等作用,是目前较好的抗生素替代品之一。

丁酸钠(Sodium Butyrate)分子式 $C_4H_7O_2Na$,相对分子质量 110.09,广泛应用于食品、医药、化工、饲料、养殖等行业。工业上生产的丁酸钠为白色粉末,有吸潮性,对光、热稳定。丁酸钠的有效成分是一种短链挥发性脂肪酸——丁酸。游离的丁酸具有特殊的气味,不同于醋酸或丙酸等其他短链挥发性脂肪酸,丁酸既可溶于脂类,又可溶于水。

丁酸是大肠和回肠末端上皮细胞的主要能量来源,对于维持细胞的分化和结肠上皮的完整性有重要作用。早先在生长猪中进行的试验显示,丁酸钠不仅有助于动物生长,而且还可以提高回肠微绒毛的长度，增加盲肠肠黏膜层隐窝的深度。意大利和德国的养猪研究人员合作开展了一项试验，以研究丁酸钠在调节猪盲肠菌群中可能会产生的作用，以及日粮中丁酸钠的添加水平对仔猪生产性能、肠壁形态学和肠道菌群的作用。

不同于醋酸或丙酸等短链挥发性脂肪酸，丁酸在水和脂肪中均具有可弥散性（水、脂两亲），比较亲脂，加之在 pH 4～6 环境下不易被分解，因此，部分丁酸可以避过水性环境的小肠在大肠段继续发挥作用，这是丁酸与其他短链脂肪酸的主要区别点。作为一种生物调节剂，丁酸在改善胃肠道机能，提高动物生产性能方面发挥着重要作用。由于丁酸具有游离性和挥发性的特点，畜牧和饲料生产中将其制成相对稳定的钠盐——丁酸钠。

丁酸钠可以促进钙的吸收，刺激胰脏和肠道内酶的分泌；丁酸钠的特殊气味（臭）对幼猪具有很强的诱食性，可作为一种诱食剂。饲粮中添加 0.3%～1% 的丁酸钠，能改善消化道结构和功能，提高仔猪生长性能、降低腹泻、缓减断奶和轮状病毒引起的应激。在断奶后日粮中添加有机酸已是有助于克服仔猪断奶期间经常发生的消化问题以及提高其生产性能的一种常用手段。

(2)双乙酸钠。常用防霉剂有丙酸、丙酸钠、丙酸钙及山梨酸、苯甲酸、蚁酸、柠檬酸等。双乙酸钠（SDA），又称二乙酸钠、双醋酸钠，商品名 Vita-crop（维他可乐波），性质稳定、价格低廉、兼具酸味剂和诱食剂功能。双乙酸钠是乙酸和乙酸钠的分子复合物；外观为白色结晶状粉末；易溶于水和乙醇；熔点 96℃；略带乙酸气味；常温可保持一年，150℃以上完全分解；10% 的溶液 pH 值为 4.5～5.5。

自然状态下，双乙酸钠会缓慢释放出乙酸，乙酸可有效地渗透到霉菌组织的细胞壁，干扰细胞间酶的相互作用，使细胞内蛋白质变性，从而起到抗菌防霉作用；乙酸参与畜禽能量代谢，在消化道内可解离出氢离子，可作为饲料酸化剂；乙酸钠具有令畜禽愉快的醋酸味，可以与一些甜味剂配伍成适口性较好的饲料调味剂；乙酸能抑制霉菌、细菌的生长和繁殖，可防止饲料发霉、腐败，从而起到防腐、保鲜效果。

双乙酸钠在人和畜禽体内的代谢终产物是二氧化碳和水，因此，使用安全，不污染环境。畜禽每日允许摄取量为每千克体重0～15 mg。

使用注意事项：①合理保存。双乙酸钠分解后可散发出烟气及刺鼻性酸味，宜密封保存在干燥、阴凉处，防晒、防潮。保质期一般2年。饲料加工中应避免高温，防止双乙酸钠分解。②正确使用，混合均匀。双乙酸钠作为防霉剂，与苯甲酸钠等混合使用效果更好。

饲料中添加0.1%～0.8%的双乙酸钠可使断奶仔猪日增重、饲料转化率提高，腹泻率降低。而双乙酸钠价格便宜。饲料含水量高时，添加量增加。

§3.3　酵母细胞壁多糖、低聚糖和糖萜素

(1)酵母细胞壁多糖主要包括葡聚糖(≥40%)和甘露聚糖(≥20%)，葡聚糖层位于细胞壁内层，占细胞壁干重的30%～34%。甘露聚糖位于细胞壁的外侧，占细胞壁干重的30%。酵母多糖具有抗生素和益生素双重作用，在免疫上具有如下效果：①刺激动物体内淋巴细胞的增殖。②活化动物体内的巨噬细胞，一般认为体内网状内皮系统在葡聚糖的刺激下，产生大量对机体免疫功能起关键作用的巨噬细胞，而巨噬细胞通过吞噬作用吸收、破坏和清除体内损伤的、衰老的、死亡的自身细胞和侵入体内的病原微生物。③增加动物体产生自然杀伤细胞的能力。④诱使动物对念珠菌症产生非特异性免疫，提高存活率。⑤维持微生态平衡来增强动物免疫力，改善动物健康状况。

(2)低聚糖又称为寡糖或寡聚糖，把每分子水解成3～8个分

子单糖的碳水化合物定义为低聚糖，11 个单糖以上的结合物则称为大糖类，100～2 000个单糖结合物则称为多糖类。寡糖因其调节动物微生态平衡的作用与活菌制剂相似，营养界称其为化学益生素。

低聚糖不被单胃动物自身分泌的消化酶吸收，但它进入肠道后段可作为营养物质被动物肠道内固定的有益菌消化利用。从而使有益菌大量增生，最重要的是促进肠道内固有的有益细菌——双歧杆菌的增殖，起到了有益菌增殖因子的作用。同时低聚糖产生的酸性物质可降低整个肠道的 pH 值，从而抑制有害菌（如沙门氏菌等）的生长，提高动物的抗病能力。双歧杆菌对氧、力、热和酸的高度敏感，很难直接将它添加入饲料，而加入低聚糖易如反掌。低聚糖自身还能够结合吸收外源性病原菌，减少有毒发酵产物及有害细菌酶的产生。寡聚糖调节机体免疫系统主要是通过充当免疫刺激的辅助因子来发挥作用，提高抗体免疫应答能力，从而增加动物体液及细胞免疫能力。

目前市售的主要功能性低聚糖有异麦芽低聚糖、低聚龙胆糖、海藻糖、低聚果糖、低聚乳蔗糖、低聚半乳糖、大豆低聚糖等，其中半乳低聚糖（GLO）、异麦芽低聚糖（IMO）和低聚果糖（FOS）在人的食品添加剂中使用较多。

糖萜素是从油茶饼粕和茶籽饼粕中提取的由寡糖类、三萜皂甙和有机酸组成的纯天然生物活性物质。糖萜素含的生物活性物质，有调节网状内皮系统，增强巨噬细胞、淋巴细胞和白细胞介素的活性，提高抗体水平，调节 cAMP 与 cGMP 含量和补体的生成等，明显增强机体免疫功能，表现为增强机体非特异性免疫反应，防御病原微生物感染，从而提高动物健康，同时也起到免疫增强剂作用。糖萜素作为仔猪日粮营养调控物质，因所含的生物活性物质有镇静、止痛、解热、镇咳和消炎作用，能调节仔猪体内环境平衡，降低机体对应激的敏感性，同时有免疫调节作用；能明显提高仔猪的非特异性免疫功能，解除断奶应激和环境改变产生的免疫抑制，进而提高仔猪抗应激能力。它可完全取代抗生素类药物添加剂，对动物耐药性和药残、环保等有重要意义。

§3.4 牛至油和大蒜素

(1)牛至精油中含 50 多种化合物，其中的两类羟基化合物——香芹酚和百里酚具有杀菌的特性，这一特性可能是两类物质相互协同而产生的。牛至精油的杀菌抑菌作用模式与羟基物质的作用模式相似，这可能与牛至精油的主要活性成分都是羟基化合物有关。应用牛至油能提高仔猪的成活率，降低腹泻率，提高增重率和饲料利用率。

(2)大蒜素是蒜中所含的主要生物活性有效成分，被誉为天然广谱抗生素药物。大蒜素对葡萄球菌、脑膜炎双球菌、肺炎双球菌、链球菌、白喉杆菌、痢疾杆菌、伤寒杆菌、副伤寒杆菌、大肠杆菌、结核杆菌、霍乱弧菌等有明显的抑制或杀灭作用。大蒜素还能提高动物免疫力。

§3.5 天然硅酸盐、喹烯酮和二氢吡啶

(1)硅酸盐由于其具有吸附饼粕毒素、作为预混料载体和充当黏合剂的作用，有解毒和促进畜禽生长的作用。市场上所售的含水的钠和钙的硅铝酸盐(HSCAS)就是一种斜发沸石产品。斜发沸石的作用机理主要依赖其晶体状结构。它能够延长食糜在胃肠道内停留的时间，以致食糜中养分的利用率得到提高。

(2)喹烯酮高效、安全、添加剂量小。研究表明，日粮添加50～75 mg/kg，可使猪、鸡增重 10%～15%，并提高饲料转化率。喹烯酮抗菌广谱，尤其对肠道致病菌有较强抑制作用，可使仔猪腹泻发病率降低 50%～70%。喹烯酮无毒，体内代谢，无致癌、无致突变作用，安全性高。

(3)二氢吡啶有广泛的生物学功能，它可抑制脂类化合物的氧化过程，防止脂肪肝的形成，同时还可改变血清中某些激素水平，增强动物免疫力。二氢吡啶能显著增强小肠肌肉活动，并减缓小肠食糜后移速度，有利于小肠对营养物质的消化吸收，提高饲料利用率，是一种新型的绿色饲料添加剂。目前，我国已合成了脂溶性和水溶性的二氢吡啶产品。

§3.6　核苷酸与肌醇

(1)核苷酸增进肠上皮细胞的复制，提高肠道黏膜的完整性和发育，促进免疫系统的成熟，促进疾病恢复。日粮中添加核苷酸可以改善促进乳糖诱导的渗透性腹泻的肠道结构的恢复。

核苷酸对细胞内许多生物化学过程起重要作用，动物机体在正常生产状态下，肝脏中能从头合成一部分核苷酸。核苷酸的内源性合成较费时间，会消耗大量的代谢能，并且当动物处于某些会导致其采食量显著减少的应激状态(如病理发展过程或断奶)中时，核苷酸的内源性合成会受到限制。在动物快速生长期，尤其是在乳猪阶段，体内核苷酸的供应远远满足不了机体的需要。动物处于饥饿、疾病、免疫、环境变化等应激状况下，体内核苷酸的提供也远远满足不了机体的需要。

在教槽料中应用酵母水解物可提供乳猪快速生长所需的外源核苷酸、促进肠绒毛和免疫系统的发育，缓解各类应激对乳猪生长的影响。改善饲料的适口性，提高乳猪采食量。

(2)肌醇。类维生素，分子式 $C_6H_{12}O_6$，无色、无臭、微甜、微溶于醇，易溶于水，不溶于有机溶剂。不含结晶水者为无吸湿性白色结晶粉末，甜度为蔗糖的 50%。无旋光性，水溶液对石蕊呈中性。是动物和微生物生长因子，提高饲料报酬。添加量一般是 200～500 mg/kg。

§3.7　二甲酸钾

二甲酸钾(potassium diformate,KDF)属于有机酸,由1分子甲酸和1分子甲酸钾通过氢键相连构成,是欧盟批准的第1种用作抗生素替代品的促生长剂。二甲酸钾进入动物体后遇水解离为甲酸和甲酸钾发挥有机酸作用。与传统有机酸相比,二甲酸钾为固体且刺激性非常小,操作安全,添加工艺因此变简单。董坤等(2008)表明,二甲酸钾0.6%与黄霉素25 mg/kg,仔猪断奶后0～28 d的促生长效果相当,并且二者可以有效配伍;二甲酸钾抑制了肠道微生物的生长和代谢活性,降低了胃中食糜的pH值。

§3.8　肉碱和甜菜碱

(1)肉碱。具有生理作用的是左旋异构体即*L*-肉碱,又称肉毒碱,卡尼丁,三甲基羟基丁酰甜菜碱等,可溶于水,化学结构与胆碱和甜菜碱相似,性质稳定。肉碱可促进脂肪代谢,维持膜的稳定,促进动物体内氨从尿中排出,还可以促进脂溶性维生素和钙、磷的吸收。已可工业合成。

脂肪酸作为动物体内的主要能量物质,其释放能量的场所是细胞线粒体,而含能量高的长链脂肪酸不能独自进入线粒体中,需通过载体转运,唯一载体就是肉碱。它能将脂肪酸转运进入线粒体,并将其在线粒体基质中氧化,从而加快氧化速度,并最终降低血清胆固醇及甘油三酯。90%的肉碱分布在动物肌肉组织中。虽然成年动物体内能利用赖氨酸经甲基化合成肉碱,但是初生动物和高产动物的需求量是动物自身合成不能满足的,必须从日粮补充。仔猪断奶后生长缓慢和较高的死亡率,主要原因之一是能量不足,刚断奶仔猪利用高养分日粮中的脂肪有困难,这时添加肉碱可提高能量利用率。所以,*L*-肉碱具有减少断奶应激的作用,同时改善生长参数。

猪日粮中添加 50 mg/kg 肉碱，可明显降低平均背膘厚，提高背最长肌面积与胴体瘦肉率。可见，*L*-肉碱能调节猪体内脂肪代谢，减少体脂沉积，增强瘦肉生长，且具有一定营养调配剂的作用。

(2)甜菜碱化学结构与氨基酸、胆碱相似。纯品天然甜菜碱为微棕色流动性结晶粉末，耐高温，熔点 293℃；合成纯品甜菜碱为白色或淡黄色结晶粉末，熔点 301～305℃；吸水性较强，极易潮解并释放出三甲胺；极易溶解于水(160 g/100 g 水)，易溶于甲醇，微溶于乙醇，在氯仿或乙醚中不溶。甜菜碱及其盐类无毒、无害、无污染，是公认的安全物质。

目前市场上多为甜菜碱盐酸盐，市售的 98%盐酸甜菜碱理论上含纯品甜菜碱 117.15/153.61×98%＝74.7%。化学合成法生产甜菜碱(包括无水甜菜碱、一水甜菜碱、盐酸甜菜碱、复合甜菜碱等)一般是吸附型甜菜碱，即复合型甜菜碱，一般制成含甜菜碱 30%～33%的剂型，由于生产工艺原因，这种产品可能含大量(约 1.73%)有毒的氯乙酸钠。

甜菜碱通过渗透压保护剂的作用维持仔猪肠道完整性。可代替日粮中的胆碱。注意甜菜碱可与日粮赖氨酸和蛋氨酸产生互作。动物体内的甜菜碱是胆碱的氧化产物，它主要通过提供甲基合成多种营养物质间接参与体内的许多生理过程。具有提供活性甲基功能的还有胆碱和蛋氨酸，但甜菜碱提供甲基的能力是氯化胆碱(50%)的 2.3 倍，是蛋氨酸的 3 倍。甜菜碱能部分替代蛋氨酸，一般替代比例理论上可达 3 倍，但实际使用时常为 2 倍，即 1 kg 甜菜碱(纯晶计)可替代 2 kg 蛋氨酸(纯品计)。用甜菜碱代替氯化胆碱可避免氯化胆碱对维生素的破坏。在预混料中甜菜碱对各种维生素基本上无影响。在饲料中胆碱含量超过 0.1%时可不添加胆碱而加入 250～600 g/t 甜菜碱。

§3.9 肽甜素与合生素

肽甜素:动物的采食量是对动物营养物质摄入的保障。对于采食量的生理调控,传统观点认为:动物的采食行为主要是由下丘脑的摄食中枢、饱食中枢和饥饿中枢控制。而随着神经肽Y、瘦素、增食因子、生长素等的相继发现,对动物采食量的生理调控开始向其实质性的方向发展。于是新一代饲用诱食剂——肽甜素诞生了。它是具有诱食、抗应激、促生长三效合一的内源性生理调节剂。在仔猪日粮中添加量为100~200 g/t。根据泛华公司的报道,在仔猪生产中的应用效果为提高平均日增重22.3%,提高平均日采食量4.91%,降低料肉比15.3%。

合生素:合生素的研究与开发是近几年来营养学等技术应用的结晶。合生素是益生菌与益生元结合的生物制剂。合生素可同时发挥益生素与益生元的作用,通过促进外源性活菌在动物肠道中定植,选择性促使一种或有限几种有益菌生长和繁殖,从而达到和促进宿主健康的目的。

作为绿色、天然、安全、高效的肠道微生态内环境调节剂,肠黏膜保护剂的益生元,具有显著调节肠道微生态内环境,在肠黏膜表层形成保护层,建立生物学屏障,保护肠黏膜的形态结构及其功能,有效促进肠道黏膜免疫作用,激活机体免疫系统,提高动物免疫力,有效控制家禽水便,减少母猪便秘,减轻粪便气味,全面提高动物生产性能。

参考文献

[1] 陈俊海. 仔猪教槽料及饲料添加剂研究进展. 北方牧业,2007-5-30.

[2] 陈小兵,许毅,陶正国. 丁酸钠的研究进展[J]. 新饲料,2007

(3):33-34.
[3] 丁辉景,刘刚,张力.单胃动物小肽吸收利用的研究进展[J].饲料研究,2007(4):29-32.
[4] 董坤,马永喜,乔家运,等.二甲酸钾对仔猪生长性能和肠道微生物菌群的影响[J].中国畜牧杂志,2008,44(15):21-24.
[5] 富金华.浅谈影响维生素稳定性的因素.饲料广角,2009(17):22-24.
[6] 李凯年,逯德山.葡糖酸可以替代抗生素促进断奶仔猪生长[J].饲料广角,2006(8):35-37.
[7] 倪冬娇.动物采食生理特点及采食量调控技术研究的新进展[R].上海"高档乳猪料研讨会",2005-8-29.
[8] 【法】Daniel Sauvant Jean-Marc Perez Gilles Tran 著,饲料成分与营养价值表(第二次修订).谯仕彦,等主译,李德发审校.中国农业大学出版社,2005.
[9] 王统石,张欢.不同抗生素促生长剂性价比分析[J].饲料广角,2007(5):22-24.
[10] 王文娟,孙冬岩,孙笑非.微生态制剂对动物免疫营养的作用研究.饲料研究,2011(1):66-68.
[11] 俞路,王雅倩译.丁酸钠可降低仔猪断奶风险.猪与禽,2007,28(1):54-55.
[12] 张日俊.微生态制剂的质量鉴别与选择检测指标和标准.饲料工业,2010,31(20):1-4.
[13] 张卫辉,高峰.丁酸钠对畜禽胃肠道作用机理研究进展[J].畜牧与兽医,2008,40(9):93-95.
[14] 中华人民共和国农业部公告.第1224号.饲料添加剂安全使用规范.2009.6.18 中国饲料工业信息网.政务版.法规.

第7章 仔猪饲料配方设计

教槽料是仔猪早期断奶成功的重要保障。乳猪教槽料配制技术是当前我国动物营养与饲料科学领域的研究热点。目前，国内关于教槽料的研究报道不多，市场上的教槽料产品质量参差不齐，应用效果不稳定。本章在系统总结仔猪营养和教槽料配制技术最新研究进展的基础上，给出了我们在仔猪饲料生产上的研究结果与实践经验，为我国乳猪教槽料和仔猪保育料的研究与生产实践提供参考。

目前普遍追求仔猪高生长速度。因为体重大的仔猪体脂肪含量高，有利于应付断奶期采食不足，且此时高体脂对屠宰时最终胴体脂肪含量影响很小；尤其是体重大表明消化系统发育好，利于断奶饲粮过渡；再者哺乳期生长较快的在肥育期的生长速度也快。

仔猪料成为猪饲料的焦点有三个原因：一是利润空间大，二是技术含量高，三是带动整个猪饲料产品线。

我们强调三点：一是仔猪饲料配方设计目标，是仔猪的生存、生长和发育，为断奶后仔猪的生存、生长和发育奠定基础；二是早期体重要后来的饲料维持，早期的饲料成本高，仔猪体重维持到出栏时需要的成本很高，所以仔猪饲料配方设计的目标应该是根据仔猪生长发育规律，注重仔猪生长和发育的内涵，满足仔猪骨架、肠道和免疫系统的生长发育，为仔猪生存和生长奠定厚实的基础；三是要尽快从高档原料的仔猪日粮转换为普通的玉米-豆粕型日粮，降低饲料成本。

设计仔猪饲料配方的营养要点有三：一是日粮营养水平和原料组成，要求消化率高，营养浓度高；二是最大化采食量，因为这一阶段的能量效率极高，而且采食量大可以提高仔猪健康状况；三是摆脱以往保护肠道的两个极端手段，既不要过度使用高档原料如血浆蛋白粉等，也不要依赖抗生素抑菌，要掌握最新的科学技术，例如酸化剂、活菌制剂调整肠道菌群平衡，尤其是要掌握教槽料与保育料的衔接技术。

第 1 节　哺乳仔猪的饲料配方设计

仔猪断奶前采食饲料量非常小，由饲料提供的营养物质有限，但补料的作用不容忽视。仔猪早期补料可以起到及早锻炼仔猪的胃肠道消化能力、补充仔猪快速生长的需要以及降低断奶后应激，提高仔猪免疫力的作用。目前国内市场上较好的教槽料，21 日龄断奶重可达 6.5 kg，成活率在 95%以上（断奶指标），断奶前总采食量 525 g 以上（消化道得到充分锻炼），断奶后 3 d 恢复到断奶前水平，断奶后 10 d 内营养性腹泻率低于 21%，饲料效率 1.2 左右，平均日增重达 280 g 以上（断奶应激低），日采食量 330 g，42 日龄体重达到 15 kg，饲料效率 1.5，9 周龄体重达 25 kg，育成率 90%以上（后续效果）。

哺乳期仔猪消化道功能主要适合于母乳的消化吸收，消化器官正处在迅速发育的时期，消化道容量、消化酶活性、对补充饲料的消化能力都很有限。设计哺乳仔猪饲料配方的关键技术就是适应哺乳仔猪的消化生理特点，注意饲料的有效养分含量、消化率、适口性、保健功能，尤其是长骨架和胃肠道发育的营养需要，同时为断奶后迅速转换为玉米－豆粕型常规饲料奠定基础。

§1.1　现代仔猪养殖方式对饲料的要求

仔猪早期断乳是提高母猪生产力和规模化养猪业中的关键技术之一，现代规模养猪业已把乳猪断奶日龄提至 21～28 d，超早断奶的日龄已到14 d以下。早期断乳容易因消化能力较低而影响仔猪生长发育。胃肠道消化能力在猪生长过程中起着极其重要的作用。由于仔猪消化系统发育不完全，所以，探讨仔猪日粮的组成、适口性、可消化性、蛋白质品质、水平及加工工艺，是动物营养界关注的重要问题，多年来一直从营养、免疫和消化生理等多方面进行探讨，寻求解决这一问题的途径。

为了少用疫苗、少用抗生素，就需要净化环境。养猪新工艺"早期断奶隔离分段式饲养系统（也称SEW）"，其原理是在仔猪从初乳母源抗体获得的被动免疫失效之前（生后14 d），将其从母猪身边移走以避免病原从母猪到仔猪的接触感染，并在其保育期和生长肥育期全过程中，让不同批次猪群始终处于彼此隔离和相对洁净的环境中，以阻断猪群间的水平感染。这种超早期断奶的仔猪，对饲料配方设计技术的要求比哺乳仔猪教槽料的要求还高。因此，哺乳仔猪教槽料和超早期断奶仔猪料是不同饲料品牌竞争的标志性产品，也是配方师技术的最高境界之一。

早期断奶仔猪的基础日粮主要由易消化、低免疫原性和能提高抗病力的原料组成，断奶期日粮设计成3个阶段。尤其是，在使用断奶仔猪日粮前对哺乳猪充分补饲，尽快提高其对断奶日粮的免疫耐受，这一问题至今还没有引起大家注意。

§1.2　饲料产品标准的确定

总的来说，设计乳猪料的核心技术主要是考虑仔猪营养需要量、消化能力和免疫力。根据乳猪蛋白质沉积速度快、采食量少、高乳糖酶、低淀粉酶、麦芽糖酶、蔗糖酶、脂肪酶的特点，使用有效养分浓度高、消化率高和适口性好的原料，这是保障仔猪顺利认识饲料、断奶前后对饲料的适应、实现断奶饲料和营养供应平稳过渡的关键。

一般在断奶前使用开食料（教槽料），断奶后才逐渐换用保育饲料。随日龄增长和采食量增加，仔猪消化机能和吸收能力不断提高，设计饲料配方时要尽快放宽原料选择范围，营养水平也可逐渐降低。但必须强调，应逐渐降低营养水平，逐渐添加新原料，注意不同饲料配方（饲养阶段）前后衔接，并且不用品质差的原料和粗饲料。

国内对开发高档教槽料的误区主要是：过分强调外观或工艺、过分强调不拉稀、重配方品质轻服务质量、过度添加药物防下痢。养猪场则看采食量、饲料消化率和断奶后日增重。

(1)饲料的高有效能是保证仔猪生长发育的基础。动物对营养的第一需要是能量，仔猪生存和生长都需要在能量支持下进行。仔猪生长发育未完善而生长强烈，需要较多蛋白质来组建躯体，但这时满足仔猪能量需要仍是第一位的。蛋白质消化、代谢与沉积都需要能量。高蛋白、低能量日粮直接危害是透支动物体能，仔猪表现消瘦、生长慢且毛粗长。日粮能量水平不仅影响采食量，还直接影响饲料转化率以及生产性能和健康。所以设计日粮配方要先确定能量水平，然后按蛋白能量比确定蛋白质、氨基酸和其他养分水平，不可本末倒置。

能量饲料要求有效能浓度高，消化性、适口性好。玉米最好进行膨化处理，使其中的淀粉等大分子有机物质结构糊化变性，更适合仔猪的消化性和适口性。小麦麸皮等加工副产品由于抗营养因子较多，用作哺乳期仔猪日粮会影响消化，导致消化道疾病增加。乳清粉、葡萄糖和蔗糖等不仅作为能量供应，同时具有诱食作用，可提高采食量。乳清粉的乳糖含量70%，乳糖能直接被乳猪吸收，转化为能量供给乳猪生长发育需要。同时，乳糖分解产生的乳酸能提高乳猪胃液酸度，进而提高饲料消化能力，也可防止大肠杆菌大量繁殖，有利于减少腹泻。乳猪料中可添加5%～30%的乳清粉，但添加量高时制粒困难。

(2)配制仔猪日粮要求适宜的蛋白质水平，有效氨基酸比例应遵照理想蛋白质模型，可消化赖氨酸的水平与日粮能量的比值应掌握好；仔猪生长强度大，体组织的增长主要是蛋白质沉积，因此，日粮蛋白质、有效氨基酸的浓度要高，蛋白质的质量、氨基酸的平衡尤为重要。

选择蛋白质类饲料原料时，要求消化性、适口性好，氨基酸利用率高。一般用高消化率的动物蛋白，尤其是乳清粉、血清蛋白粉、全脂奶粉，这几乎是哺乳仔猪饲料配方中都要使用的优质饲料原料，实践中要注意乳制品对饲料黏度的影响。发酵豆粕，膨化大豆都是乳猪的优质蛋白质原料，可以代替豆粕。优质鱼粉、喷雾干燥全血粉、大豆浓缩蛋白等也是良好的蛋白质饲料原料，其用量可以根据产品档次决定。78％的赖氨酸盐酸盐添加量一般在 2～6 kg/t 料，98％的苏氨酸添加量一般在 0～3 kg/t 料。

(3)仔猪哺乳阶段胃肠道和骨骼发育迅速。对钙、磷等矿物质需要量多，选择优质的钙、磷等矿物质饲料原料非常重要。石粉的系酸力高，而且适口性不好，考虑到仔猪骨骼生长发育的需要，所以钙磷的营养水平要仔细斟酌，笔者认为哺乳仔猪日粮的钙水平宜在 0.87％。要特别重视原料中有毒有害物质的含量，石粉的颜色越深，含的重金属越多。磷酸氢钙中也含氟，微量元素添加剂中常含重金属，要注意其含量。

为满足其胃肠道生长发育需要，要注意补料对母乳营养不足的补充，尤其是赖氨酸、苏氨酸、精氨酸等。笔者的经验是使用花生粕，物美价廉，适口性和营养成分都很适合哺乳仔猪的需要，同时添加合成氨基酸。

这里再次强调，肠道是最大的免疫器官，在猪的免疫防御系统中，70％的免疫能力集中在肠道。肠道发育好了，抗病力自然高。骨骼也是仔猪体质的重要组织，骨骼发育好，仔猪的体质也好。

(4)配方设计要有延缓性，要考虑到原料变化对饲料的颜色、气味等指标对动物的应激、适口性、市场的接受程度等因素。

原料价格变化，应及时调整配方，确定原料价格时，要明确是原料的库存价格，还是市场价格，或是预测价格，或是平均价格，因为一个配方是该原料价格下的配方，原料价格变化，必然会引起配方变化，及时调整配方是降低配方成本的重要因素。

(5)一个好的饲料配方必须配套相应的生产条件，才会取得好的饲养效益；同时设计饲料配方要考虑加工对饲料养分的影响。由于动物的品种和生长阶段不同，动物对饲料的加工要求是不同的，如仔猪和水产饲料要求原料的粉碎粒度小，设备的性能如配料秤的配料精度，粉碎机的粉碎粒度，生产颗粒饲料时所需的制粒温度气压，冷却器的冷却效果，混合机的饲料混合均匀度等，都要达到相应要求。只有配套了相应的饲料生产品控体系，科学的饲料配方才会在生产中体现。

粉料要混合均匀。有报道，当仔猪饲料混合均匀度变异系数从 106.5%降至 28.4%时，日增重可提高 41%，饲料利用率提高 18.52%，采食量提高 18.33%。其变异系数按我国配合饲料标准要求不大于 10%。所以。最好采取两次粉碎工艺（配好混匀后，再粉碎一次）。这样，产品外表就像单一原料做的，也更加均匀了。最近研究表明，颗粒的糊化率对仔猪性能有巨大影响。有数据显示，提高糊化率 5%～10%，可使动物生产性能提高 3%～5%。对乳猪料来讲也有相同效果。

(6)注意与后续断奶后饲料的衔接，要为断奶后饲料做铺垫，例如植物蛋白质抗原过敏问题，要在哺乳期补料中给予一定量的抗原刺激，使之产生免疫耐受，在断奶后可大量使用常规原料。很多人在哺乳期仔猪饲料中把含有植物蛋白抗原的原料都膨化或发酵处理，是不科学的。更有厂家只生产教槽料这个单一品种，完全不考虑为后续饲料做铺垫，不仅产品价格高，而且也不合理。

总之，设计教槽料产品（产品定位），要注意以下问题：营养性应激（饲料抗原问题，消化酶不足问题，胃酸分泌不足问题）；教槽效果(适口性,有效养分的采食量);养分的消化率和仔猪生长发育效果(骨架、抗病力);迅速从高档乳猪饲料过渡到常规的玉米-豆粕型饲料,为断奶后饲料做铺垫,无论大料和小料(添加剂)都要考虑不同阶段饲料的前后衔接问题;尤其要注意仔猪免疫力发育所需要的特殊养分;注意仔猪的体型发育(长骨架)。

§1.3 哺乳仔猪的饲料添加剂

乳猪料要求营养浓度和消化率高,适口性好,维生素和微量元素充足,尤其要使用添加剂。常用的饲料添加剂有酸化剂、保健促长添加剂(小肽、寡聚糖、活菌制剂、抗生素等)、诱食剂、酶制剂等。人工合成的氨基酸添加剂要考虑有效成分,维生素添加剂要重视其生物学利用率,以保障乳猪微量营养物质的均衡供应。微量元素和维生素不仅是仔猪生长发育必需的养分,而且是提高仔猪免疫力和抗病力的重要养分物质。

诱食剂常用的有四种:①甜味剂主要是蔗糖和糖精。蔗糖多用于仔猪料,用量一般3%～8%,过高易引起腹泻。保育猪可用糖精,糖精便宜,但口感味觉不很符合乳猪。笔者经验,仔猪饲料原料中使用蔗糖＋柠檬酸具有很好的诱食效果,使诱食工作更易进行。比例可以是蔗糖6%＋柠檬酸0.8%。②猪对饲料中的香味较敏感。可使用一些食用香精,如奶香型、辛香型等,每吨饲料中添加200～500 g有较好效果。油脂也是一种香味剂,在乳猪饲料中添加2%～6%,可提高饲料转化率,增重明显。③鲜味剂主要是味精,适量添加能显著提高采食量。每吨饲料添加量为200～500 g。猪在不同生理状况其嗅觉嗜好不同,仔猪喜欢奶香型,牛奶、奶酪、巧克力等近似母乳的香味。仔猪对母乳具有难以忘怀的记忆,乳香味能强烈吸引仔猪开食,并给以“安慰感”,可促进仔猪不知不觉地脱离母乳。断奶前后喜欢苹果、柑橘、柠檬、草莓香。让母猪采食含香味剂的日粮,使这种香味剂进入母猪乳中称为风味剂印迹。仔猪将这种特殊的调味剂与母乳联系在一起，仔猪断奶时就容易接受加有这种香味剂的饲料，促进仔猪早吃料并获得最大采食量。④咸味剂主要是氯化钠(食盐)，添加量为 0.25%～0.65%，过量会引起食盐中毒。

高锌应该只在教槽料使用，而保育料换用高铜，长时间会导致肝脏蓄积太多的锌，ZnO 的重金属可导致骨质疏松，中毒。使用2 000～3 000 mg/kg 的无机锌，氧化锌效果好，应用最多，硫酸锌有争议，有机锌使用 500～1 000 mg/kg 的 Zn-Met 能达到2 000～3 000 mg/kg ZnO 的效果。应尽量使用有机锌和碱式氯化锌，见表 7.1。实际上只有断奶后 2 周(5～6 周龄)使用氧化锌有效。

我国大部分是缺硒地区，尤其是东北和沿海一带，需要适当提高用量。抗营养性拉稀的效果，氧化锌比硫酸铜好，但油脂导致的腹泻无效；添加高铜、高锌一般不同时使用。氧化锌对于细菌性拉稀无效。

表 7.1　ZnO 与 4 价锌 $Zn_5Cl_2(OH)_8$ 对仔猪的影响

锌来源	日增重/(g/d)	采食量/(g/d)	饲料/增重
不添加锌	234	329	1.39
1 500 mg/kg 锌，ZnO	240	341	1.42
3 000 mg/kg 锌，ZnO	265	363	1.37
1 500 mg/kg 锌，$Zn_5Cl_2(OH)_8$	263	353	1.34
3 000 mg/kg 锌，$Zn_5Cl_2(OH)_8$	261	339	1.30

注：15 d 断奶，起始重 5.2 kg，连续饲喂 21 d 试验 121 d 断奶，Meyer 等，2002。

酸化剂，从日增重和腹泻率看，以添加混合酸最好，其次是柠檬酸，见表 7.2。饲料的 pH 值，仔猪饲料一般低于 6，最好在 5 以下。

表 7.2　仔猪使用酸化剂的效果总结

产品	实验次数	平均日增重变化
抗生素生长促进剂	5	+10.8
有机酸	40	+7.1
芳香化合物	19	+2.6
酶制剂	9	+2.1
微生物培养物	14	+1.0
寡聚糖	2	+3.1
复合添加剂	3	+9.5

注:丹麦资料。

酶制剂,主要有淀粉酶和植酸酶可用。纤维素酶、脂肪酶和果胶酶还没有商品化。

提高仔猪免疫力的原料还有鱼溶浆蛋白(腥肽),维生素 E,维生素 C,免疫多糖,有机微量元素锌、硒等。

小肽类产品,其实在血浆蛋白粉,发酵豆粕中含量很高。

每隔 2 周交替使用活菌制剂与抗生素,通过原料的合理使用和搭配来促进有益菌生长,提供益生菌营养底物。

寡聚糖。主要包括甘露寡糖、果聚寡糖、β-葡聚糖等,其具有预防疾病和促进生长的作用。据报道 β-葡聚糖对豆粕型饲粮的饲养效果有明显改善,添加 0.025%可使仔猪日增重提高 20%。

防病促生长类药物添加剂,一般在仔猪生后几周内日粮中添加效果很好。注意要遵照国家制定的《药物饲料添加剂使用规范》使用。要注意有些是限制使用的,例如喹乙醇和对氨基苯胂酸、杆菌肽锌、泰乐菌素、林肯霉素以及广谱环丙沙星、氟诺沙星等。为避免产生抗药菌株发生,应多种抗生素轮流使用或联合应用,一般在 3～5 个月后轮换另一种抗生素。

新霉素(79%)150～200 g/t 全价料＋优益 150～200 g/t 全价料。新霉素主要对革兰氏阴性菌具有强杀灭作用。优益为盐酸土霉素微粒化制剂，与新霉素的配伍具有良好的抗菌协同作用，同时具有很好的促生长作用，此配方为美国 FDA 饲料添加剂首推的配伍方案，推荐用于高档乳猪料中。

新霉素 125～150 g/t 全价料(175～200 g/t 全价料)＋吉他霉素 60～80 g/t 全价料。该配方既对肠道疾病有很强的预防作用，同时也有很强的促生长作用和预防呼吸道疾病的作用。

吉他霉素(50%)80～100 g/t 全价料＋新霉素(79%)150～200 g/t 全价料。新霉素对革兰氏阴性菌具有强杀灭作用，吉他霉素主要用于促生长和预防呼吸道疾病。所以该配方既对肠道疾病有很强的预防作用，同时也有很强的促生长作用和预防呼吸道疾病的作用。

仔猪饲料中滥用药物的后果之一是 50～90 kg 阶段日增重降低，应避免抗菌药物长期连续使用或短期超量使用。选择抗生素添加剂时应尽可能采用替代抗生素的添加剂。

要注意各种添加剂之间的配伍和互作。

市售预混料主要由维生素、矿物质、氨基酸、药物和载体构成。原料占总成本比例各不相同。以 4%的猪预混料为例，维生素成本占 5%～15%，幼龄阶段比例小，而生长肥育阶段比例大；微量元素 4%～5%；氨基酸 40%～60%；药物 10%～16%；钙、磷占 9%～12%；使用时必须清楚预混料的组分，否则就不能设计出营养合理的配合饲料。

为防病和促生长，有人大量用抗生素、高铜、高锌添加剂、砷制剂等，甚至用违禁药品，这可导致耐药菌株的生成，抗生素(如四环素、磺胺类药物、青霉素等)在肉品中的残留会引起食用者发生皮疹、水肿等过敏反应；一些药物具有潜在危害作用，如近年来因具有促使生猪皮肤红润作用而被普遍使用的胂制剂(对氨基苯胂酸等)，有机胂在自然界的各种理化因素作用下难以保证不转化为具有毒性的无机砷，这就有可能造成次生性人畜砷中毒。

针对仔猪生产中出现的安全问题，可采取如下措施。

营养措施。减少仔猪氮排泄量的方法包括利用可消化氨基酸配合日粮、使用合成氨基酸及“理想蛋白”模式的应用等。

使用绿色添加剂。主要种类有：寡聚糖、酶制剂、酸化剂、中草药添加剂等。卵黄抗体添加剂是利用现代生物技术生产的生物制品，可有效预防或治疗仔猪下痢。

§1.4 策略性使用豆粕

仔猪消化道发育不完善，容易对植物蛋白过敏，所以仔猪饲粮配合不只是为仔猪提供充足的养分，重要的是要尽快使仔猪适应植物蛋白。一般的观点是原料要含抗营养因子少，多用优质动物蛋白，豆类产品经膨化处理，尿酶活性适中(0.05～0.4)，消除抗胰蛋白酶等抗营养物质；不用棉菜粕等含毒副作用的饲料，要求原料新鲜、无氧化；并可考虑使用过敏反应(组胺)抑制剂。动物性与植物性蛋白源组成成分、性质特征、可消化性、可利用性不同，使得不同蛋白源对仔猪的影响不同。选择仔猪的蛋白质来源时，不但要考虑蛋白质的消化率、适口性，还要考虑氨基酸的平衡性和能否为仔猪提供最佳免疫。

在蛋白原料选择方面，豆粕等植物蛋白质是引起仔猪肠道发生免疫反应的主要抗原物质，大豆球蛋白和聚球蛋白等抗原可导致断奶仔猪肠黏膜细胞发生过敏反应。用膨化大豆代替豆粕，可减少仔猪腹泻率，日增重提高 40%，每千克增重耗料减少0.12 kg。断奶早和较小的猪，膨化大豆取代豆粕的量可达 100%，断奶晚和较大的猪少用膨化大豆以降低饲粮成本，但不影响生长成绩。熟化的豆制品没抗原性，可以多用。用其他原料替代或降低日粮中的豆粕用量，减轻仔猪断奶后生长受阻的有效措施，是增加早期断奶仔猪饲粮中奶产品的用量。

对仔猪来说，除母乳中的蛋白外，其他蛋白都有抗原性。降低饲粮蛋白水平可减轻肠道过敏反应，减缓断奶后腹泻，有效办法是通过添加合成氨基酸并以可消化氨基酸为基础配制饲粮。Goihl(1995)也报道，饲粮中添加赖氨酸、苏氨酸和色氨酸，蛋白水平降低 4 个百分点，对断奶仔猪生产性能无影响。董国忠等(1995)研究表明，低蛋白氨基酸平衡饲粮可降低早期断奶仔猪腹泻。可见，饲粮低蛋白是减少抗原的有效办法。不过实践中、低蛋白日粮也应有度，不能任意降低。

有人提出，哺乳仔猪的高档教槽料不用植物性蛋白质原料。如果教槽料不含豆粕等免疫蛋白质，那么仔猪在断奶前就不会对豆粕产生免疫耐受，不会在断奶后对饲粮中大豆蛋白质具有较好的适应能力。现代养猪程序都是早期断奶，在仔猪 21 日龄或 28 日龄断奶时仔猪还处于易对豆粕产生过敏反应的阶段，所以断奶前不用、断奶后使用豆粕仍然会产生过敏反应，绕不过这个坎！如果断奶后仍然使用动物性蛋白质原料(如乳清粉、鱼粉、喷雾干燥血浆粉或喷雾干燥血粉)，直到仔猪不对豆粕产生过敏反应的 8 周龄左右，这种方案不能发挥仔猪的优秀性能，延迟了仔猪在后来的育肥期对玉米-豆粕型日粮的适应，提高了饲料成本。所以实践中不应该采用这种营养方案。

策略性地使用豆粕可以影响仔猪断奶时的免疫应激。一般的育肥期日粮是玉米-豆粕型，因为这是最低成本的饲粮，所以这是仔猪日粮调整的目标——断奶后尽快把仔猪日粮调整为玉米-豆粕型日粮。其实在断奶前充分补饲可使仔猪对饲粮抗原获得免疫耐受，断奶后仔猪的过敏反应可以避免或程度减轻。一般报道，仔猪建立免疫耐受性所需的补饲量至少是 600 g，这是针对含豆粕 25%左右的所谓玉米-豆粕型日粮，所以折合豆粕当量为 150 g。4 周龄比 3 周龄断奶更容易获得这一采食水平。

我们强调设计乳猪教槽料配方时使用豆粕的策略。哺乳仔猪因为有母乳，所以对饲料的采食量低。配方师要利用母乳的保护作用和采食量低的特点，在设计哺乳仔猪饲料配方时适当使用豆粕，让仔猪在断奶前采食足够豆粕，给仔猪以足够而且适当的免疫刺激，对豆粕产生足够的适应能力，这样就可以避免断奶时的免疫应激反应。而在断奶后两周内，仍然使用断奶前的含豆粕日粮，以避免引起仔猪对豆粕中的抗原蛋白产生刺激反应。过了断奶后的开始阶段，仔猪会尽快适应豆粕蛋白以降低饲料成本。当然，哺乳仔猪日粮用豆粕多了也会有不良反应，所以还要强调教槽料使用豆粕的“合理量”，笔者的经验是使用10％～18％的豆粕，长期生产使用的实践表明，这种策略效果良好。

§1.5 哺乳仔猪教槽料的配方设计

不同配方师的习惯不同。美国人喜欢用猪血浆蛋白，英国主要用脱脂乳，而欧洲大陆喜欢用乳清蛋白。有报道指出，使用了乳制品时，日粮中再加血浆蛋白就没有必要了。高档鱼粉是除豆粕外比较便宜的蛋白质原料，可提高断奶后仔猪的承受力，所以是断奶仔猪常用的饲料原料之一。表 7.3 介绍了哺乳仔猪教槽料中常用原料的用量范围。

设计饲料配方时的具体做法是：①尽可能提高哺乳仔猪的采食量。②乳猪日粮的能量水平不低于 3.6 Mcal DE/kg，赖氨酸不低于 1.5％，蛋白质不低于 20％。③使用最易消化的原料，例如肠膜小肽，膨化豆粕和膨化玉米。④使用酸化剂。⑤使用乳制品和谷氨酰胺。⑥使用耐药的高浓度乳酸菌（例如赐美健）和酵母菌。⑦使用发酵原料和血浆蛋白粉等。⑧花生饼粕是仔猪的好原料。⑨使用合适的添加剂。⑩注意原料的黏度。

表 7.3 哺乳仔猪教槽料中的原料用量范围 g/kg

组成与产品	蛋白质	总赖氨酸	提前开食料配方	开食料配方
乳蛋白				
脱脂乳	350	29	0～300	0～200
酪乳	320	27	0～300	0～250
乳清粉	130	9	0～250	0～100
脱糖乳清	230	15	0～150	0～100
乳清蛋白	350	32.5	0～300	0～200
酪蛋白	840	67	0～200	0～100
动物蛋白				
肉骨粉	450	21	0	0～50
鱼粉(青鱼)	710	56	75～150	75～150
优质白鱼粉	640	51	0～50	0～50
鸡蛋蛋白	450～800	30～70	75～150	75～150
血粉	880	85	10～20	20～30
血浆蛋白	770	61	0～60	0～20
植物蛋白				
膨化全脂大豆			0～250	0～250
去皮豆粕			0～300	0～300
豆粕			100～180	200～300
大豆	470	31.5	0	0～50
全脂大豆	350	23.5	0～180	0～200
大豆蛋白	650	62	0～75	0～75
马铃薯蛋白	780	62.5	0～75	0～75
大豆浓缩蛋白			0～150	0～100
大豆粉	415	27	0～75	0～75
小麦麸	800	18	0～50	0～25

续表 7.3

组成与产品	蛋白质	总赖氨酸	提前开食料配方	开食料配方
其他				
小麦	110	3.2	0～400	0～400
大麦	105	3.5	0～400	0～400
玉米	90	2.5	0～400	0～400
麦草	150	6	0	0～50
燕麦	120	4.5	0～300	0～200
乳糖			180～250	150～200
玉米油、椰子油、大豆油			0～80	30～50
脂肪粉			0～80	0～80
Lys			17～18	15～16
Met			4.8～5	4～4.5

表 7.14 给出了一个典型的仔猪教槽料配方。

表 7.4　乳猪教槽饲料典型配方　　%

原料	配比	养分	营养水平
玉米	55.0	粗蛋白质	20.0
豆粕	9.2	粗脂肪	4.0
膨化大豆	8.0	可消化能/(Mcal/kg)	3.40
鱼粉	5.0	粗纤维	2.0
发酵豆粕	5.0	钙	0.85
血浆蛋白粉	3.0	总磷	0.60
乳糖	6.0	赖氨酸	1.35
葡萄糖	5.0	蛋氨酸	0.4
蛋氨酸	0.9	含硫氨基酸	0.76
赖氨酸	2.2	苏氨酸	0.86

续表 7.4

原料	配比	养分	营养水平
苏氨酸	0.2		
盐	1.0		
石粉	1.3		
磷酸二氢钙	0.7		
氯化胆碱	0.1		
植酸酶	0.1		
乳猪用复合酶	0.05		
微生态制剂	0.05		
预混料	0.5		
合计	100.0		

第 2 节　断奶仔猪的饲料配方设计

仔猪营养方案的主要目的是将仔猪的日粮尽快调整为普通的玉米 - 豆粕型饲料，以降低饲料成本，并且为生长育肥阶段做准备。因而，必须研究良好仔猪性能和低日粮成本间的平衡。

首先，断奶阶段开始的时候仔猪的日龄最好尽可能高一些（我们认为 25 日龄最适合我国的饲养管理体系），体重尽可能大一些。第二，从复杂日粮向简单日粮过渡的过程越快越好。第三，初断奶仔猪常遭遇一种极端的能量缺乏状态，因而增加饲料摄入特别重要。第四，设计日粮配方时记住猪的生物学特性，强化肠道和骨骼发育，注重肠道和骨架培养。第五，注意免疫系统的发育，提高抗病力。第六，良好的管理：迅速让仔猪吃、喝到饲料和饮水，并不断对料槽进行监控和调整。

§2.1　影响断奶仔猪生产性能的因素

断奶仔猪生产性能受很多因素影响，而且这些因素往往共同影响仔猪生存和生长发育，因此不应把它们分开单独考虑。

(1)断奶体重或日龄。由于断奶体重和断奶后的生长性能之间有很强的正相关关系，所以提高仔猪断奶体重相当重要。据堪萨斯州立大学 Main 等(2004)研究，21 日龄内，延长断奶日龄可以线性地提高断奶至上市之间的增重率，降低死亡率。更明确地说，这种线性的增重率提高和死亡率降低主要发生在断奶后 42 d 之内，而此后直到肥育阶段当中生长性能也会表现出一定程度的改进。在 21 日龄之前，随着断奶日龄的延长，经济效益也呈线性提高。这些研究测量了平均日增重、死亡率，以及每头断奶仔猪平均出栏体重等指标。

表 7.5 列出了仔猪断奶体重与其后生长性能的关系。仔猪断奶体重超过 7 kg 时不容易患腹泻、水肿等常见病，而且 10 周龄时很容易达到 30 kg。

表 7.5　25～29 日龄断奶体重对 78 日龄性能的影响

断奶体重/kg	78 日龄体重/kg	日增重/g
6.14(n=1 000)	30.4	454
7.95(n=1 000)	35.6	529

6.2 kg(21 d)断奶的仔猪只消化乳糖、乳蛋白、乳脂(短链饱和脂肪酸、不饱和脂肪酸)，8.5 kg(28 d)断奶的仔猪有消化淀粉、蛋白质能力。所以，设定不同的断奶日龄，决定了断奶仔猪料产品配方的基本结构。21 日龄断奶猪与 28 日龄断奶的仔猪，在配方结构方面存在差异。21 日龄断奶的仔猪料更适合粉料，因为需要添加大量奶制品，不适合制粒工艺。28 日龄断奶的更适合颗粒料，因为这时可以少加奶制品，而利用一定的淀粉、植物蛋白，适合热加工。

由于补饲和母猪饲养方式的改进，要达到上述体重已不困难。这些体重较大、年龄稍大的仔猪在断奶前都采食过固体饲料，促进了消化道发育，并且在断奶时，都会比体重轻、日龄小的仔猪有更强的免疫抵抗力。增加断奶日龄至 28 d 或断奶体重高于 6.5 kg 对仔猪的生长发育以及存活有很大好处，但对母猪繁殖力略有影响。国外猪场有的管理方式是 21 日龄断奶（变异范围为 18～24 日龄，4.5～6.0 kg 体重），依然限制了母猪繁育性能的发挥，所以国外有超早期断奶方案。

日龄较小的仔猪，断奶前没有很多机会采食固体饲料，不能有效地消化植物性蛋白质，它们对环境温度要求较高，而且更易患拉痢等疾病。体重和日龄稍大的仔猪出现拉痢的机会就少。因此，若想使这些体重稍低的仔猪能在断奶后达到标准体重，就必须采取一些特殊管理措施和不同营养供给策略。

（2）营养因素。仔猪断奶体重在 4～5 kg 时，增重速度与日粮中消化能浓度呈正相关，直到每千克日粮含 15 MJ DE 为止。因此，为断奶仔猪配制的日粮常常是高能量浓度。饲料原料的选择也相当重要，配制仔猪日粮时一般选用消化性好的动物性蛋白质原料（如奶粉、鱼粉、血粉和肉粉等），少用豆粕等植物性蛋白质原料，并增加赖氨酸含量。配制满足于这些参数的日粮时，所用原料的成本就会很高。但是只在断奶后 3 周内使用这种饲料，甚至只用 1 周，然后换成体重较大的猪使用的普通日粮。这一阶段饲喂的日粮虽然成本较高，但用量较少，只占整个饲料用量的 4%～5%，对整体饲料成本的影响不大。

要尽快将复杂日粮转为简单日粮。一定要牢记几个要点：①饲料采食量决定生长性能。②在头几周复杂日粮之所以能够提高生长性能是因为它能够提高采食量。③日粮复杂程度一定要尽快降低，因为随着仔猪成长，复杂日粮对采食量的提高作用会很快消失。

配制断奶仔猪日粮时有几个误区需要避免。一是选用消化率很高而适口性不高的原料。二是采用质量不好的乳清或其他蛋白源。三是想要通过提高纤维含量来促进肠道健康。最后，要避免过长时间地饲喂昂贵的复杂日粮。

(3)环境条件。猪舍环境是影响仔猪生长性能和仔猪存活率的重要因素。如果仔猪圈舍环境条件较差，可采取防疫措施或增加断奶日龄来保证仔猪存活率，但增重速度很难用提高营养水平的措施来补救。

仔猪的体温调节能力较差。断奶应激通常引起断奶后的最初几天内进食量降低和体内脂肪损失。仔猪体内贮存脂肪少，损失部分体脂后对寒冷更敏感。因此，断奶猪舍内温度应增加大约4℃，然后随着摄食量增加而逐渐降低舍内温度。3～4周龄断奶的，环境温度需在26～30℃。断奶日龄及体重越小，对舍内温度的要求越高，并要求相对稳定。参见表7.6。

表7.6　断奶仔猪躺卧处所需的空气温度

体重/kg	2～4	4～6	6～8	8～12	12～18
温度/℃	30	29	27	25	21

舍内温度每日变化超过6℃时，就会引起仔猪腹泻及生长缓慢。8周龄前尤其敏感。舍内垂直温差也不能过大，人眼高度的温度可能比仔猪躺卧处的温度高3℃左右。仔猪对环境的要求不仅是温度，空气流速、贼风、潮湿度、地面类型、采食量、饲养密度和周围物体(如墙、天花板、地面)温度等也很重要。因此，仔猪躺卧处的空气温度只不过是为其创造一个舒适环境所要考虑的诸多因素之一。

(4)其他因素。断奶仔猪的健康状态、日粮类型(颗粒饲料或粉料)、饲喂方式和管理人员的素质都影响仔猪性能。给仔猪颗粒饲料或勤喂、少添都可促进仔猪生长，规范的管理也可改善仔猪生长性能。

§2.2　断奶仔猪的三阶段饲养方案

有些猪场为减少补饲期的饲料费用常用简单的玉米-豆粕型日粮作开食料，仔猪生长速度缓慢。他们相信在后继的生长肥育期间能通过较快的生长速度来补偿前期生长的不足。这种饲喂方式的优点是：饲料成本低，管理费用投入也少。这在一些小型猪场或养猪户也许是合适的，因为他们的设备折旧和人工成本都很低。然而要注意的是，补偿生长存在与否是值得怀疑的。

实践中可按周龄配制饲粮。由于仔猪生长快，体成分变化也较快，尤其是对蛋白质和氨基酸的需要，随年龄增长，仔猪所需蛋白质和氨基酸在饲粮中的百分比下降速度较快。同时，早期断奶仔猪的消化道功能不健全，按其实际需要配制饲粮，有利于提高生长速度和降低生产成本。但实践中，除非大猪场，一般因操作麻烦而不使用。

为此，Nelssen（1986）提出了三阶段饲喂方式，即把断奶到 20 kg体重阶段的日粮分为三个阶段来配制（表 7.7），这样有利于仔猪生长发育，使仔猪迅速过渡到玉米-豆粕型日粮，既保证仔猪断奶不应激又能降低日粮成本。它的优点就是适用于不同断奶日龄的仔猪。三阶段饲喂体系的提出，成为仔猪从断奶前的高脂肪、高乳糖的液体乳汁向断奶后由谷物和豆饼组成的低脂肪、低乳糖、高碳水化合物的干饲料转变的一种有效手段。阶段 1 和阶段 2 是根据最大消化率、最佳生产性能和经济效益综合分析而设计出来的，主要目的是诱使仔猪开始采食固体料。仔猪一旦能采食相当量的固体饲料，就可以在确保良好生产性能的前提下尽快降低饲料成本。因此，在阶段 3，可以去掉适口性好、价格高的原料以降低饲料成本。三阶段饲喂体系的关键是第 1、2 阶段的时间不能太长。生产者往往过于注重仔猪生长速度，在仔猪达到了推荐体重范围，还继续使用前两阶段的饲料，从而增加了总的饲料成本。事实上，仔猪在 4 周龄或 4 周龄以后，就没有必要继续饲喂第 1 阶段的高成本日粮了。

分阶段配制饲粮可以充分适应仔猪消化道特点。开食料应该选用高质量的、相当于隔离早期断奶日粮水平。仔猪断奶后 7～10 d 延续使用开食料，以达到平稳过渡。

表 7.7 仔猪三阶段饲喂体系开食料的特征及推荐配方

原料	阶段 1：高营养浓度日粮	阶段 2：乳清粉开食料	阶段 3：玉米-豆粕料
蛋白质/%	20～22	18～20	18
赖氨酸/%	1.5	1.25	1.10
脂肪/%	4～6	3～5	—
食用级乳清粉[a]/%	15～25	10～20	—
干脱脂奶粉[a]/%	10～25	—	—
鱼粉[b]/%	0～3	3～5	—
铜/(mg/kg)	190～260	190～260	190～260
维生素 E/(IU/t)	40 000	40 000	40 000
硒/(mg/kg)	0.3	0.3	0.3
抗生素[c]	＋	＋	＋
物理形态	1/8 颗粒料	颗粒料或粉料	粉料

注：a. 喷雾干燥猪血浆蛋白粉和乳糖可以完全代替阶段 1 的乳清粉和脱脂奶粉；b. 喷雾干燥血粉（2%～3%）可以代替阶段 2 的鱼粉；c. 在抗菌素的使用方法上，也可以在第一阶段使用 Aparmycin，第二阶段使用卡巴氧；d. 预混料可为每千克全价日粮提供：四环素，110 mg；磺胺噻唑，110 mg；青霉素，55 mg；维生素 A，5 512 IU；维生素 D_3，551 IU；维生素 E，22 IU；维生素 K_3，2.2 mg；维生素 B_2，5.5 mg；D-泛酸，13.8 mg；烟酸，30.3 mg；胆碱，551 mg；维生素 B_{12}，27.6 μg；锰，150 mg；铁，150 mg；锌，150 mg；钙，60 mg；铜，260 mg；钾，3 mg；碘，4.5 mg；钠，3 mg；钴，1.5 mg；硒，0.3 mg。

§2.3 降低断奶应激的营养策略

断奶仔猪管理最重要，如果饲养管理水平低下，那么日粮再好也无济于事。仔猪一转入断奶舍，就需要持续供应饲料和饮水。断奶仔猪管理中常见的缺陷包括：①仔猪难于接触饲料和饮水；②对饥饿仔猪使用抗生素治疗，而不是帮它们摄入饲料和饮水；③料盘中饲料过多，导致饲料浪费和发霉；④改进饲喂技术，断奶后仔猪最好使用流食或湿拌料饲喂，报道的水、料比是 2∶1 时最好，笔者经验，水、料比为(1.3～1.5)∶1 为好，另外自由饮水。

(1)提高仔猪日粮消化率，增加采食量的措施：①选用消化率高的原料(血浆蛋白粉、优质鱼粉和奶制品)。②添加酶制剂(淀粉酶、胃蛋白酶、纤维素酶等)。③合理加工处理(膨化、制粒、酶解等)。④使用诱食剂。⑤肠道微生物区系调控技术，使用耐热活性酵母、益生菌、甘露寡糖等。⑥使用酸化剂。

(2)降低仔猪日粮抗原性的措施：①对豆粕进行加工或限制用量在 10%～18%。②降低蛋白水平(EAA，NSP 等)。③断奶前充分补饲。采用流食饲喂是提高仔猪采食量的关键技术之一。

(3)平衡饲料酸碱性的措施：①选用酸结合力低的饲料；添加复合酸化剂或有机酸。②注意日粮的离子平衡。

(4)免疫调节技术，使用共轭亚油酸、大豆异黄酮、血浆蛋白粉、维生素。①共轭亚油酸可增加早期断奶仔猪日增重，改善饲料转化率，提高早期断奶仔猪血液淋巴细胞转化率，提高早期断奶仔猪血液免疫球蛋白水平，提高早期断奶仔猪血清溶菌酶活性，提高早期断奶仔猪肝脏和结肠黏膜过氧化物酶增殖物激活受体——rmRNA 的拷贝数。②大豆异黄酮可改善早期断奶仔猪性能，降低早期断奶仔猪腹泻率，改善早期断奶仔猪免疫功能。

(5)饲料营养调控技术，强调营养平衡，包括电解质平衡、使用谷氨酰胺二肽等。

(6)尽快从复杂日粮过渡到简单的常规饲料，严格设计仔猪料与乳猪料的衔接和过渡，不要将乳猪料与仔猪料的质量档次拉得太大。前后衔接是过渡到基础的玉米－豆粕日粮的关键技术。

(7)断奶后短时期内小颗粒(2.5 mm)饲料效果好于直径为4.0 mm或5.0 mm的颗粒饲料,小颗粒有助于提高营养物质消化率。

(8)除饲料配方外,还要综合考虑加工工艺和加工设备。

(9)饲养管理方案很重要。哺乳期要采食足量的普通豆粕,使仔猪产生免疫耐受,这是避免断奶时营养应激的重要技术。

(10)为控制仔猪断奶腹泻,过去常大量使用抗生素,这个“技术”古老但有效,至今还是不入流的配方师的臭招数。

§2.4 组合应用各种添加剂

(1)高铜(250 mg/kg)和抗生素对于控制断奶后腹泻和对仔猪的促生长作用,具有加性效应。日粮中补加高剂量维生素E,对提高断奶仔猪的免疫能力有益。

需要指出,由于早期断奶仔猪消化道机能和对疾病抵抗能力都差,许多教槽料使用高剂量药物来控制腹泻,导致仔猪肠道微生态平衡脆弱,断奶后仔猪转用一般料时,教槽料的表面优势会消失殆尽。尤其是铜用量常高于300 mg/kg,这会抑制仔猪采食量,抑制仔猪生长发育。

(2)饲粮中加入有机酸可弥补仔猪胃酸分泌不足,添加有机酸效果明显优于无机酸,而有机酸成本高,腐蚀机械设备,过高比例影响适口性。目前多采用以磷酸为基础的无机、有机复合酸化剂,不仅可提供磷,同时兼顾适口性和价格。笔者以为在简单的玉米-豆粕日粮中使用有机酸最好,可用柠檬酸、延胡索酸和丙酸。柠檬酸提高日粮适口性,参与三羧循环供能,代谢途径比葡萄糖短,因此能有效缓解应激;还延长饲料在消化道的停留时间,提高饲料消化率;有机酸可与钙、磷等矿物质元素发生螯合作用,促进矿物质元素吸收。

关于柠檬酸、铜和抗菌素三者对仔猪增重的互作效应,有报道说，仔猪增重只受日粮酸度影响，与铜和抗菌素无关，但饲料转化效率的变化幅度大于增重速度。延胡索酸添加 3% 时日增重和饲料转化效率最好。

有机酸有一个特定的最小抑菌浓度，例如，革兰氏阴性菌仅对碳原子数小于 8 的酸敏感，而革兰氏阳性菌则对链长更长些的中链酸敏感(Partanen，2001；Strauss 和 Hayler，2001)。

有机酸与相应的有机酸盐相比较，以甲酸和甲酸钠为例，为日粮提供等量的阴离子时，甲酸钠对生产性能(ADG、FCR)的改善只有甲酸的 50%，这说明酸化剂的促生长作用一方面是由阴离子引起，另一方面是由 pH 值降低所致。在肠道中起主要抑菌作用的应该更可能是阴离子，因为肠道 pH 值变化很小。重要的是，要添加足够剂量的阴离子，有机酸的分子质量越小，其作用似乎越显著。有机酸可通过被动扩散吸收，并在体内代谢产生能量，其产生能量的效率很高，因此在设计配方时应该考虑其供能效应。富马酸和柠檬酸的有效能量与葡萄糖相当，而乙酸和丙酸产生的有效能量分别只有葡萄糖的 85% 和 87%。

表 7.8 给出了酸化剂常用酸及其盐的最小抑菌浓度(MIC)。

表 7.8　单酸及其混合物对 E. coli 的最小抑菌浓度(MIC)　　%

测试物	MIC	测试物	MIC
乙酸	0.058 6	醋酸铵	>1
甲酸	0.029 3	甲酸铵	>1
乳酸	0.117 2	甲酸钙	>1
正磷酸	0.058 6	乙酸/甲酸混合物(1∶1)	0.058 6
柠檬酸	0.117 2	甲酸/正磷酸(1∶1)	0.029 3
丙酸	0.058 6	甲酸/乳酸(1∶1)	0.029 3
富马酸	0.058 6		

注：据 Liem，D. T.，2007。

(3)使用酶制剂。针对早期断奶仔猪消化酶分泌不足,可以加入外源酶进行强化。主要是补充胃、胰蛋白酶及淀粉酶,可选用市场销售的酶制剂产品,但是要注意饲料加工中的损失。

(4)仔猪皮红毛亮问题。皮红毛亮只适用于白猪,不适于黑猪。毛皮光亮表明猪只健康,没有疾病。饲料营养均衡是保持仔猪健康的主要因素,饲料营养的全价性是仔猪皮红毛亮的基础。毛长可能与整体营养有关,维生素、微量元素、能量、氨基酸等,只有全面地调整配方,否则很难解决。要注意维生素 A,维生素 B_2,维生素 B_5,维生素 B_6 和生物素(H),生长速度快的需求量大,夏季炎热采食量低,为缓解热应激需求量大。石粉等矿物质和微量元素的原料中常含有有毒的重金属,它们会影响动物生长、代谢、健康。亚麻籽粕富含 B 族维生素和有机硒,少量使用有改善皮毛质量的作用。

猪毛长还可能有环境和疾病原因。温度低时仔猪本能长毛;环境不舒适,脏、乱等;环境应激也引起毛乱,如噪声,断电,缺水等。所以要给猪一个温暖舒畅的环境。有寄生虫病时仔猪营养不良,毛长。

猪只的皮肤是否红,从理论上来说,可以用色度测定仪测定。实践中有个简单办法,就是读者看看自己的手掌颜色,这就是肉色,至多是拍一下手,然后看看手掌颜色,这就是皮红。很多配方师绞尽脑汁采取各种手段追求猪的皮红,浪费大量资源以迎合市场的不正当要求,甚至使用超量的有毒添加剂,使猪皮肤红得过分,不再是正常的肉色,这其实是猪处于亚中毒状态,只会在短期饲养中蒙蔽养猪人,根本不会使猪快速生长。

毛亮的标准,就是在阳光下可以看见猪毛闪光,就像走在海边的沙滩上可以看见的景象,但是不会整个猪毛都闪光,这才是猪健康的标志。一般来说，皮亮、毛亮并不难解决。如果饲料配方设计合理，能满足动物营养需求，营养平衡，在没有疾病的情况下，猪的皮肤会自然有油度，皮和毛都会比较亮，根本不需要超量甚至违法使用添加剂。

皮红毛亮是一种外在表现，是非生产性指标，因此，不应片面强调这些指标，否则会带来成本压力和经济损失，应遵从营养学规律，客观辩证地理解皮红毛亮。行业中还有其他唬人的口号，例如拉黑粪，都是无良饲料厂家的不正当竞争手段。

(5)断奶仔猪料。以预防肠道疾病＋呼吸道疾病为主的药物推荐方案如下(注意药物的苦味对采食量的影响)：

1)新霉素 150～200 g/t 全价料(新秀 200～250 g/t 全价料)＋恩拉霉素 120 g/t。恩拉霉素对革兰氏阳性菌和厌氧菌作用效果明显，临床常用于促进生长和预防厌氧菌感染，与新霉素合用可增强其对大肠杆菌、沙门氏菌、厌氧菌的作用效果。推荐此配方可用于肠道和厌氧菌的预防。

2)优益 125～150 g/t 全价料＋抗敌素 40～50 mg/kg。优益为广谱抗菌药物，抗敌素主要对革兰氏阴性菌具有强杀灭作用，优益与抗敌素配伍也有很好的协同作用，可用于仔猪料中预防肠道疾病和促生长，解决细菌对抗敌素＋杆菌肽的耐药。

(6)在无机铜盐中，硫酸铜最有效(表 7.9)。铜的用量，在大多数情况下，使用硫酸铜时，250 mg/kg 的效果为 200 mg/kg 以下效果的 2 倍，高剂量硫酸铜与抗生素联合使用有协同效应。注意猪的体重 60 kg 前有效，60 kg 后效果很弱，尤其是将来源于硫酸铜的 250 mg/kg 一直使用到肥猪出栏，可能导致肝脏蓄积太多的铜，抑制猪生长。

表 7.9　铜的剂量和来源对仔猪的影响

铜源	不添加	硫酸铜		蛋氨酸铜		碱式氯化铜	
添加量(mg/kg)		125	250	125	250	125	250
始重/kg	13.06	13.14	13.11	13.14	13.04	12.97	12.97
末重/kg	23.94	24.06	24.71	15.16	23.52	24.64	24.49
ADG/g	461	461	476	503	448	497	488
ADFI/g	863	834	809	881	791	859	882
饲料/增重	1.89	1.82	1.72	1.76	1.76	1.74	1.69

注：资料来源于谯仕彦，2005。

§2.5　断奶仔猪日粮的配方设计

断奶仔猪所需营养由母乳和饲料供给转为仅从饲料中获得，这对仔猪是个很大应激，常会导致食欲下降，消化力减弱，所以，饲料的适口性，营养性，易消化性都要好，以精料为主，且种类多样化。

早期断奶仔猪日粮设计常是高能量、高蛋白和多种非营养性添加剂。断奶仔猪能很好地消化乳源原料，例如奶粉、乳清粉、乳糖等(表 7.10)，对植物来源的原料消化率较低。应制成直径为 0.238～0.318 cm 的颗粒料。

表 7.10　日粮乳糖水平对断奶后 14 d 仔猪性能的影响

	乳糖水平				
	7%	11%	15%	19%	23%
日增重/g	0.20	0.21	0.25	0.24	0.26
采食量/g	0.25	0.27	0.27	0.27	0.29
饲料/增重	1.27	1.30	1.14	1.16	1.11

注：Owen 等，1993. 387 头仔猪、21 d 断奶、断奶体重 5.4 kg。

仔猪的能量饲料最好是乳糖及其等价物，包括乳清粉、葡萄糖、蔗糖都是早期断奶仔猪的良好能源（表7.11）。应在断奶后立即高量使用乳糖及其等价物，1周后迅速降低，仔猪体重达到10～12 kg时日粮中不再使用乳糖。玉米-豆粕型日粮中使用乳清粉时至少要在15%以上。是否在日粮中添加油脂取决于成本，尽管如此，油脂在早期断奶日粮和过渡日粮当中通常是例行添加的，因为这两个阶段的日粮通常都是颗粒料。油脂对饲料颗粒有润滑作用，可提高颗粒料的质量。对于大于7 kg体重的仔猪，添加油脂可提高日增重和饲料转化效率。通常建议添加3%～6%的油脂。油脂质量应该有保障，建议选用白油脂或植物油，例如豆油。不宜选用牛油、禽油或厨余提炼油。

乳清粉、次粉、膨化玉米、膨化豆粕等原料黏性较高，不仅影响制粒，而且影响仔猪采食，用量太大会黏嘴，影响采食量。

表7.11 不同原料对21日龄断奶后第2周的影响

	淀粉	乳糖	葡萄糖	蔗糖	干乳清
日增重/g	241	294	259	292	286
采食量/g	298	329	319	339	334
饲料效率	1.22	1.11	1.21	1.15	1.16

仔猪对氨基酸不平衡的饲粮采食量下降。植物性饲料的蛋白质品质一般比动物性饲料差，必需氨基酸含量低。配制日粮时，使用包括动物性饲料在内的多品种饲料，利用其氨基酸含量和比例的不同，相互间取长补短，可弥补相互氨基酸的缺陷。仔猪对以玉米、豆饼、乳制品和动物性蛋白饲料等组成的复杂日粮的营养互补性好，消化率高，适口性强，有助于仔猪提高采食量和日增重，不管是3周龄还是5周龄断奶，简单日粮的饲养效果始终比复杂日粮差。

早期断奶仔猪可较好地利用奶蛋白和高消化性动物蛋白质。所以应选用动物性蛋白质饲料原料来设计日粮，如血浆蛋白粉、脱脂奶粉、乳清蛋白粉、鱼粉、喷雾干燥猪血粉等，或膨化大豆粉、膨化豆粕等进一步加工的豆制品，抗营养因子少、氨基酸平衡性好、消化利用率好，同时使用氨基酸添加剂来平衡日粮氨基酸，可降低饲粮蛋白质水平，降低仔猪断奶后腹泻的发生率。此外，由于蛋白质是日粮主要抗原物质来源之一，因此，还应注意饲粮蛋白质的品质，减少饲料中的抗原因子和过敏性物质，防止异常性免疫反应的发生，在实际生产中可以大大缓解"断奶应激"症状。

选择原料时要注意原料对产品加工过程的影响。含淀粉高的原料粒料硬（易碎），粉多。含纤维素高的原料易黏合链接，易成型、易吸收水分，含木质素高的原料不易黏合，易断裂、不易吸收水分，高木质素导致粒料断裂和表面粗糙，出环模后膨胀。脂肪添加量取决于其可吸收性和脂肪酸度，以及对粒料质量的影响，由于细胞膜的原因，原料内含油好于外加油，所以膨化大豆好于膨化豆粕。低容重的原料需要高强度的挤压，制粒过程趋向膨化，能耗高，产量低。

设计早期隔离断奶仔猪日粮时可以参考表 7.12 比例使用常见原料。

表 7.12　三阶段饲喂方案的原料用量

使用的仔猪	SEW	过渡日粮	阶段 1	阶段 2	阶段 3
体重/kg	2～5	5～7	＜7	7～11	11～23
玉米/%	不限	不限	不限	不限	不限
豆粕/%	12～15	12～15	12～15	15～20	不限
喷雾干燥血浆粉/%	5.0～7	2.0～3.0	6.0～8.0	2～4	不加
喷雾干燥血粉/%	1.0～2.0	0～3.0	0～3.0	0～3.0	—
精制鲱鱼粉/%	3.0～8.0	2.0～3.0	3.0～8.0	2.0～3.0	—

续表 7.12

使用的仔猪	SEW	过渡日粮	阶段 1	阶段 2	阶段 3
脂肪或脂肪粉/%	3.0～6.0	3.0～5.0	5.0	0～3.0	0～6
乳糖/%	18～25	15～20	25～30	10～20	—
乳清粉/%	20～30	10～20	15～25	0～10	—
脱脂奶粉/%	0～20	0～15	0～10	0～5	—
赖氨酸/%	1.7～1.8	1.5～1.6	1.5	1.3	1.2
蛋氨酸/%	0.48～0.5	0.43～0.45	0.42～0.43	0.36	0.33
食盐/%	0.3～0.5	0.3～0.5	0.3～0.5	0.3～0.4	0.3
氧化锌/(mg/kg)	2 500～3 000	2 500～3 000	2 000～2 500	2 000	—
硫酸铜/(mg/kg)	—	—	—	—	125～250
玉米粒度/μm	600	600	600	750	750
日粮粒度/μm	<800	<800	<800	<800	<800
颗粒直径/mm	2～6	2～6	2～6	2～6/粉状	2～6/粉状

注：a. 喷雾干燥猪血浆蛋白粉和乳糖可以完全代替阶段 1 的乳清粉和脱脂奶粉；b. 喷雾干燥血粉(2%～3%)可以代替阶段 2 的鱼粉；c. 在抗菌素的使用方法上，也可以在第一阶段使用 Aparmycin，第二阶段使用卡巴氧；d. 预混料可为每千克全价日粮提供：四环素，110 mg；磺胺噻唑，110 mg；青霉素，55 mg；维生素 A，5 512 IU；维生素 D_3，551 IU；维生素 E，22 IU；维生素 K_3，2.2 mg；维生素 B_2，5.5 mg；*D*-泛酸，13.8 mg；烟酸，30.3 mg；胆碱，551 mg；维生素 B_{12}，27.6 μg；锰，150 mg；铁，150 mg；锌，150 mg；钙，60 mg；铜，260 mg；钾，3 mg；碘，4.5 mg；钠，3 mg；钴，1.5 mg；硒，0.3 mg。

参考文献

[1] 陈邦云，张克英，吕继蓉，等. 饲料电解质平衡与动物营养[J]. 中国饲料行业信息网，2003-3-4.

[2] 高庆.生长猪利用饲料能量的研究进展[R].四川农业大学动物营养研究所,2003-11-3.

[3] 韩友文.动物营养研究的几个热点问题[R].中国养殖网,2004-8-16.

[4] 冯定远.配合饲料学[M].北京:中国农业出版社,2003.

[5] 高俊杰,车向荣.断奶仔猪饲粮中添加微生物植酸酶和柠檬酸对钙、磷利用率的影响[J].养猪,2007(4):6-8.

[6] 顾宪红,李德发.仔猪脂肪代谢的影响因素[J].饲料研究,2001(4):10-14.

[7] 郭景峰,彭睿.乳猪料加工工艺的最新变化及主要设备的选型[J].饲料博览,2006(3):21-23.

[8] 霍启光.制作早期断奶仔猪饲料配方的基本原理[PPT].2005-12-8.

[9] 计成.仔猪消化生理缺陷及添加剂应用[PPT].2009-2-18.

[10] 李凯年,孟丹,孟昱.通过营养手段调节增强畜禽免疫功能.中国动物保健,2010(10):37-40.

[11] 刘清泉.专业养殖户乳猪料产品质量偏好实证研究[J].经济师,2007(4):231-232.

[12] 刘永学,王安.动物营养中的酸碱平衡与蛋白质代谢相互关系探讨[J].中国饲料行业信息网.2003-4-28.

[13] 龙江松,肖定福.益生素及其在仔猪饲养中的应用[J].添加剂,2005,1:17-19.

[14] 杨玉芬,乔建国,王文元,等.新生仔猪免疫人工乳配方的研制及其生产效果的研究[J].养猪大视野,2005(4):37-39.

[15] 马艳凤.什么类型的乳清粉适合仔猪[J].国外畜牧学——猪与禽,2006,26(4):12-13.

[16] 潘根长.猪毛异常与防制措施[J].浙江畜牧兽医,2002(3):22.

[17] 谯仕彦. 猪营养研究新进展[PPT]. 国家饲料工程技术研究中心,2005.
[18] 邵明丽,许梓荣. 猪脂肪代谢及其调控研究进展[J]. 中国饲料行业信息网,2002-12-6.
[19] 孙献忠,熊本海. 用饲料化学成分预测猪饲料能值的研究进展[J]. 中国畜牧兽医,2006,33(11):19-23.
[20] 王景成,Michael,贺永超,等. 早期断奶仔猪的营养需要及其腹泻的原因和防制[J]. 中国猪业,2010(1):40-43.
[21] 王启军,唐明红,欧阳燕. 不可溶性和可溶性日粮纤维对早期断奶仔猪肠道食糜的理化性质及微生物区系的影响[J]. 饲料广角,2010(5):26-29.
[22] WH Close,DJA Cole. 母猪与公猪的营养[M]. 王若军主译. 北京:中国农业大学出版社,2003.
[23] 王统石. 饲料配方的经济学原理[J]. 北方牧业,2007.11.5.
[24] 汪丽华,王统石. 乳猪的理想氨基酸模型[J]. http://www.wangtongshi.com,2007-12-19.
[25] 伍喜林,杨凤. 仔猪隔离超早期断奶(SEW)方案的营养学原理[J]. 饲料研究,2002(5):4-7.
[26] 徐奇友,惠琳. 早期隔离断奶仔猪的营养与饲料[J]. 饲料工业,2005,26(16):53-56.
[27] 余佳胜,陈晓辉,曾邦藩. 对乳猪料配制特点及原料选用要点的探讨[J]. 广东饲料,2008,17(2):21-24.
[28] 章红兵,李君荣,邵康为. 膨化玉米对断奶仔猪肠黏膜形态和腹泻的影响[J]. 中国粮油学报,2010(1).
[29] 张振斌,蒋宗勇,林映才,等. 早期断奶仔猪的消化生理与日粮配制. http://tech.feedtrade.com.cn,2008.
[30] 赵晓明,李世丁,赵继文. 日粮营养调控技术在仔猪生产中的应用研究[J]. 中国饲料行业信息网. 2003-3-3.

[31] 中华人民共和国国家标准. 大豆肽粉(GB/T 22492—2008). 2005,26(16):53 - 56.

[32] 中华人民共和国国家标准. 大豆肽粉(GB/T 22492—2008). 中国饲料行业信息网. 2002 - 7 - 10.

[33] Ioannis Mavromichalis. Ariston Nutrition[J]. pig Progress. 2009. 25(8):14 - 15.

附录 1　美国 NSNG(2010)推荐的饲养标准

附表 1　保育猪的氨基酸、钙、磷推荐量[ab]

美国 NSNG 标准 2010	保育期(离乳期:Nursery)			
日粮类型	阶段 1	阶段 2	阶段 3	阶段 4
体重/kg	4～5	5～7	7～11	11～20
日采食量/kg	0.16	0.25	0.50	1.00
日增重/g	145	204	363	567
日粮消化能/(Mcal/kg)	3.66	3.63	3.45	3.45
日粮 ME/(Mcal/kg)	3.505	3.483	3.307	3.307
日粮净能/(Mcal/kg)	2.6	2.58	2.45	2.45
真蛋白/%	24.79	24.00	20.80	19.91
占日粮的%				
赖氨酸总量/%	1.7	1.65	1.44	1.38
标准化理想可消化的 SID				
赖氨酸/%	1.56	1.51	1.31	1.25
苏氨酸/%	0.97	0.94	0.81	0.78
蛋氨酸/%	0.44	0.42	0.37	0.35
蛋氨酸＋胱氨酸/%	0.9	0.88	0.76	0.73
色氨酸/%	0.27	0.26	0.22	0.21
异亮氨酸/%	0.86	0.83	0.72	0.69
缬氨酸/%	1.01	0.98	0.85	0.81
精氨酸/%	0.65	0.63	0.55	0.53
组氨酸/%	0.50	0.48	0.42	0.40
亮氨酸/%	1.56	1.51	1.31	1.25
苯丙氨酸/%	0.94	0.91	0.78	0.75

续附表 1

美国 NSNG 标准 2010	保育期(离乳期:Nursery)			
日粮类型	阶段 1	阶段 2	阶段 3	阶段 4
标准化理想可消化的 SID				
苯丙氨酸+酪氨酸/%	1.47	1.42	1.23	1.18
钙/%	0.9	0.85	0.85	0.75
总磷/%	0.75	0.70	0.70	0.65
有效磷(可利用磷)/%	0.6	0.55	0.45	0.37
可消化磷/%	0.57	0.53	0.40	0.33
g/Mcal ME				
总赖氨酸	4.85	4.74	4.35	4.17
标准化理想可消化的 SID				
赖氨酸	4.45	4.34	3.96	3.78
苏氨酸	2.77	2.7	2.45	2.36
蛋氨酸	1.26	1.21	1.12	1.06
蛋氨酸+胱氨酸	2.57	2.53	2.3	2.21
色氨酸	0.77	0.75	0.67	0.64
异亮氨酸	2.45	2.38	2.18	2.09
缬氨酸	2.88	2.81	2.57	2.45
精氨酸	1.85	1.81	1.66	1.60
组氨酸	1.43	1.38	1.27	1.21
亮氨酸	4.45	4.34	3.96	3.78
苯丙氨酸	2.68	2.61	2.36	2.27
苯丙氨酸+酪氨酸	4.19	4.08	3.72	3.57
钙	2.57	2.44	2.57	2.27
总磷[c]	2.14	2.01	2.12	1.97
有效磷	1.71	1.58	1.36	1.12
可消化磷	1.63	1.52	1.21	1.00

注:a. 在温度适中区全饲;b. 推荐量是相对于日粮可代谢能(ME)密度;计算中使用的原料能值来自 PIG Factsheet ＃07—07—09 (Composition and Usage Rate of Feed Ingredients for Swine Diets);c. 在日粮中添加植酸酶时应降低总磷值,但在使用高锌促生长时,来自植酸酶释放的磷减少 30%;d. NSNG(2010)版没有给出蛋白质需要量,这里的数据为王继华根据第 3 章所讲的原理而推断的数值,假定了原料平均消化率为 90%,实践中原料消化率有变化时,可根据第 3 章给出的公式计算。

附表 2　保育猪日粮乳糖、食盐、微量元素和维生素的推荐添加量[ab]

日粮类型	阶段 1	阶段 2	阶段 3	阶段 4
体重/kg	4～5	5～7	7～11	11～20
日采食量/kg	0.16	0.25	0.50	1.00
日增重/g	145	204	363	567
ME/(Mcal/kg)	3.50	3.48	3.30	3.30
乳糖/%	20～25	15～20	5～10	0
矿物质[b]				
食盐/%	0.15～0.40	0.15～0.40	0.25～0.40	0.30～0.40
钠/%	0.25～0.45	0.20～0.45	0.20～0.45	0.15～0.45
氯/%	0.25～0.45	0.20～0.45	0.20～0.45	0.15～0.45
铜/(mg/kg)[c]	6～20	6～20	6～20	5～20
碘/(mg/kg)	0.14～0.35	0.14～0.35	0.14～0.35	0.14～0.35
铁/(mg/kg)	100～180	100～180	100～180	80～180
锰/(mg/kg)	4～30	4～30	4～30	3～30
硒/(mg/kg)[d]	0.30～0.30	0.30～0.30	0.30～0.30	0.25～0.30
锌/(mg/kg)[e]	100～180	100～180	100～180	80～180
维生素[b]				
VA/(IU/kg)	1 000～5 500	1 000～5 500	1 000～5 500	800～5 500
VD_3/(IU/kg)	100～500	100～500	100～500	90～500
VE/(IU/kg)	7～35	7～35	7～35	5～35
VK/(mg/kg)	0.23～4	0.23～4	0.23～4	0.23～4

续附表 2

日粮类型	阶段 1	阶段 2	阶段 3	阶段 4
体重/kg	4～5	5～7	7～11	11～20
核黄素/(mg/kg)	2～8	2～8	2～8	1～8
烟酸/(mg/kg)	9～30	7～30	7～30	6～30
泛酸/(mg/kg)	6～20	5～20	5～20	4～20
胆碱/(mg/kg)	0～200	0～200	0～200	0～200
生物素/(mg/kg)	0～0.1	0～0.1	0～0.1	0～0.1
VB_{12}/(mg/kg)	0.009～0.03	0.008～0.03	0.008～0.03	0.007～0.03
叶酸/(mg/kg)	0～0.06	0～0.06	0～0.06	0～0.06
VB_6/(mg/kg)	0～2	0～2	0～2	0～2

说明：a. 表中列出的维生素和微量元素的最大值与最小值为参考值，超量添加无效，实践中最好是取中间值活略高些；b. 在温度适中区，不限饲；c. 最小值一般表示 NRC(1998)推荐量，增加的部分是根据 5 个大学的推荐数据(1 是 Kansas State University Swine Nutrition Guide. Starter Pig Recommendations. MF—2300. 2007；数据下载于 2008 年 2 月 4 日. 网址 http://www.oznet.ksu.edu/library/lvstk2/MF2300.pdf。2 是 Nebraska and South Dakota Nutrition Guide. Nebraska Cooperative Extension EC 95—273. 2000；http://www.ianr.unl.edu/PUBS/swine/ec273.pdf。数据下载于 2007 年 10 月 29 日。3 是 Tri-State Nutrition Guide. Bulletin 869-898. 1998；http://ohioline.osu.edu/6869/index.html，下载于 2007 年 10 月 29 日。4 是 Iowa State University. Life Cycle Swine Nutrition. 下载于 2008 年 2 月 4 日。http://www.ipic.iastate.edu/LCSN/LCSNutrition.pdf。5 是 Universityof Missouri. 2007. Sho-Me Group，Inc. Nutritional Recommendations)。上限值并不表示安全量或耐量，而是一个参考值，超过此量不可能再改进猪的性能。就实用来说，我们不必推荐最大值或最小值，表中给出的是实用值。d. 可以添加 125～250 mg/kg 的硫酸铜或碱式氯化铜做生长促进剂。e. 硒的最大添加量是 0.3 mg/kg。f. 在阶段 1，2，3 和 4 都可以用氧化锌做生长促进剂，添加量是 Zn 2 000～3 000 mg/kg(或其他锌源)。g. 甲萘醌(K_3)的活性。h. 真蛋白推荐量是王继华所加。

附录 2 中国瘦肉型猪饲养标准(2004)

附表 1 瘦肉型生长肥育猪每千克饲粮养分含量(自由采食,88%干物质)[a]

体重 BW/kg	3～8	8～20	20～35	35～60	60～90
平均体重 Average BW/kg	5.5	14.0	27.5	47.5	75.0
日增重 ADG/(kg/d)	0.24	0.44	0.61	0.69	0.80
采食量 ADF1/(kg/d)	0.30	0.74	1.43	1.90	2.50
饲料/增重 F/G	1.25	1.59	2.34	2.75	3.13
饲料消化能含量 DE/(MJ/kg)(kcal/kg)	14.02(3 350)	13.60(3 250)	13.39(3 200)	13.39(3 200)	13.39(3 200)
饲料代谢能含量 ME/(MJ/kg)(kcal/kg)[b]	13.46(3 215)	13.06(3 120)	12.86(3 070)	12.86(3 070)	12.86(3 070)
粗蛋白质 CP/%	21.0	19.0	17.8	16.4	14.5
能量蛋白比 DE/CP/(kJ/%)(kcal/%)	668(160)	716(170)	752(180)	817(195)	923(220)
氨基酸 amino acids[c]/%					
赖氨酸 Lys	1.42	1.16	0.90	0.82	0.70
蛋氨酸 Met	0.40	0.30	0.24	0.22	0.19
蛋氨酸＋胱氨酸 Met＋Cys	0.81	0.66	0.51	0.48	0.40

续附表 1

体重 BW/kg	3～8	8～20	20～35	35～60	60～90
氨基酸 amino acids[c]/%					
苏氨酸 Thr	0.94	0.75	0.58	0.56	0.48
色氨酸/Trp	0.27	0.21	0.16	0.15	0.13
异亮氨酸 Ile	0.79	0.64	0.48	0.46	0.39
亮氨酸 Leu	1.42	1.13	0.85	0.78	0.63
精氨酸 Arg	0.56	0.46	0.35	0.30	0.21
缬氨酸 Val	0.98	0.80	0.61	0.57	0.47
组氨酸 His	0.45	0.36	0.28	0.26	0.21
苯丙氨酸 Phe	0.85	0.69	0.52	0.48	0.40
苯丙氨酸＋酪氨酸 Phe＋Tyr	1.33	1.07	0.82	0.77	0.64
矿物元素 minerals[d]/%或每千克饲粮含量					
钙 Ca/%	0.88	0.74	0.62	0.55	0.49
总磷 Total P/%	0.74	0.58	0.53	0.48	0.43
非植酸磷 Nonphytate P/%	0.54	0.36	0.25	0.20	0.17
钠 Na/%	0.25	0.15	0.12	0.10	0.10
氯 Cl/%	0.25	0.15	0.10	0.09	0.08
镁 Mg/%	0.04	0.04	0.04	0.04	0.04

续附表1

体重 BW/kg	3～8	8～20	20～35	35～60	60～90
矿物元素 minerals[d]/%或每千克饲粮含量					
钾 K/%	0.30	0.26	0.24	0.21	0.18
铜 Cu/mg	6.00	6.00	4.50	4.00	3.50
碘 I/mg	0.14	0.14	0.14	0.14	0.14
铁 Fe/mg	105	105	70	60	50
锰 Mn/mg	4.00	4.00	3.00	2.00	2.00
硒 Se/mg	0.30	0.30	0.30	0.25	0.25
锌 Zn/mg	110	110	70	60	50
维生素和脂肪酸 vitamins and fatty acid[e]/%或每千克饲粮含量					
维生素 A Vitamin A/IU[f]	2 200	1 800	1 500	1 400	1 300
维生素 D_3 Vitamin D_3/IU[g]	220	200	170	160	150
维生素 E Vitamin E/IU[h]	16	11	11	11	11
维生素 K Vitamin K/mg	0.50	0.50	0.50	0.50	0.50
硫胺素 Thiamin/mg	1.50	1.00	1.00	1.00	1.00
核黄素 Riboflavin/mg	4.00	3.50	2.50	2.00	2.00
泛酸 Pantothenic acid/mg	12.00	10.00	8.00	7.50	7.00

续附表 1

体重 BW/kg	3～8	8～20	20～35	35～60	60～90
维生素和脂肪酸 Vitamins and fatty acid[e]/%或每千克饲粮含量					
烟酸 Niacin/mg	20.00	15.00	10.00	8.50	7.50
吡哆醇 Pyridoxine/mg	2.00	1.50	1.00	1.00	1.00
生物素 Biotin/mg	0.08	0.05	0.05	0.05	0.05
叶酸 Folic acid/mg	0.30	0.30	0.30	0.30	0.30
维生素 B_{12} Vitamin B_{12}/μg	20.00	17.50	11.00	8.00	6.00
胆碱 Choline/g	0.60	0.50	0.35	0.30	0.30
亚油酸 Linoleic acid/%	0.10	0.10	0.10	0.10	0.10

注：a. 瘦肉率高于 56%的公母混养猪群(阉公猪和青年母猪各一半)。

b. 假定代谢能为消化能的 96%。

c. 3～20 kg 猪的赖氨酸百分比是根据试验和经验数据的估测值，其他氨基酸需要量是根据其与赖氨酸的比例(理想蛋白质)的估测值；20～90 kg 猪的赖氨酸需要量是结合生长模型、试验数据和经验数据的估测值，其他氨基酸需要量是根据其与赖氨酸的比例(理想蛋白质)的估测值。

d. 矿物质需要量包括饲料原料中提供的矿物质量；对于发育公猪和后备母猪，钙、总磷和有效磷的需要量应提高 0.05～0.1 个百分点。

e. 维生素需要量包括饲料原料中提供的维生素量。

f. 1 IU 维生素 A=0.344 μg 维生素 A 醋酸酯。

g. 1 IU 维生素 D_3=0.025 μg 胆钙化醇。

h. 1 IU 维生素 E=0.67 mg D-α-生育酚或 1 mg DL-α-生育酚醋酸酯。

表 A.1　瘦肉型生长肥育猪每千克饲粮可消化氨基酸含量(自由采食,88%干物质)[a]

体重 BW/kg	3~8	8~20	20~35	35~60	60~90
平均体重 average BW/kg	5.5	14.0	27.5	47.5	75.0
日增重 ADG/(kg/d)	0.24	0.44	0.62	0.69	0.81
采食量 ADF1/(kg/d)	0.30	0.75	1.45	1.90	2.55
饲料/增重 F/G	1.25	1.70	2.35	2.75	3.15
饲粮消化能含量 DE/(MJ/kg)(kcal/kg)	14.00(3 350)	13.60(3 250)	13.40(3 200)	13.40(3 200)	13.40(3 200)
饲粮代谢能含量 ME[b]/(MJ/kg)(kcal/kg)	13.45(3 215)	13.05(3 120)	12.85(3 070)	12.85(3 070)	12.85(3 070)
粗蛋白质 CP/%	21.0	19.0	17.8	16.4	14.5
回肠真可消化氨基酸[c] ileal true digestible amino acids/%					
赖氨酸 Lys	1.29	1.04	0.79	0.72	0.61
蛋氨酸 Met	0.36	0.27	0.21	0.19	0.17
蛋氨酸+胱氨酸 Met+Cys	0.73	0.60	0.45	0.41	0.36
苏氨酸 Thr	0.81	0.65	0.50	0.45	0.40
色氨酸 Trp	0.24	0.18	0.14	0.13	0.11
异亮氨酸 Ile	0.70	0.57	0.43	0.39	0.34

续表 A.1

体重 BW/kg	3～8	8～20	20～35	35～60	60～90
回肠真可消化氨基酸[c] ileal true digestible amino acids/%					
亮氨酸 Leu	1.30	1.05	0.79	0.72	0.62
精氨酸 Arg	0.52	0.43	0.32	0.29	0.22
缬氨酸 Val	0.88	0.71	0.53	0.49	0.42
组氨酸 His	0.41	0.33	0.25	0.23	0.19
苯丙氨酸 Phe	0.77	0.63	0.47	0.42	0.37
苯丙氨酸＋酪氨酸 Phe＋Tyr	1.21	0.98	0.74	0.68	0.58
回肠表观可消化氨基酸[d] ileal apparent digestible amino acids/%					
赖氨酸 Lys	1.23	0.98	0.74	0.66	0.55
蛋氨酸 Met	0.33	0.25	0.20	0.18	0.16
蛋氨酸＋胱氨酸 Met＋Cys	0.69	0.55	0.41	0.38	0.33
苏氨酸 Thr	0.74	0.58	0.44	0.39	0.35
色氨酸 Try	0.22	0.16	0.12	0.11	0.09
异亮氨酸 I_{SO}	0.67	0.54	0.40	0.36	0.31
亮氨酸 Leu	1.26	1.02	0.76	0.69	0.60

续表 A.1

体重 BW/kg	3～8	8～20	20～35	35～60	60～90
回肠表观可消化氨基酸[d] ileal apparent digestible amino acids/%					
精氨酸 Arg	0.50	0.41	0.30	0.26	0.20
缬氨酸 Val	0.82	0.66	0.49	0.45	0.37
组氨酸 His	0.39	0.31	0.24	0.22	0.18
苯丙氨酸 Phc	0.73	0.58	0.43	0.39	0.34
苯丙氨酸＋酪氨酸 Phe＋Tyr	1.15	0.93	0.68	0.63	0.53

注：a. 瘦肉率高于55%的阉公猪和青年母猪混养猪群。

b. 假定代谢能为消化能的96%。

c. 回肠真可消化氨基酸(TDAA)指饲料氨基酸已被吸收，从猪小肠消失并经内源性矫正的部分，是通过回肠末端收集食糜技术测定的，其计算公式为(A.1)：

$$\text{TDAA}(\%)=\frac{\text{食入氨基酸}-(\text{回肠食糜氨基酸}-\text{内源氨基酸})}{\text{食入氨基酸}}\times 100 \quad (\text{A.1})$$

3～20 kg 猪的赖氨酸回肠真可消化和表观可消化需要量是根据试验和经验数据估测的，其他氨基酸需要量是根据其与赖氨酸的比例(理想蛋白质模式)估测的；20～90 kg 猪的赖氨酸回肠表观可消化和真可消化需要量是结合生长模型、试验数据和经验数据估测的，其他氨基酸需要量是根据理想蛋白质模式估测的。

d. 指饲料氨基酸已被吸收，从猪小肠消失但未经内源性矫正的部分，是通过回肠末端收集食糜技术测定的，其计算公式为(A.2)：

$$\text{ADAA}(\%)=\frac{\text{食入氨基酸}-\text{回肠食糜氨基酸}}{\text{食入氨基酸}}\times 100 \quad (\text{A.2})$$

附录 3　仔猪的 SID 氨基酸模型

养分	文献报道汇总	王继华(2011)	
使用阶段	仔猪料	教槽料	保育料
体重/kg	3～20	3～8	8～20
日采食量/g	160～1 000	160～350	500～1 000
日增重/g	145～565	200～300	360～560
代谢能/(Mcal/kg)	3.2～3.56	3.475	3.20
真蛋白质/%	20～26	20.85	18.0
真蛋白代谢能比	58～68	60	56
SID 赖氨酸/%	1.15～1.56	1.425	1.15
SID 赖氨酸代谢能比	3.68～4.5	4.10	3.6
钙/%	0.6～1.05	0.875	0.80
总磷/%		0.72	0.67
有效磷/%	0.34～0.55	0.55	0.37
赖氨酸	100	100	100
精氨酸	41～55	56	55
组氨酸	31～33	32	32
异亮氨酸	55～60	56	55
亮氨酸	100～110	100	100
蛋氨酸	26～30	30	29
蛋氨酸＋胱氨酸	55～60	59	58
苯丙氨酸	55～60	60	60
苯丙氨酸＋酪氨酸	93～118	100	95
苏氨酸	62～68	66	68
色氨酸	17～22	18	18
缬氨酸	65～72	68	66
谷氨酰胺		65	79

注：模型假定仔猪 5～7 日龄开始教槽，25～28 日龄断奶，教槽料使用到 35 日龄才完全换成保育猪料。保育料用到 63 日龄，至 70 日龄完全过渡到小猪料。

附录 4　瘦肉型仔猪的营养需要量(2005)

体重阶段	3～8 kg	8～20 kg
平均体重/kg	5.5	14
饲粮消化能含量/(kcal/kg)	3 350	3 250
饲粮代谢能含量/(kcal/kg)	3 216	3 120
消化能摄入量估测值/(kcal/d)	1 070	2 510
代谢能摄入量估测值/(kcal/d)	1 027	2 410
采食量估测值/(g/d)	320	772
日增重估测值/(g/d)	260	456
粗蛋白质/%	20.0*	18.0
氨基酸需要量(以总氨基酸为基础/%)		
精氨酸	0.56	0.46
组氨酸	0.45	0.36
异亮氨酸	0.78	0.64
亮氨酸	1.40	1.13
赖氨酸	1.42	1.16
蛋氨酸	0.44	0.27
蛋氨酸＋胱氨酸	0.81	0.65
苯丙氨酸	0.85	0.69
苯丙氨酸＋酪氨酸	1.33	1.07
苏氨酸	0.95	0.69
色氨酸	0.27	0.21
缬氨酸	0.98	0.80

注：假定 88%干物质，自由采食。

续表

	以表观回肠可消化氨基酸为基础/%		以真回肠可消化氨基酸为基础	
	3～8 kg	8～20 kg	3～8 kg	8～20 kg
精氨酸	0.52	0.42	0.55	0.45
组氨酸	0.41	0.33	0.43	0.34
异亮氨酸	0.70	0.55	0.74	0.59
亮氨酸	1.32	1.04	1.36	1.09
赖氨酸	1.28	1.00	1.35	1.08
蛋氨酸	0.40	0.24	0.41	0.25
蛋氨酸＋胱氨酸	0.73	0.56	0.77	0.62
苯丙氨酸	0.76	0.59	0.81	0.65
苯丙氨酸＋酪氨酸	1.20	0.92	1.27	1.02
苏氨酸	0.80	0.56	0.86	0.69
色氨酸	0.22	0.18	0.24	0.19
缬氨酸	0.86	0.69	0.92	0.74
矿物质元素需要量(%或每千克饲粮中含量)				
钙/%	0.88		0.74	
总磷/%	0.74		0.58	
有效磷/%	0.54		0.36	
钠/%	0.25		0.15	
氯/%	0.25		0.15	
镁/%	0.04		0.04	
钾/%	0.30		0.26	
电解质平衡值/(meq/kg)	225		300	
铜/(mg/kg)	6.00		6.00	
碘/(mg/kg)	0.14		0.14	
铁/(mg/kg)	105		105	
锰/(mg/kg)	4.00		4.00	
硒/(mg/kg)	0.30		0.30	
锌/(mg/kg)	110		110	

续表

矿物质元素需要量(%或每千克饲粮中含量)		
维生素 A/(IU/kg)	2 200	1 750
维生素 D_3/(IU/kg)	220	200
生素 E/(IU/kg)	16	11
维生素 K/(mg/kg)	0.50	0.50
维生素 B_1/(mg/kg)	1.50	1.00
维生素 B_2/(mg/kg)	4.00	3.00
维生素 B_6/(mg/kg)	2.00	1.50
维生素 B_{12}/(μg/kg)	20.00	15.00
烟酸/(mg/kg)	20.00	12.50
泛酸/(mg/kg)	12.00	9.00
叶酸/(mg/kg)	0.30	0.30
生物素/(mg/kg)	0.08	0.05
胆碱/(g/kg)	0.60	0.40
亚油酸/%	0.10	0.10

注：* 粗蛋白质需求参数试验的基础饲粮为玉米-豆粕-鱼粉-血浆蛋白粉-乳清粉-乳糖型。广东省农科院畜牧所，2005。

附录5　中国饲料数据库

中国饲料数据库每年更新，所以读者可以上网去下载，这里不再转载。最新完整数据库可以从如下网站获得 http://www.chinafeeddata.org.cn/或 http://animal.agridata.cn

参考文献

[1] 蒋宗勇，郑春田，林映才. 乳仔猪营养需要与乳猪教槽料配制技术. 中国畜牧杂志，2006，42(8)：54-60.

[2] 蒋宗勇,孙丽华,林映才. 早期断奶仔猪营养与教槽料配置技术研究进展[J]. 养猪,2005(4):1-5.

[3] 肖玉梅. 谷氨酰胺在养猪生产中的应用研究. 湖南饲料,2010(4):17-19.

[4] 中华人民共和国农业行业标准(NY/T 65—2004). 猪饲养标准.

[5] J. M. DeRouchey, R. D. Goodband, M. D. Tokach 等. Nursery swine nutrient recommendations and feeding management [A]. IN: National Swine Nutrition Guide[M]. 2010. US Pork Center of Excellence; http://www.usporkcenter.org/home/projects/national-swine · nutrition'guide.aspx. 2011.